教育部高等学校电子信息类专业教学指导委员会规划教材
高等学校电子信息类专业系列教材

Modern Display Technology and Equipment

现代显示技术及设备

李文峰 李淑颖 袁海润 编著
Li Wenfeng Li Shuying Yuan Hairun

清华大学出版社
北京

内 容 简 介

现代显示技术及设备作为普通高等学校光电子技术专业学生的专业课程被纳入到教育部电子科学与技术专业教学指导分委员会的课程体系中。本书对现代显示技术及其典型设备做了全面讲述。全书共9章，内容包括传统的阴极射线管显示技术及设备（CRT）、目前世界最流行的液晶显示技术及设备（LCD）、发光二极管显示技术及设备（LED）、等离子体显示技术及设备（PDP）、激光显示技术及设备（LPD）、3D显示技术及设备、大屏幕显示系统等，以及一些新型光电显示设备，如场致发射显示设备（FED）、电致发光显示设备（ELD）、电致变色显示设备（ECD）、电泳显示设备（EPD）和铁电陶瓷显示设备（PLZT）等。

本书可作为电子科学与技术、电子信息工程、通信工程、微电子科学与工程、光电信息科学与工程、计算机科学与技术、控制科学与工程、仪器科学与技术等专业的高年级本科生教材。

图书在版编目（CIP）数据

现代显示技术及设备/李文峰，李淑颖，袁海润编著. —北京：清华大学出版社，2016（2023.8重印）
高等学校电子信息类专业系列教材
ISBN 978-7-302-42306-5

Ⅰ. ①现…　Ⅱ. ①李…　②李…　③袁…　Ⅲ. ①显示－高等学校－教材　②显示设备－高等学校－教材　Ⅳ. ①TN27　②TN873

中国版本图书馆 CIP 数据核字（2015）第 287033 号

责任编辑：盛东亮
封面设计：李召霞
责任校对：白　蕾
责任印制：刘海龙

出版发行：清华大学出版社
网　　址：http://www.tup.com.cn，http://www.wqbook.com
地　　址：北京清华大学学研大厦 A 座　　**邮　　编**：100084
社 总 机：010-83470000　　**邮　　购**：010-62786544
投稿与读者服务：010-62776969，c-service@tup.tsinghua.edu.cn
质量反馈：010-62772015，zhiliang@tup.tsinghua.edu.cn
课件下载：http://www.tup.com.cn，010-62795954
印 装 者：三河市科茂嘉荣印务有限公司
经　　销：全国新华书店
开　　本：185mm×260mm　　**印　　张**：11.75　　**字　　数**：285 千字
版　　次：2016 年 2 月第 1 版　　**印　　次**：2023 年 8 月第8次印刷
定　　价：39.00 元

产品编号：067166-02

高等学校电子信息类专业系列教材

序

FOREWORD

我国电子信息产业销售收入总规模在2013年已经突破12万亿元，行业收入占工业总体比重已经超过9%。电子信息产业在工业经济中的支撑作用凸显，更加促进了信息化和工业化的高层次深度融合。随着移动互联网、云计算、物联网、大数据和石墨烯等新兴产业的爆发式增长，电子信息产业的发展呈现了新的特点，电子信息产业的人才培养面临着新的挑战。

(1) 随着控制、通信、人机交互和网络互联等新兴电子信息技术的不断发展，传统工业设备融合了大量最新的电子信息技术，它们一起构成了庞大而复杂的系统，派生出大量新兴的电子信息技术应用需求。这些“系统级”的应用需求，迫切要求具有系统级设计能力的电子信息技术人才。

(2) 电子信息系统设备的功能越来越复杂，系统的集成度越来越高。因此，要求未来的设计者应该具备更扎实的理论基础知识和更宽广的专业视野。未来电子信息系统的设计越来越要求软件和硬件的协同规划、协同设计和协同调试。

(3) 新兴电子信息技术的发展依赖于半导体产业的不断推动，半导体厂商为设计者提供了越来越丰富的生态资源，系统集成厂商的全方位配合又加速了这种生态资源的进一步完善。半导体厂商和系统集成厂商所建立的这种生态系统，为未来的设计者提供了更加便捷却又必须依赖的设计资源。

教育部2012年颁布了新版《高等学校本科专业目录》，将电子信息类专业进行了整合，为各高校建立系统化的人才培养体系，培养具有扎实理论基础和宽广专业技能的、兼顾“基础”和“系统”的高层次电子信息人才给出了指引。

传统的电子信息学科专业课程体系呈现“自底向上”的特点，这种课程体系偏重对底层元器件的分析与设计，较少涉及系统级的集成与设计。近年来，国内很多高校对电子信息类专业课程体系进行了大力度的改革，这些改革顺应时代潮流，从系统集成的角度，更加科学合理地构建了课程体系。

为了进一步提高普通高校电子信息类专业教育与教学质量，贯彻落实《国家中长期教育改革和发展规划纲要(2010—2020年)》和《教育部关于全面提高高等教育质量若干意见》(教高【2012】4号)的精神，教育部高等学校电子信息类专业教学指导委员会开展了“高等学校电子信息类专业课程体系”的立项研究工作，并于2014年5月启动了《高等学校电子信息类专业系列教材》(教育部高等学校电子信息类专业教学指导委员会规划教材)的建设工作。其目的是为推进高等教育内涵式发展，提高教学水平，满足高等学校对电子信息类专业人才培养、教学改革与课程改革的需要。

本系列教材定位于高等学校电子信息类专业的专业课程，适用于电子信息类的电子信息工程、电子科学与技术、通信工程、微电子科学与工程、光电信息科学与工程、信息工程及其相近专业。经过编审委员会与众多高校多次沟通，初步拟定分批次(2014—2017年)建设约100门课程教材。本系列教材将力求在保证基础的前提下，突出技术的先进性和科学的前沿性，体现创新教学和工程实践教学；将重视系统集成思想在教学中的体现，鼓励推陈出新，采用“自顶向下”的方法编写教材；将注重反映优秀的教学改革成果，推广优秀的教学经验与理念。

为了保证本系列教材的科学性、系统性及编写质量，本系列教材设立顾问委员会及编审委员会。顾问委员会由教指委高级顾问、特约高级顾问和国家级教学名师担任，编审委员会由教育部高等学校电子信息类专业教学指导委员会委员和一线教学名师组成。同时，清华大学出版社为本系列教材配置优秀的编辑团队，力求高水准出版。本系列教材的建设，不仅有众多高校教师参与，也有大量知名的电子信息类企业支持。在此，谨向参与本系列教材策划、组织、编写与出版的广大教师、企业代表及出版人员致以诚挚的感谢，并殷切希望本系列教材在我国高等学校电子信息类专业人才培养与课程体系建设中发挥切实的作用。

吕志伟 教授

前言
PREFACE

信息既非物质也非能量，却是构成世界的要素。到20世纪初，人们真正认识到信息是资源，正确利用它可以极大地提高劳动生产率。

从信息技术的发展趋势看，目前起主要支撑的是电子技术，特别是微电子技术；发展中的是光电子技术，信息的探测、传输、存储、显示、运算和处理已由光子和电子共同参与来完成，已应用在光电信息处理、光通信、光存储和光电显示等领域；正在崛起的是光子学技术。

2008年8月，在南京召开的教育部"电子信息与电气学科教学指导委员会"之"电子科学与技术专业教学指导分委员会"整理修改的《普通高等学校电子科学与技术本科指导性专业指导规范》指出，电子科学与技术学科涵盖光电子技术、微电子技术、物理电子技术、电子材料与元器件、电磁场与微波五个专业方向。

"硅谷"的出现促进了微电子工业的迅速发展，并直接产生了全球的新经济。20世纪末，光电子技术在通信领域的应用取得了突破，推动了光电子产业的发展。近十几年来，光电子技术成为当今发展最快、应用日趋广泛的重要高新技术之一，很多国家认为光电子技术与产业将成为21世纪的支柱产业之一。面对光电子技术的迅猛发展，美国、德国、日本、英国、法国竞相将光电子技术引入国家发展计划，美国还在亚利桑那大学建立了全球关注的第一个"光谷"。我国在863计划、973计划和国家攻关计划中，光电子技术都有大量立项。

随着光电子技术的发展，对信息显示的要求越来越高，现如今许多信息都是通过显示设备提供的。现代显示技术及设备作为光电子技术的重要组成部分，近年来发展迅速，应用广泛。显示设备作为人机交换的窗口，在信息技术高度发展时期得到了长足的进展，也孕育和培育出了一代又一代新产品。目前流行的几种显示技术有阴极射线显示(CRT)、液晶显示(LCD)、等离子显示(PDP)、发光二极管(LED)、激光显示(LPD)等。

伴随显示技术的迅猛发展，讲述各种显示设备结构原理和显示器维护修理的书籍较多，但是系统全面涉及现代显示技术及其典型设备的书籍少，而"现代显示技术及设备"这门课程又是光电子专业重要专业课程。本书紧密跟踪世界最流行的光电显示设备，目的是培养学生跟踪和掌握国内外现代显示领域的新理论、新知识、新技术和新成果的能力，使毕业班学生成为能从事现代子技术专业领域的研究、设计、制造的应用研究型或基础研究型专门人才。

本书第1章绪论概述现代显示技术及设备在光电子技术专业中的重要位置、显示技术的发展历史、显示设备的分类、显示参量与人的因素以及显示接口等。第2章讲述古老而又充满活力的显示设备——阴极射线管。第3～5章讲述目前市场上主流的显示设备：液晶、等离子、发光二极管等，包括其显示原理、基本结构、驱动电路、产业现状以及发展趋势等。第6和第9章讲述另一类，即工业或大型商用显示设备，包括激光和大屏。第7章简要介绍了几种新型显示技术，它们是电致变色显示、场致发射显示、电致发光显示、电泳显示和铁电陶瓷显示等，代表了显示技术发展的未来。有机发光二极管(OLED)本质上属于电致发光显示设备，作者把它放在第4章——发光二极管显示技术中讲述，第7章仅简单提及。第8章讲述影视界很火的3D显示技术及设备。本书涉及许多专业词语、常用符号和字母缩写，为方便读者，附录部分对其进行了中英文对照翻译、解释，参考文献部分对其他作者的工作和成果表示了肯定和敬意。第1～5和第9章由李文峰编写，第6和第7章由李淑颖编写，第8章由袁海润编写。

本书的出版得到了国家科技支撑计划(2013BAK06B03)和陕西省科技统筹创新工程计划项目(2015KTCQ03-10)支持，在此表示感谢！

最后要感谢清华大学出版社，衷心感谢盛东亮编辑对作者的鼓励、支持及对原稿的认真编辑。

限于作者水平，书中一定存在不妥之处，希望广大读者提出批评和指正。联系方式：liwenfeng@xust.edu.cn 或 liwenfneg@zhongnanxinxi.com。

作　者

2016年1月于古城西安

目录
CONTENTS

第1章 绪论

CHAPTER 1

1.1 现代显示技术及设备概述

1.1.1 研究显示技术的意义及其发展历史

1. 研究显示技术的意义

光电子(optical electronic)技术是由光学、激光、电子学和信息技术互相渗透、交叉而形成的一门高新技术学科，具有广泛的应用前景。光电子技术包括光信号的产生、传输、调制、放大、频率转换和检测以及光信息处理等。光电子技术通常又按光子的功用分为两个层次：①光子作为信息的载体，应用于信息的获取、传输、存储、显示、处理及运算，称为信息光电子技术；②光子作为能量的载体，作为高能量和高功率的束流(主要是激光束)，应用于材料加工、医学治疗、太阳能转换、核聚变等，称为能量光电子技术。光电子技术以物理学为基础，所涵盖的激光技术、光波导技术、光检测技术、光计算和信息处理技术、光存储技术、光电显示技术、激光加工与激光生物技术、光生伏特技术、光电照明技术等已逐渐形成了光电子材料与元件产业、光信息产业、现代光学产业、光通信产业、激光器与激光应用产业等5大类光电子信息产业，开创出了"光电子时代"。

光电子技术也是当今世界上竞争最为激烈的高新技术领域之一。许多科学家认为：光电子技术、纳米技术及生物工程技术构成当今三大高新技术，是21世纪的代表产业。

所谓显示(display)，就是指对信息的表示。在信息工程学领域中，把显示技术限定在基于光电子手段产生的视觉效果上，即根据视觉可识别的亮度、颜色，将信息内容以光电信号的形式传达给眼睛产生的视觉效果。

现代显示技术是将电子设备输出的电信号转换成视觉可见的图像、图形、数码及字符等光信号的一门技术。它作为光电子技术的重要组成部分，近年来发展迅速，应用广泛。

人们经各种感觉器官从外界获得的信息中，视觉占60%，听觉占20%，触觉占15%，味觉占3%，嗅觉占2%。可见，近2/3的信息是通过眼睛获得的。所以图像显示已成为信息显示中最重要的方式。

随着光电子技术的发展，对信息显示的要求越来越高，现如今许多信息都是通过显示技术提供的。在信息量急剧增长、各种记录形式不断涌现、传播媒体快速进步和多样化的信息社会里，人们面对显示屏的时间越来越长，可以说显示技术已是不可缺少的技术之一，已经渗透到当今工业生产、社会生活和军事领域中，已成为电子信息产业的一大支柱，因此对显示技术及显示设备提出了越来越高的要求。

现代显示设备是发光器件中按功能而划分出来的一类器件。显示设备作为人机交换的窗口，在信息技术高度发展时期得到了长足的进展，也孕育和培育出一代又一代新产品。

我国是世界上最大的显示终端生产国和消费国，在各类电子终端产品、产量方面均位于世界前列。2014 年，我国彩电产量超过 1.3 亿台，其他电子终端产品也持续增长，手机面板市场需求巨大。

经过 10 多年的发展，我国平板显示产业从无到有、从小到大，已成为世界第三大生产地。统计数据显示，2010 年开始，中国大陆的产能短短 3 年时间增长近 3 倍。近年来，我国平板显示产业工程项目规模持续快速增长。2013 年我国以液晶面板为代表的平板显示产业规模达 1070 亿元，同比增长 44.6%，在全球市场占有率提升至 11.4%。

不过，虽然近年来我国显示产业有了长足发展，但距离显示强国的目标还相距甚远。以 2013 年为例，我国全年液晶面板整体自给率仅为 25%，液晶面板仍是国内四大宗进口商品之一，金额近 500 亿美元，仅次于石油、芯片和铁矿石。平板显示产业发展依然任重道远。新型平板显示产业中上游设备、零配件和材料附加值高、重要性强，关键材料和设备发展滞后将给产业带来严峻考验。与面板企业相比，国内材料厂商起步更晚，技术基础薄弱，70% 以上的关键材料和零配件仍依赖进口，核心工艺设备均被少数国外厂商垄断，在基板玻璃、液晶材料、偏光片、光学膜等上游关键材料配套方面受到的制约仍然较大。另外，我国上游配套企业基本属于中小企业，技术与资本沉淀不足，技术研发投入有限，在与实力雄厚的国际大厂竞争中劣势明显。2014 年，随着我国平板显示产业全球市场份额进一步增大，材料与设备配套能力的缺失对产业发展的制约将更加凸显。如何解决核心技术受制于人、企业规模过小，缺少积累以及发展环境不甚合理等问题，是决定我国平板显示产业下一步能否健康持续发展的关键所在。

2. 显示技术的发展历史

自 1897 年德国人布劳恩(Braun)发明阴极射线管(cathode ray tube，CRT)以来，随着电视广播媒体和计算机等媒体的出现和发展，显示设备产业取得了极大的进步。

全世界第一只球形彩色布劳恩管(CRT)于 1950 年问世。当时由于它的体积大、重量沉，而且还拖了一个“尾巴”，就有人认为不超过 10 年，它就会被某些平板显示器(flat panel display，FPD)所替代。虽然存在体积、重量方面的缺点，如 CRT 电视机只能做到 40 英寸① 以下。但人们关心的屏幕上显示图像的质量，如亮度、对比度、分辨率、视野角、刷新频率和响应时间等综合性的视觉性能，迄今为止，许多平板显示设备的工作性能都不如 CRT。而且由于它的工作原理很巧妙，本身及相应配合线路简单、成本低，所以在显示设备中，CRT 的性价比是比较高的。2001 年，CRT 市场规模仍达到了 2.74 亿只，价值 250 亿美元。

然而，到了 1983 年，日本一家钟表厂的科技人员对传统反射型的液晶显示器(liquid crystal display，LCD)作了一些改进，除偏光片外，又在其背面加上了背景光源，在前面加上

① 1 英寸≈2.54 厘米，下同。

了微型彩色滤光片，改变为透射型彩色 LCD，从此开创了平板显示的新纪元。接着，日本政府又组织企业和高等院校的研究所共同攻关，先后投资达 200 亿美元，在此基础上研制出薄膜晶体管液晶显示器(TFT-LCD)。如今 TFT-LCD 已逐步替代了计算机显示器的彩色显示器(color display tube，CDT)，并向大屏幕发展，进入 TV 领域，2005 年已形成一个价值 240 亿美元的庞大显示设备产业。也就是说，CRT 构筑了大众媒体时代的现代工业社会，LCD 则构筑了以个人媒体为主导的现代信息社会。

另外，显示技术已不再局限于以前的 CRT 和 LCD，等离子体显示器(plasma display panel，PDP)和有机电致发光(electro luminescence，EL)效应等多种新型的显示技术和显示方式已在多媒体市场上闪亮登场。PDP 不仅能用于 40 英寸以上的彩色显示器，还能用于高清晰度电视(high definition television，HDTV)，从而进入家用显示器领域，并成为一个专业显示设备。不过由于种种原因，最终没有普及，令人唏嘘。最近几年还出现了有机发光二极管平板显示器(organic light emitting diode，OLED)及场致发射显示器(field emission display，FED)。OLED 甚至可以折叠，被誉为"梦幻显示器"，可用于可视移动多媒体。

在大屏幕显示方面，除了当前教学和商业用投影器主流产品透射式 LCD 投影仪外，近期开发的直观式 HDTV 大屏幕显示系统把 HDTV、PAL 和 NTSC 制式普通电视以及计算机的 VGA①、SVGA②、XGA③ 等全在一个大屏幕上显示，被称为多媒体大屏幕显示墙(multimedia display wall，MDW)，还有蓝光 LED 和高亮度、超高亮度 LED 组成的三基色全彩色 LED 大显示屏。由于其使用寿命长、环境适应能力强、价格性能比高、使用成本低等特点，在大屏幕显示领域得到了广泛的应用。

如今的显示设备世界，无论是市场还是技术都处于急剧变化的时期。各种显示器的应用范围不断扩大，以争夺未来潜在的大市场。2002 年全世界显示设备销售额为 500 亿美元，预计到 2025 年将达到 5000 亿美元。

有关显示技术的展望如表 1.1 所示。

表 1.1 显示技术展望

显示设备	发展趋势	显示设备	发展趋势
阴极射线管	提高分辨率，小型化、平板化	电致变色显示器	改进可靠性
真空荧光显示器	多色，矩阵显示的实际使用	液晶显示器	彩色，小电视的实际使用
交流等离子体显示器	驱动的简化	发光二极管	高亮度，蓝 LED 的实际使用
直流等离子体显示器	提高电视显示效率	电致发光显示器	矩阵显示商品化
电泳显示器	改进可靠性		

① VGA(video graphics array)是 IBM 于 1987 年提出的一个使用模拟信号的计算机显示标准，通常指 640×480 的分辨率。

② SVGA(super video graphics array，高级视频图形阵列)是厂商为 IBM 兼容机推出的标准，分辨率为 800×600。

③ XGA(extended graphics array)是一种计算机显示模式，支持最大 1024×768 分辨率，屏幕大小从 10.4 英寸、12.1 英寸、13.3 英寸到 14.1 英寸、15.1 英寸都有。

1.1.2 现代显示设备分类

如上所述,当今光电显示设备的品种类型之多是惊人的,发展、创新的速度也是其他任何一种电子器件无法比拟的。从电子表、计算器的数字显示板,手机、MP3、MP4 的显示屏,CD、DVD、数码相机的小监视屏,汽车仪表板,个人计算机的显示器,电视接收机到演讲用的投影仪,交通信息、股票交易所等用的电子告示板,甚至用在体育场等公共场所的巨型显示屏等。根据收视信息的状态可分成以下几种。

1. 直观型

原则上把显示设备上出现的视觉信息直接观看的方式称为直观型(direct view type)。按设备的形态又可分为以下 3 种形式。

1) 电子束型

采用适当的控制电路控制真空管内的电子束(CRT),使其在荧光屏上扫描并激发荧光粉发光,从而显示图像或文字。CRT 主要用于人机接口的信息显示器,被称为视频显示终端(visual display terminal,VDT)。用于显示的彩色 CRT 被称为彩色显示器(color display tube,CDT);与此相对,用于电视机的彩色 CRT 被称为彩色显像管(color picture tube,CPT)。

2) 平板型

平板型显示器(flat panel display,FPD)厚度一般小于显示屏对角线尺寸的 1/4,就像一块平板。这类显示器包括液晶显示器(LCD)、等离子体显示器(PDP)、电致发光显示器(electro luminescence display,ELD)和全彩色 LED 大屏幕显示器等。平板结构的优点,一是在使用上最方便,无论大型、小型、微型都很适用,它可以在有限面积上容纳最大信息量;二是在工艺上适于大批量生产。

3) 数码显示设备

它指小型电子设备中显示 0~9 或 A~Z 英文字母的显示设备。这类设备体积小、耗电少,主要包括发光二极管(light emitting diode,LED)、真空荧光管(vacuum fluorescent display,VFD)、辉光放电管(glow discharge display,GDD)、电泳显示器(electro phoretic display,EPD)、电致变色显示器(electro chromism device,ECD)等。

2. 投影型

把由显示设备或者光控装置所产生的比较小的光信息经过一定的光学系统放大投射到大屏幕后收看的方式称为投影型(projection type)。根据投射光线和投影位置的不同,又可分为以下两种方式。

1) 前投式

前投式(front projection type)和在电影院一样,是从投射光线来的一侧观看投放在屏幕上影像的方式。这种方式容易获得比较大的画面,适合在公众场合使用。但当室内不够暗或有照明时,会因屏幕的反光使图像反差降低。

2）背投式

背投式（rear projection type）是从投射光反方向观看屏幕透射光的方式。这种方式即使在室内有光线的情况下也无大碍，只是屏幕后面需设完全黑暗的投影室。如果画面的对角线在 2 m 以下，利用镜子对投射光进行适当地折射处理，可以把包括屏幕及光学系统在内的所有部件集成起来，这种电视机形状适于家用。

3. 空间成像型

空间成像型（space imaging type）是指采用某种光学手段（如激光）在空间形成可供观看图像的方式。从原理上说，图像大小与显示器无关，图像可以很大。空间成像显示因为图像具有纵深而大大提高了真实感和现场感。

从显示原理的本质来看，光电显示应用系统利用了发光和电光效应两种物理现象。所谓电光效应是指加上电压后物质的光学性质（如折射率、反射率、透射率等）发生改变的现象。因此，根据像素本身发光与否，又可将显示设备分为以下两大类。

1）主动发光型

在外加电信号作用下，主动发光（emissive）型器件本身产生光辐射刺激人眼而实现显示，比如 CRT、PDP、ELD、激光显示器（laser projection display，LPD）等。

2）被动显示型

在外加电信号作用下，被动显示（passive）型器件单纯依靠对光的不同反射呈现的对比度达到显示目的。人类视觉所感受的外部信息中，90％以上是由外部物体对光的反射，而不是来自物体发光。所以，被动显示更适合人的视觉习惯，不会引起疲劳。当然，在黑暗的环境下是无法被动显示的，这时必须为器件配上外光源。比如 LED、各种光阀管（light valve，LV）投影仪等。

按显示屏幕大小分类，有超大屏幕（大于 $4m^2$）、大屏幕（$1\sim4m^2$）、中屏幕（$0.2\sim1m^2$）和小屏幕（小于 $0.2m^2$）。

按色调显示功能分类有黑白二值色调显示、多值色调显示（三级以上灰度）和全色调显示。

按色彩显示功能分类有单色（monochrome）黑白或红黑显示、多色（multi-color）显示（三种以上）和全色显示。

按显示内容、形式分类有数码、字符、轨迹、图表、图形和图像显示。

按成像空间坐标分类有二维平面显示和三维立体显示。

按所用显示材料分类有固体（晶体和非晶体）、液体、气体、等离子体、液晶体显示等。

按显示原理分类有阴极射线管（CRT）、真空荧光管（VFD）、辉光放电管（GDD）、液晶显示器（LCD）、等离子体显示器（PDP）、发光二极管（LED）、场致发射显示器（FED）、电致发光显示器（ELD）、电致变色显示器（ECD）、激光显示器（LPD）、电泳显示器（EPD）、铁电陶瓷显示器（transparent ceramics display，PLZT）等。

将上述分类归纳整理后，可用图 1.1 综合表示。

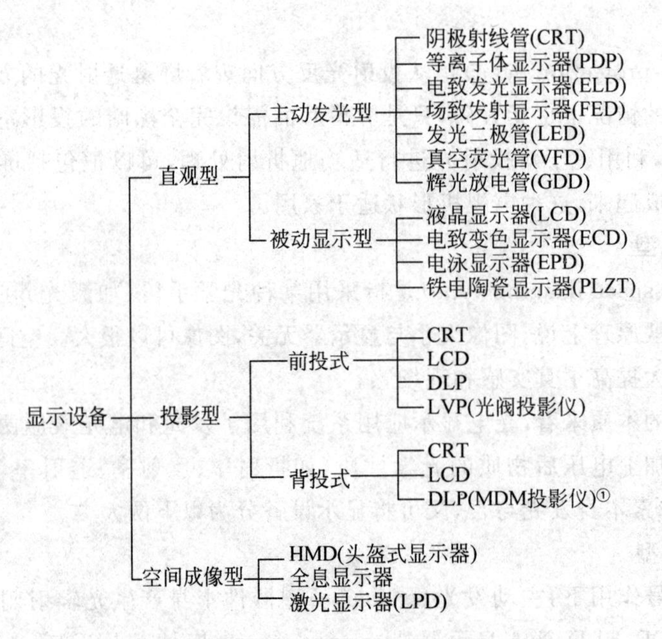

图 1.1 光电显示设备的种类

部分显示设备评价如表 1.2 所示。

表 1.2 各类显示设备性能比较

名称	显示内容	颜色	特性	不足	用途
阴极射线管	数字文字图形	黑白 彩色	亮度高,响应速度快,分辨力高,扫描方式简单,可有彩色显示能力和记忆机能	体积大,需高压电源	中型显示(其中投影管用于大型显示)
发光二极管	数字	红、绿、橙、蓝	驱动电压低、亮度高、寿命长	发光效率低	小型显示
荧光数码管	数字	绿	驱动电压低、亮度高、寿命长	需要灯丝电源	小型显示
荧光显示板	数字、文字				
等离子体数码管	数字	橙、红、绿	亮度高、造价低	驱动电压高	小型显示
交流等离子显示器	数字、文字、轨迹、图形	橙、红、彩色	平板型,有记忆机能	驱动电路复杂	中型显示,超大型显示
直流辉光气体放电显示板	数字、文字	橙、红、彩色	平板型,有自扫描机能	结构复杂	小型显示,中型显示
液晶数码管	数字	由外光源决定	功耗低,驱动电压低,有记忆作用	响应速度慢,视角小	小型显示,中型显示
液晶显示板	文字、图表				

① DLP(digital light procession)即数字光处理,先把影像信号经过数字处理,然后投影出来。它是基于 TI(美国德州仪器)公司开发的数字微镜元件——DMD(digital micromirror device)来完成可视数字信息显示的技术。

续表

名 称	显示内容	颜 色	特 性	不 足	用 途
粉末交流电致发光板	数字、文字、图表	绿、蓝	平板型，造价低，功耗小	亮度低，寿命短，驱动电路复杂	中型，大型显示
粉末直流电致发光板	数字、文字	橙、黄	平板型，造价低，亮度高	寿命短，功耗大	小型显示 中型显示
交流薄膜电致发光板	数字、文字	橙、黄	平板型，亮度高，寿命长	驱动电路复杂	中型显示
激光显示	图像	彩色	亮度高，显示面积大	设备大，功耗大	大型显示

1.2 显示参量与人的因素

1.2.1 光的基本特性

光是一种波长很短的电磁波，可见光是光刺激人眼的感觉，其波长范围为380～780nm[①]，频率为$7.5\times10^8\sim4.0\times10^8$MHz，波谱很窄；而电磁波的波谱范围很广，包括甚低频（very low frequency，VLF）超长波、低频（low frequency，LF）长波、中频（intermediate frequency，MF）中波、高频（high frequency，HF）短波、甚高频（very high frequency，VHF）超短波、特高频（ultrahigh frequency，UHF）分米微波、超高频（super high frequency，SHF）厘米微波、极高频（extremely high frequency，EHF）毫米微波、红外线、光波、紫外线、X射线、γ射线等，如图1.2所示。

对光量的测量称为测光（photometry）。下面分别介绍几个主要的测光量的定义及其基本单位。

1. 光通量

光源单位时间内发出的光量称为光通量（luminous flux），符号为Φ，单位为流明（lm）。

2. 发光强度

光源在给定方向的单位立体角（ω）辐射的光通量称为发光强度（luminous intensity），符号为I，单位为坎德拉（cd）。发光强度I可由式（1-1）表示，即

$$I=\frac{\mathrm{d}\Phi}{\mathrm{d}\omega} \tag{1-1}$$

3. 光照度

单位受光面积上（S）所接收的光通量称为光照度（illuminance），符号为E，单位为勒克斯（lx）。光照度E可由式（1-2）表示，即

$$E=\frac{\mathrm{d}\Phi}{\mathrm{d}S} \tag{1-2}$$

4. 亮度

垂直于传播方向单位面积（$S\cdot\cos\theta$）上的发光强度称为亮度（luminance），符号为L，单

---

① $1\text{nm}=10^{-9}\text{m}$，下同。

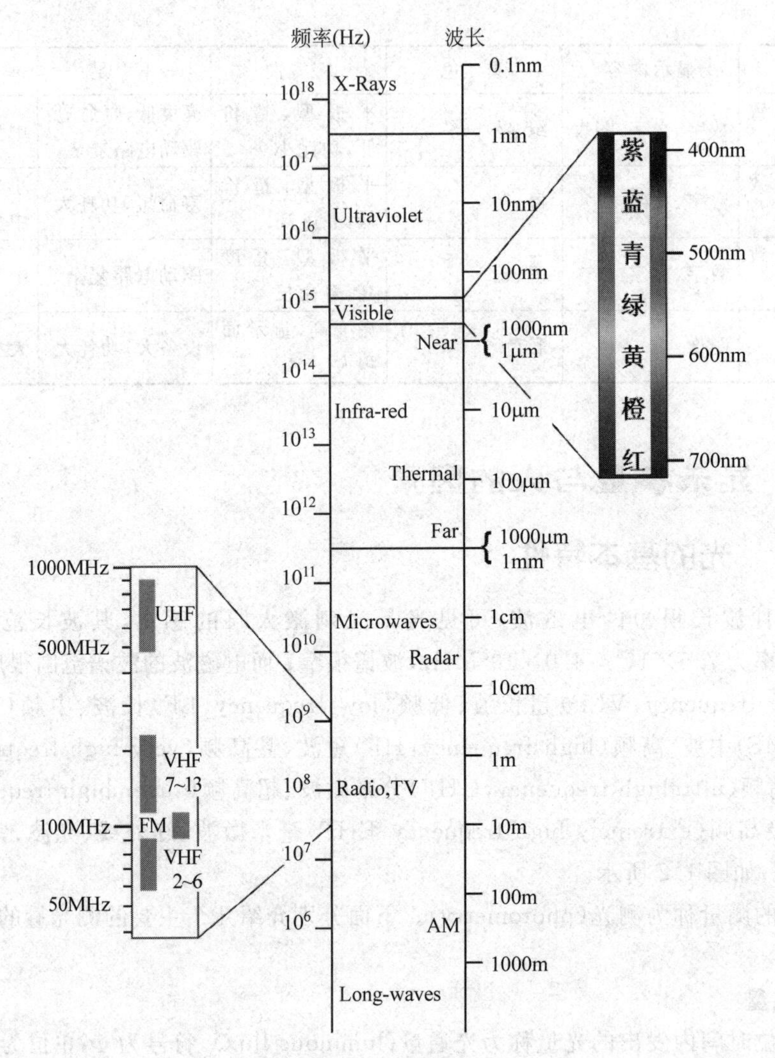

图 1.2 电磁波的波谱

位为 cd/m^2。亮度 L 可由式(1-3)表示，即

$$L=\frac{d\Phi}{dS\cdot\cos\theta\cdot d\omega} \tag{1-3}$$

1.2.2 人眼视觉特性

1. 人眼的视觉生理基础

图 1.3 所示为视觉信息从人眼到大脑的传递路径。首先，外界信息以光波形式射入眼帘，通过眼睛的光学系统在视网膜上成像。视网膜内的视觉细胞把光信息变换为电信号，传递给视神经。由左、右眼引出的视神经在视交叉处把左、右眼分别获得的右视觉信号和左视觉信号进行整理，然后传向外侧膝状体。外界右半部分的视觉信息传入左侧的外侧膝状体，而左半部分的视觉信息传入右侧的外侧膝状体。两个外侧膝状体经视放射线神经连接于左、右后头部的大脑视觉区域。

人的眼睛很像一部精巧的照相机，图 1.4 所示是眼球的截面图。该图是把右眼沿垂直

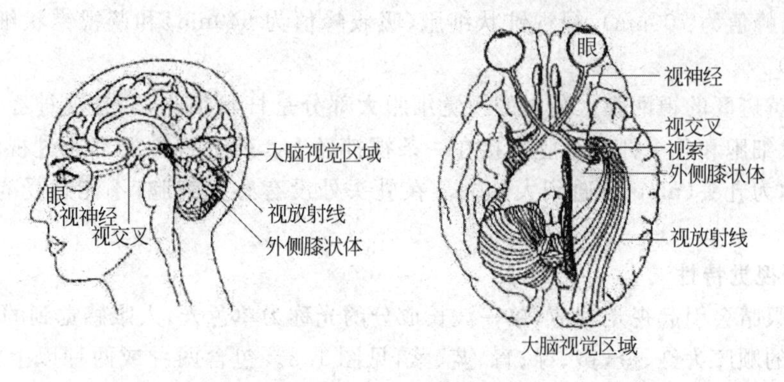

图 1.3 信息从人眼到大脑的路径

方向剖切后，从前部所见的构造。眼球为直径约 24mm 的球状体，光线通过瞳孔射入眼球内，再经晶状体在位于眼球后部内侧的视网膜上成像。

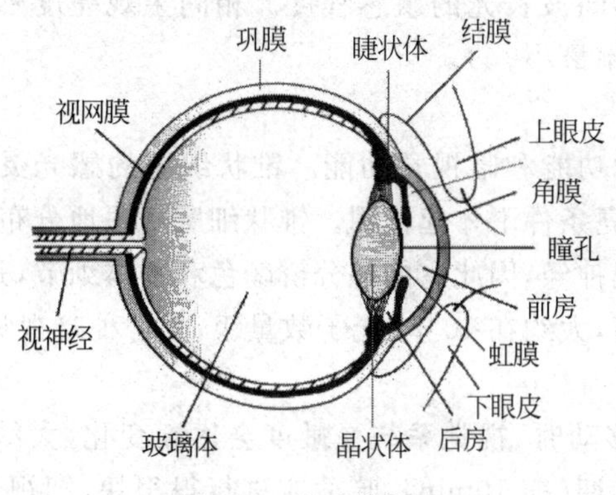

图 1.4 眼球的构造

角膜的作用类似照相机的第一组镜片，承担为了能在视网膜上成像所必需的光线折射作用。

虹膜紧贴在晶状体上，虹膜中心有一个小孔称为瞳孔。瞳孔的直径可以从 2mm 调节到 8mm 左右(16 倍面积改变)。改变瞳孔的大小，就可以调节进入眼睛的光通量，类似于照相机光圈的作用。

晶状体起着照相机透镜的作用，四周的睫状肌收缩、松缓可以调节其凸度，亦即调节了焦距，以便使不同距离的景物成像在视网膜上；晶状体同时吸收一部分紫外线，对眼睛起到保护作用。晶状体的弹力会随着年龄增加而减小，到 60 岁左右，会失去调节能力而变得扁平。

视网膜广泛分布于眼球的后部，其作用很像照相机中的感光胶片。视网膜主要由许多感光细胞组成，感光细胞把光变换为电信号，它又分为两大类：一类叫杆状(rod)细胞；另一类叫锥状(cone)细胞。

锥状细胞大部分集中分布在视网膜上正对着瞳孔的中央部分直径约为 2mm 的区域，因呈黄色，称为黄斑区。在黄斑区中央有一个下陷的区域，称为中央凹(fovea)。在中央凹内锥状细胞密度最大，视觉的精细程度主要由这一部分决定。在黄斑区中心部分，每个锥状细胞连接着一个视神经末梢。根据对光谱敏感度的不同，锥状细胞又可分为 3 类，即红视锥状细胞(吸收峰值为700nm)、绿视锥状细胞(吸收峰值为540nm)和蓝视锥状细胞(吸收峰值为450nm)。

在远离黄斑区的视网膜上分布的视觉细胞大部分是杆状细胞,而且视神经末梢分布较稀,每个锥状细胞和几个杆状细胞合接在一条视神经上。所有视神经都通过视网膜后面的一个空穴,称为乳头(nipple)通到大脑去。在乳头处没有感光细胞,不能感受光线,故又称为盲点。

2. 人眼视觉特性

光射入眼睛会引起视觉反应,单一波长成分的光称为单色光,人眼感觉到的单色光按波长由长到短的顺序为红、橙、黄、绿、青、蓝、紫,见图1.2。包含两种或两种以上波长成分的光称为复合光。太阳光就是一种复合光,且波长范围宽,能量几乎均匀分布,给人以白光的综合感觉。

1) 光谱效率

光谱效率指人眼对不同波长光的敏感程度。相同主观亮度感觉情况下,$\lambda=555$nm的黄绿光,所需光的辐射功率最小。

2) 视觉二重功能

人的视觉具有明视觉功能和暗视觉功能。锥状细胞的感光灵敏度比较低,大约在10^4个光子数量级,只有在明亮条件下才起作用。锥状细胞密集地分布在视网膜中央凹区域,且每个锥状细胞连接一根视神经,因此它能够分辨颜色和物体细节,是一种明视觉器官。杆状细胞的感光灵敏度比较高,大约在10^2个光子数量级,是一种暗视觉器官。

3) 暗适应

从明亮处向昏暗处移动时,视觉系统灵敏度会逐渐变化,大约为40min达到最大灵敏度。在进入黑暗环境的初期(前10min),暗适应进行得很快,即视觉界限快速下降,光灵敏度快速提高,此时是锥状细胞在起作用,锥状细胞依靠本身灵敏度的上升来感光;而在后期就进入了光感更出色的杆状细胞的作用范围。在黑暗中,视网膜边缘部分的杆状细胞内有一种紫红色的感光化学物质,叫视紫红质。在明亮环境下视紫红质因被曝光破坏褪色,使杆状细胞失去对亮度的感觉能力;在黑暗环境下视紫红质又重新合成而恢复其紫红色,使杆状细胞恢复对亮度的感觉能力。完全达到暗适应时,视觉感受能力提高约十万倍。当从明亮的地方进入黑暗环境,或突然关掉电灯,要经过一段时间才能看清物体,这就是暗适应现象。另外,红光对杆状细胞的视紫红质不起作用,因此红光不阻碍暗适应过程,一些重要的信号灯用红光即这个道理。

4) 明适应

从黑暗环境到明亮环境变化的逐渐习惯过程,称为明适应。与暗适应比较,其时间要快得多,仅需1min左右即可完成。在明亮处,由于众多的锥状细胞在工作,它们能够分辨出颜色和细节;而在非常暗的地方,杆状细胞不能区分颜色,仅能看清物体的明暗却不能分辨其颜色。

5) 视觉惰性

在外界光作用下,感光细胞内视敏感物质经过曝光染色过程是需要时间的,响应时间大约为40ms;另外,当外界光消失后,亮度感觉还会残留一段时间,大约为100ms。

6）闪烁

以周期性光脉冲形式反复刺激眼睛，频率低时，可以出现闪烁(flicker)现象；随着频率逐渐提高就观察不到闪烁了，视觉变得稳定而均匀。将此闪烁感刚刚消失时的频率称为临界闪烁频率(critical fusion frequency，CFF)。此时视野内的明亮度等于亮度的时间平均值。近代电影、电视、显示等正是利用了这一生理特点发展起来的，闪烁状况是与电影每秒出现的帧数、电视的场频、显示终端(VDT)的刷新率等观看指标密切相关的重要因素。例如，电视的场频，日本、美国采用60Hz，中国、欧洲采用50Hz。不同环境下CFF会有所变化，当以600cd/m^2 高亮度显示时，即使是60Hz，也会出现闪烁感。

7）视角

眼睛的视野是比较大的，由视线方向的中心与鼻侧的夹角约为65°，与耳侧的夹角为100°～104°，向上方约为65°，向下方约为75°。

1.2.3 色彩学基础

彩色是物体反射光作用于人眼的视觉效果。自然界中的景物，在太阳光照射下，由于反射了可见光中的不同成分而吸收其余部分，从而引起人眼的不同彩色感觉。

1. 三基色原理

自然界中任意一种颜色均可以表示为三个确定的相互独立的基色的线性组合。国际照明委员会(International Commission on Illumination，CIE)的色彩学CIE-RGB计色系统规定：波长700nm，光通量为1lm的红光为一个红基色单位，用R表示；波长546.1nm，光通量为4.95lm的绿光为一个绿基色单位，用G表示；波长435.8nm，光通量为0.060lm的蓝光为一个蓝基色单位，用B表示。将三基色按一定比例相加混合，就可以模拟出各种颜色，如：

红色＋绿色＝黄色
绿色＋蓝色＝青色
红色＋蓝色＝紫色
红色＋绿色＋蓝色＝白色

等量的RGB尽管亮度值不同，却能配出等能光谱色的白光。这样三基色按不同比例就能合成出如图1.5所示的以三基色为顶点的三角形所包围的各种颜色。

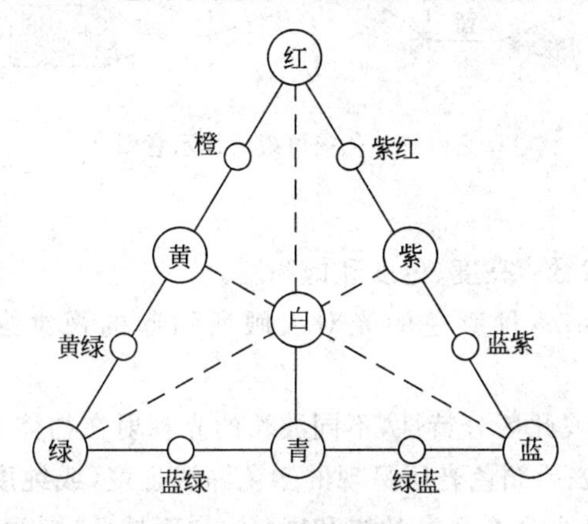

图1.5 三基色原理示意图

2. 色彩再现

显示器中的色彩再现，不是把实际的色彩完全忠实地再现，只要再现出的色彩令收看者满意就可以了。图 1.6 所示为一个彩色显像管(CPT)荧光粉点的布局图，红(R)、绿(G)、蓝(B)三色荧光粉点各自在相应的红、绿、蓝电子束的轰击下发光从而产生颜色。当没有光时为黑色，光线加到最大时为白色。由于每一个荧光粉点的面积很小，像距小于等于 0.5mm，如果在 2m 以外的距离(约等于 5 倍以上屏幕对角线距离)观看，每组荧光粉点对眼睛形成约 0.9′视角。这个视角使三色荧光粉点在视网膜上成像的面积小于两个锥状细胞的面积，超越了视觉的空间分辨能力。3 个荧光粉点虽然在荧光屏上占有不同的空间位置，但它们产生的不同颜色的光却落在同一个视觉细胞上，产生出三色相加的视觉效果。可见，彩色再现是对人眼视觉特性的巧妙利用，荧光屏上所显示的颜色实际上是在观察者自己的视觉上混合产生的。色彩再现的过程如图 1.7 所示。

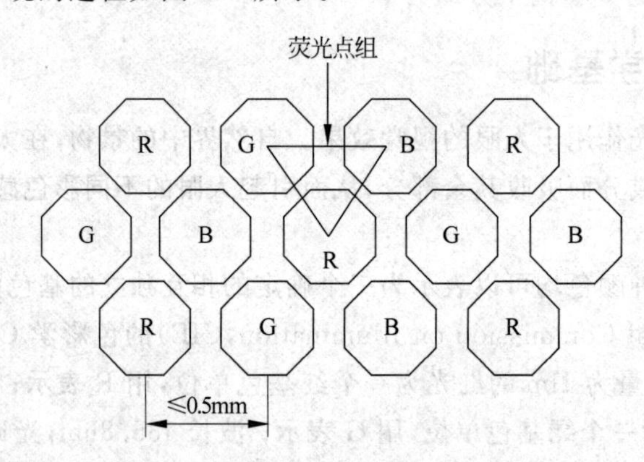

图 1.6 彩色显像管荧光粉点布局

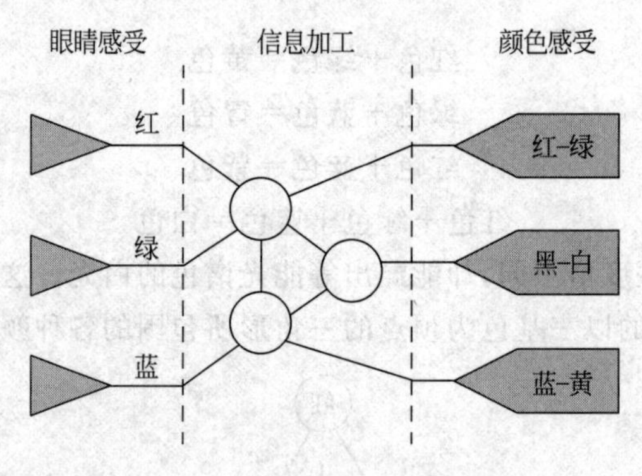

图 1.7 色彩再现过程示意图

3. 颜色的特征参数

颜色包括 3 个特征参数：亮度、色度和饱和度。

亮度(luminance)表示各种颜色的光对人眼所引起的视觉强度，它与光的辐射功率有关。

色调(hue)表示颜色彼此区分特性，不同波长的光辐射在物体上表现出不同色调特性。

饱和度(saturation)表示颜色光所呈现的颜色深浅程度(或纯度)。饱和度越高，则颜色越深，如深红、深绿等。激光具有最高的饱和度；饱和度越低，则颜色越浅，如浅红、浅绿等。

高饱和度的彩色光可以因掺入白光而被冲淡，变成低饱和度的彩色光。

色调与饱和度又合称为色度(chroma)，它既说明彩色光的颜色类别，又说明颜色的深浅程度。

1.2.4 显示设备的主要性能指标

1. 像素

像素(pixel)指构成图像的最小面积单位，具有一定的亮度和色彩属性。在显示器中，像素点的大小可依据该系统的观看条件(如观看距离、照明环境等)下，肉眼所能分辨的最小尺寸而确定。实际系统的具体例子如表 1.3 所示。

表 1.3 显示器制式与像素数、宽高比

器件	显示器制式	有效像素数				宽高比
		宽	高	总像素数	比[①]	
彩色显像管	PAL	720	576	403 200	1.31	4∶3
	NTSC	720	490	352 800	1.15	4∶3
	HDTV	1920	1080	2 073 600	6.75	16∶9
	4K	3840	2160	8 294 400	27.00	16∶9
彩色显示器	VGA	640	480	307 200	1.00	4∶3
	SVGA	800	600	480 000	1.56	4∶3
	XGA	1024	768	786 432	2.56	4∶3
	SXGA	1280	1024	1 310 720	4.27	5∶4
	UXGA	1600	1200	1 920 000	6.25	4∶3
	QXGA	2048	1536	3 145 728	10.2	4∶3
	GXGA	2560	2048	5 242 880	17.1	5∶4

注：① 将 VGA 当做 1 时的总像素之比。

数码相机的像素包括有效像素和最高像素，与最高像素不同的是，有效像素指真正参与感光成像的像素值，而最高像素的数值是感光器件的真实像素，这个数据通常包含了感光器件的非成像部分；而有效像素是在镜头变焦倍率下所换算出来的值。照片的质量并不完全取决于像素的大小，而是和其影像传感器也就是感光元件的尺寸大小有关。

像素越高，能拍出照片的尺寸越大，500 万像素，等同于分辨率 2592×1944 像素，最大只能冲印 12 寸照片，而 1200 万可以冲印 1.5 米×1.2 米的巨幅图片。

2. 亮度

显示设备的亮度指从给定方向上观察的任意表面的单位投射面积上的发光强度。亮度值用 cd/m^2 表示。一般显示器应有 $70cd/m^2$ 的亮度，具有这种亮度图像在普通室内照度下清晰可见。在室外观看要求亮度更高，可达 $300cd/m^2$ 以上。人眼可感觉的亮度范围为 $0.03\sim50\,000cd/m^2$。

3. 亮度均匀性

亮度均匀性反映的是显示设备在不同显示区域所产生的亮度的均匀性。通常也用它的反面概念——不均匀性来描述，或者用规定取样点的亮度相对于平均亮度的百分比来描述。CRT 显示器亮度均匀性能达到大于等于 45%的水平，原因在于其边角的亮度值与中心区域的亮度值有一定差距，这也是由于 CRT 显示设备电子枪发射电子到显示屏上的不均匀性造成的。其他显示设备由于其显示屏由许多个显示单元组成，各个单元的亮度值相差不大，所以基本上亮度均匀性都可以达到 80％以上。

4. 对比度和灰度

对比度(contrast rate)指画面上最大亮度和最小亮度之比。该指标与环境光线有很大关系，另外测试信号一般采用棋盘格信号，并将亮度控制器调整到正常位置，对比度调整到最大位置，此时对比度为白色亮度和黑色亮度的比值。一般显示器应有 30：1 对比度。

灰度(gray scale)指画面上亮度的等级差别。例如，一幅电视画面图像应有 8 级左右的灰度。人眼可分辨的最大灰度级大致为 100 级。

5. 分辨率

分辨率(resolution)指单位面积显示像素的数量。

6. 清晰度和分辨力

清晰度(definition)是指人眼能察觉到的图像细节清晰的程度，用光栅高度(帧高)范围内能分辨的等宽度黑白条纹(对比度为 100％)数目或电视扫描行数来表示。如果在垂直方向能分辨 250 对黑白条纹，就称垂直清晰度为 500 线。根据信息产业部颁布的数字电视有关标准来看，平板显示器(FPD)通过分量视频输入基本可以达到 720 线以上，而 CRT 显示器稍微低一些，达到 620 线以上，垂直清晰度与水平清晰度相同。其中，CRT 边角的清晰度要低于中心区域的清晰度。

分辨力是人眼观察图像清晰程度的标志，与清晰度定义近似，分辨力可以用图像小投影点的数量表示，如 SVGA 彩色显示器的分辨力是 800×600，就代表画面是由 800×600 个点所构成，组成方式为每条线上有 800 个投影点，共有 600 条线。分辨力有时也用光点直径来表示，用光栅高度除以扫描线数，即可算出一条亮线的宽度，此宽度即为荧光屏上光点直径的大小。在显示设备中，光点直径大约几微米到几千微米。一般对角线为 23～53 cm 的电视显像管其光点直径为 0.2～0.5mm。

7. 发光颜色

发光颜色(或显示颜色)的衡量方法，可用发射光谱或显示光谱的峰值及带宽，或用色度坐标表示。显示设备的颜色显示能力，包括颜色的种类、层次和范围，是彩色显示设备的一个重要指标。真(全)色彩的色彩数目为 16 777 216 色，即红、绿、蓝各 256 级灰度，256×256×256＝16 777 216≈16M。

8. 余辉时间

余辉时间指荧光粉的发光，从电子轰击停止后起到亮度减小到电子轰击时稳定亮度的 1/10 所经历的时间。余辉时间主要决定于荧光粉，一般阴极射线荧光粉的余辉时间从几百纳秒到几十秒。

9. 解析度

解析度(dot per inch，DPI)指图片在 1 英寸长度上小投影点的数量，分为水平解析度和垂直解析度。解析度越高显示出来的影像也就越清晰。

10. 收看距离

收看距离可以用绝对值表示，也可以用与画面高度 H 的比值来表示(即相对收看距离)。收看电视的适当距离约为距离屏幕 2m 为好，以利于通过眼球四周的肌肉收缩和松弛来调节眼睛的焦点。在现行彩色电视的隔行扫描的场合，以 6～8H 为宜。在办公自动化中，距离视频显示终端（VDT）的距离为 50cm 较为适宜。

11. 周围光线环境

周围光线环境主要指观看者所在的水平照度及照明装置。在收看电视时，室内照明条件太亮或太暗都不好，四周光线的反射亮度应控制在 2cd/m² 以下，最好的值约为 0.7cd/m²。在办公自动化中，对于计算机键盘和录入原稿等的水平面工作照度以 500lx 或稍高一些为好，约为家庭平均电视收看场合的周围水平面照度的 2 倍；显示器平面的垂直入射照度以 300lx 左右为好。在电影院观看电影时，屏幕亮度范围由 ISO 2910 国际标准规定为 25～65cd/m²，中心亮度标准值为 40cd/m²。在体育场、广告牌等室外大屏幕显示场合，光照环境在阳光直射下约为 104lx，因此需要 3000～500cd/m² 的亮度。

12. 图像的数据率

数据率指在一定时间内、一定速度下，显示系统能将多少单元的信息转换成图形或文字并显示出来。如果已知一个字符或像素是以 n 比特（bit）计算机符号表示，数据率可以换算成比特/秒（bps）。图像的信息量是惊人的，比如一张 A4 文件的数据量大约是 2KB，一张 A4 黑白照片的数据量大约是 40KB，一张 A4 彩色照片的数据量大约是 5MB，一分钟家用录像系统（video home system，VHS）质量的全活动图像的数据量约为 10MB，一分钟广播级全动态影像（full-motion video，FMV）的数据量就约为 40MB。

13. 其他

其他指标如辐射，CRT 明显大于其他显示设备，其他显示设备之间差别不大。在显示相应时间方面，LCD 类的显示设备劣于其他器件。在显示屏的缺陷点方面，CRT 一般不会出现这样的问题，而其他显示设备虽然在出厂时该指标控制得较严格，但用户在使用过程中有时会出现缺陷点。在可靠性方面其平均无故障时间（mean time between failure，MTBF）值基本上都可以达到 15 000h，需要注意的是投影设备里往往使用了灯泡作为光源，灯泡的寿命有限，只能作为消耗品，也就是说在使用过程中需要定期更换这些部件。还有产品使用温度范围，商业级：0～70℃，工业级：－40～85℃，军品级：－55～125℃。

1.3 显示接口

对于显示设备而言，除了高质量的信号源和显示器外，还需要一个介于两者之间的、高性能的信号传输或接收装置——信号接口。

所谓接口，就是能把两方面联系起来的部件。广义上的接口，可理解为一种契约；而具体到显示设备的信号接口则是一种标准、规范和要求。显示设备的信号接口，有着类似公路交通管理的要求和功能，通过信号接口的信息（数据）又如同公路上的车辆；人们为了提高显示设备所呈现的高清晰图像能力，首先会将公路升级改造成为更宽的高速公路，以加快通过信号接口数据的流量、传送更多的信息；其次会制定相关规则、采取相应措施，使公路不堵、车辆安全，以确保信号接口质量（版本）不断提高、信息传送更加安全。

目前显示设备常见的信号接口有如下几种。

（1）VGA（video graphic array）接口：视频图形阵列接口，从 1987 年使用至今。

（2）DVI（digital visual interface）接口：数字视频接口，从 1999 年使用至今。

(3) HDMI(high definition multimedia interface)接口：高清晰度多媒体接口，从 2002 年使用至今。

(4) DP(display port)接口：数字显示接口，从 2006 年使用至今。

(5) AV(audio video)接口：视频输出接口，音频 Audio 和视频 Video，也称复合端口。

(6) S 端子(separate video)接口：也称独立视讯端子。

(7) 光纤接口：用来连接光纤线缆的物理接口。

1.3.1 VGA 接口

VGA 是将模拟视频信号(无音频信号)传输到显示器的信号接口标准。

1987 年，IBM 制定并推出了被称为"显示器数据线"的 VGA 接口标准，如今显示设备上只要看到蓝色的接口，上面共有 15 个引脚，分成 3 排，每排 5 个，基本上就可以确定是 VGA 了，如图 1.8 和图 1.9 所示。又因为 VGA 接口竖看像一个大写的字母 D，所以又称为 D-SUB(D-subminiature，超小型接口)。

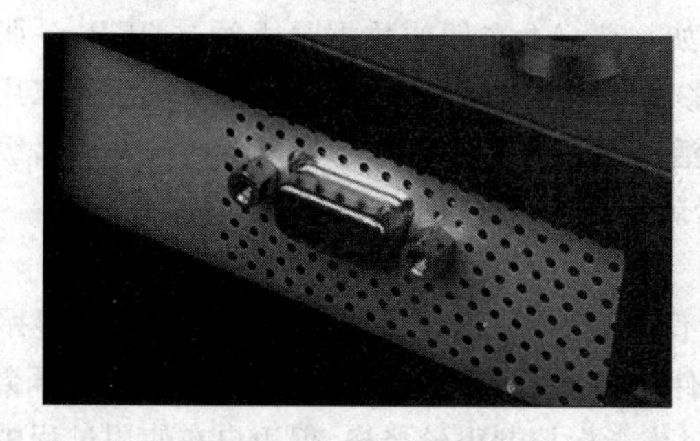

图 1.8 VGA 接口

图 1.9 VGA 连接线

最初的计算机与显示设备都是通过 VGA 接口连接的，计算机内部以数字方式生成的图像信号，经过显卡中的 D/A(数字/模拟)转换器，转变为 R、G、B(模拟基本彩色红、绿、蓝)三基色信号和行、场同步 5 种模拟信号，这些模拟信号通过 VGA 接口传送到模拟的 CRT 显示设备中，控制并驱动 CRT 生成图像。因此，VGA 接口用于连接模拟的 CRT 显示设备比较合理、可行，不存在问题。但是，当 VGA 接口用于连接数字的 LCD(液晶显示器)、DLP(数字光处理)等显示设备时，就需要在显示设备中配置或增加相应的 A/D(模拟/数字)转换器，将模拟信号转变为数字信号后方能显示图像。这样，经过了 D/A 和 A/D 两次转换后，不可避免地损失了一些图像细节，降低了图像品质。另外，VGA 接口最大可以满足 20 英寸的图像显示，随着屏幕加大，图像将出现模糊、发虚。为解决此问题，现在生产的 20 英寸以上的显示器上都增加了一个数字方式的 DVI 接口。VGA 接口在 640×480 分辨率下，能同时显示 16 种色彩或 256 种灰度；在 320×240 分辨率下，能同时显示 256 种色彩或 256 种灰度。可以说，在今后很长时间内，VGA 还是主要接口，并在不断改进。如今显示器和显卡都支持的 SVGA 模式，是厂商们在 VGA 基础上将显存提升至 1M，使其支持 800×600 或 1024×768 分辨率，并得到 VESA(Video Electronics Standards Association，视频电子标准协会)认可的新标准。实际上，SVGA 是 VGA 不断改进的替代品。

1.3.2 DVI 接口

DVI 是将数字视频信号(无音频信号)传输到显示器的信号接口标准。

1994 年年初,DDWG(Digital Display Working Group,数字显示工作小组)以美国 Silicon Image 公司的专利技术为蓝本,提出 DVI 接口标准,目的是"通过数字方式来强化电脑显示器的画面品质,统一新时代数字显示设备的接口标准",随后得到 Intel、DELL、HP、IBM、微软等企业的支持,经过三年多的推广,DVI 技术在计算机显示领域得到了广泛运用。

1998 年 9 月,在"Intel 开发者论坛"峰会上,DDWG 正式推出 DVI 信号接口标准。

DVI 和 VGA 接口完全不同,两者不可共用。DVI 一般都是白色的接口,上面是 3 排、每排 8 个针孔,如图 1.10 所示。DVI 有 3 类(DVI-A、DVI-D、DVI-I)信号传送方式和 5 种信号接口形式,如表 1.4 所示。

图 1.10 DVI 接口

表 1.4 DVI 3 类信号传送方式和 5 种信号接口形式

接口图形	名称	传送方式	传送形式①
	DVI-A	仅传送模拟信号	Single-Link
	DVI-D	仅传送数字信号	Single-Link
			Dual-Link
	DVI-I	可传送数字和模拟信号	Single-Link
			Dual-Link

DVI-A 是纯模拟信号接口,在 CRT 大屏幕中能看见,由于和 VGA 没有本质区别,性能也不高,现今已被废弃。

DVI-D 是纯数字信号接口,可以满足超高分辨率及 3D 影视/游戏效果等数据的传送,是目前应用最为主要的接口。DVI-I 有数字和模拟两种不同的信号接口。

DVI-D 和 DVI-I 都有单通道和双通道之分,人们平时见到的都是单通道,双通道成本

① Single-Link:单通道;Dual-Link:双通道。

很高，只有部分专业设备才具备，普通人很难见到。DVI-D 和 DVI-I 的主要引脚相同，只是 DVI-I 掺杂了 VGA 数据接口，通过转接头可兼容 VGA。

随着电影、电视、电脑等图像技术的融会贯通，以及数字高清视/音频技术的发展，DVI 逐渐暴露出了种种问题，主要有以下 5 点。

(1) DVI 考虑的对象是个人电脑，对于笔记本电脑、平板电视、移动数字设备等的兼容较差。

(2) DVI 没有考虑对图像版权 HDCP(high-bandwidth digital content protection，高带宽数字内容保护)的支持。

(3) DVI 只支持 8bit 的 RGB 信号传输，不支持广色域的显示终端(如大屏幕、高清及超高清显示器及设备等)。

(4) DVI 出于兼容性考虑，预留了不少孔脚以支持模拟设备，造成了信号接口体积较大，效率很低。

(5) DVI 只能传送数字视频信号，没有考虑数字音频信号的传送。

1.3.3 HDMI 接口

由上可知，DVI 暴露出的问题在一定程度上已成为数字影像技术的发展瓶颈，无论是 IT 厂商、平板电视制造商，还是好莱坞的众多出版商、传媒公司等，都迫切需要一种更好的、能满足未来高清视/音频技术发展的信号接口，这促使了新的信号接口标准—— HDMI 的诞生。

1. HDMI 接口标准的制定

2002 年 4 月，松下、日立、飞利浦、Silicon Image、索尼、汤姆逊、东芝等共同组建了 HDMI Founders(高清晰度多媒体接口创建人)组织，开始着手“制定一种符合高清时代的全新数字化视/音频接口标准”，提出了全新标准的基本要求。

(1) 接口为纯数字方式，无须在信号传送前进行 D/A 或 A/D 转换。

(2) 接口可同时传送视频和音频信号。

(3) 接口具有 HDCP 功能，以防具有著作权的声像数字内容遭到未经授权的复制。

(4) 接口具备额外空间，日后有很大的升级余量。

2. HDMI 接口标准的发布

2002 年 12 月 9 日，HDMI Founders 推出 HDMI 1.0 版接口标准，支持 Dolby Digital (杜比数字)5.1 和 DTS(数字化影院)两种最为广泛的数字多声道音频流技术的应用。

2004 年年底，美国 FCC(联邦通信委员会)规定：从 2005 年 7 月 1 日起，所有数字电视周边产品，都必须内建 HEMI 信号接口。

2006 年 5 月，HDMI Founders 推出 HDMI 1.3 版接口标准，支持 1080p/120Hz、720p/240Hz 和 1080i/240Hz，以及更高的 1440p/120Hz 显示模式，同时向下完全兼容，包括 DVI。

2009 年 6 月，HDMI Founders 推出 HDMI 1.4 版接口标准，能满足更高分辨率、刷新率和色位深度，如 1080p 以上全高清的播放和 3D 传输；另外，HDMI 1.4 版还增加一条数据通道——HDMI 以太网通道，该通道允许基于互联网的 HDMI 设备和其他 HDMI 设备共享互联网接入，无须另接一条以太网线，即可实现任何基于 IP 的高速双向应用及通信。

2010 年 3 月,HDMI Founders 推出 HDMI 1.4a 版接口标准,其关键是增强了 3D 应用的功能,加入了用于广播内容的强制 3D 格式,以及称为 Top-and-Bottom(适应于不同的可选/被动)的 3D 格式。

2013 年年底,HDMI Founders 声称,2014 年二季度,将正式推出更加高科技的 HDMI 2.0 版接口标准,其组织成员松下在 2014 年 10 月,推出全球首款加入 HDMI 2.0 信号接口的 4K/60Hz 电视。不过市场至今还没见过第四代 HDMI 2.0 接口的应用,但如今的华硕 MS 系列,基本上都配有第三代 HEMI 1.4 版本,这也许是预示着 HDMI 应该逐渐将会成为主流。HEMI 信号接口各版本号的性能如表 1.5 所示。

表 1.5 HDMI 信号接口各版本号的性能表

版 本 号	最大带宽	最大色深	最大分辨率(单通道)	
HDMI 1.0-1.2a	4.96Gb/s	24b/px	1920×1200p/60Hz	基本符合 ITU 颁布的 1080i 显示模式
HDMI 1.3	10.20Gb/s	48b/px	2560×1600p/75Hz	基本符合 ITU 颁布的 1080p 显示模式
HDMI 1.4	10.20Gb/s	48b/px	4096×2160p/24Hz	完全符合 DCI 提出的数字 4K 显示模式
HDMI 2.0	18.00Gb/s	48b/px	3840×2160p/60Hz	完全符合 ITU 颁布的 4K UHDTV 显示模式

3. 规范 HDMI 接口标准

2010 年 10 月 1 日,HDMI Founders 根据新版《商标和 Logo 使用规范》和"HDMI 1.4 版的说法过于宽泛,无法显示该设备的具体支持技术"等原因,要求"HDMI 接口及线缆制造商在销售和宣传 HDMI 1.4 版时,从即日起禁止使用版本号标识,旧版接口及线缆则应在一年内,去除所有用版本号标识的标签、说明、包装等。对于除接口及线缆以外的其他 HDMI 设备,应在 2012 年 1 月 1 日前,去除所有版本号标识"。同时明确:在此之前,厂商应明确所使用技术的前提下,应用的版本号标识,如 HDMI v. 1.4 with Audio Return Channel and HDMI Ethernet Channel(HDMI 1.4 版支持 ARC 音频回授通道和 HEC 以太网通道);严禁使用笼统的 HDMI v. 1.4 compliant(兼容 HDMI 1.4)。

4. HDMI 信号接口分类

HDMI 信号接口可以分为 HDMI A type、HDMI B type、HDMI C type、HDMID type 类型,每种类型的接口分别由用于设备端的插座和线缆端的插头组成,外形如图 1.11 所示。A 型是 HDMI 为最常见的接口,接口外侧设有一圈厚度为 0.5mm 的金属材质屏蔽层,防止来自外界的各种干扰信号。内侧每根引脚的宽度为 0.45mm,长度为 4.1mm,其误差为 0.05mm 左右,以保证良好的接触性。

图 1.11 HDMI 信号接口

B 型比 A 型足足大了一圈,可传输 A 型两倍的 TMDS(最小化传输差分信号)数据量,相对等于 DVI 双通道传输,可传输 2560×1600 以上的分辨率。因为 A 型只有单通道的 TMDS 传输,如果要传输 B 型的信号,则必须具有两倍的传输效率,TMDS 的工作频率必须提高至 270MHz 以上。而在 HDMI 1.3 版出现之前,市面上大部分的 TMDS 只能稳定在 165MHz 以下工作。自 HDMI 1.3 版出台后,B 型的应用也就少了。C 型非常小巧,被称为 HDMImini(迷你口),是缩小的 A 型,但脚位定义有所改变。主要应用在便携式装置上。D型比C型小很多，俗称HDMI micro(微型口)，主要应用在一些小型的移动设备上。以上几种HDMI接口，均使用5V低电压驱动，阻抗都是100Ω，它们之间并没有做到完全兼容，A型不能通过转接设备连接到B型，B型也不能转接成C型；但A型和C型仅仅是物理尺寸上不同，可通过转换器实现兼容。目前一端为A型，一端为D型插头的连接线缆，已在一些手机上应用。

相对于目前应用较广的DVI接口，HDMI具有更多优势。①DVI是一种个人电脑上的标准接口，但是在家电市场并没有多少设备采用(因为DVI接口体积巨大，影响了背板的线路布局)。②超低价高清播放器已经普及，用HDMI接口连接可以不用主机直接播放。③DVI只能传输视频信号，而音频传输需要其他接口，使用起来不方便。而HDMI解决了这些问题，因而大受家电厂商欢迎。

另外，HDMI从外观上看和VGA以及DVI完全不同，采用了类似于USB的设计，这样设计的好处是可以很方便地进行插拔，又彻底解决了对于电视、电脑、手机、便携式数字设备的兼容性问题。虽然DP接口拥有众多的优势，但是就目前来说还看不到普及的希望。如今民用级显示器市场中采用DP接口的显示器也不过戴尔的几款产品，对于广大的消费者而言，暂时也没有必要花太多的精力放在DP接口显示器的选购之上。若是想适应未来潮流，统一各种接口，到哪儿都可以“插”，还应选择HDMI接口。

1.3.4 DP接口

1. DP信号接口标准的发布

2006年5月，VESA正式发布DP信号接口标准。DP和HDMI几乎一样，都支持数字视/音频的同时传输。DP带宽更大，最初的1.1版，带宽高达10.8Gb/s，这与HDMI 1.3版的带宽基本相当，后续版本的带宽提升空间将更加强大。

2. DP信号接口标准的特性

(1) DP是个人电脑平台下最新的显示接口，是DVI的完美继任者，主要应用于连接电脑和显示器，与DVI一样极少出现在个人电脑或Mac(苹果电脑)以外的领域，如电视、手机、移动设备领域。

(2) DP是第一个依赖数据包化数据传输技术的显示接口，此技术在以太网、USB和PCI Express等技术中都有应用。

(3) 与HDMI不同，DP接口采用微封包传输架构，由于带宽非常高，因此绝对不至于其在传输过程中出现“调包”的现象。而且微封包架构的弹性大，DP可以轻松实现分屏显示功能(一条DP连接线最高可支持6条1080i或3条1080p视频流)。DP可以在同一组Lane/Link(通道/连线)内传输多组视频。由此特性，DP一般用于多屏输出，适用于军工、医学等需要多屏高分辨率的领域，所以现在的高端显卡和专业显卡才配备此接口，不过只要显示器/电视的厂商推广开来，相信更多的显卡都会配备此接口的。

3. DP信号接口形状

在接口形状上DP稍大于HDMI，并且同样支持即插即用。DP同样也有标准口、迷你口、微型口，如图1.12～图1.14所示。除此之外，DP既支持外置显示连接，也支持内置显示连接，兼容VGA、DVI等的转接，如图1.15和图1.16所示。

图 1.12 DP 标准口

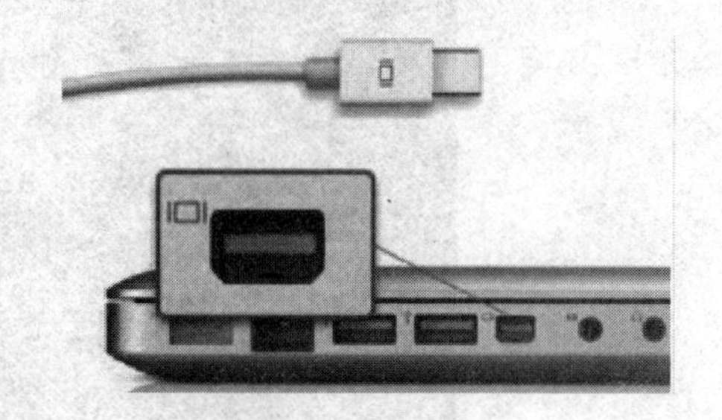

图 1.13 DP 迷你口

图 1.14 DP 微型口

图 1.15 DP 转 VGA 连接线

图 1.16 DP 转 DVI 连接线

苹果公司的 Mac 系列电脑是 DP 接口的先行者，同时大量使用 DP mini 接口，这种 DP mini 接口与 Thunderbolt 雷电接口是完美兼容的，Thunderbolt 雷电接口将来可能取代现行的其他总线装置，成为电脑对于外的单一总线，前景不可限量。

4. DP 信号接口优势

DP 的优势在于带宽更高，可支持 2560×1600、2048×1536 等分辨率及 30/36b 的色深；在 1920×1200 分辨率下，色彩支持达到 120/24b，超高的带宽和分辨率完全足以适应显示设备的发展，足以应付未来的 4K、8K 甚至更高的分辨率需求。

1.3.5 AV 接口

AV 接口也称视频输出端口，又称复合端口（音频 Audio 和视频 Video），是家用影音电器用来传送类比视频如 NTSC、PAL、SECAM 的常见端口。AV 接口算是出现比较早的一种接口，它由红、白、黄三种颜色的线组成，其中黄线为视频传输线，红色和白色则是负责左右声道的声音传输，如图 1.17 所示。

图 1.17 AV 接口

1.3.6 S端子接口

S端子接口是在AV接口的基础上将色度信号C和亮度信号Y进行分离，再分别以不同的通道进行传输，减少影像传输过程中分离、合成的过程，减少转化过程中的损失，以得到最佳的显示效果。

S端子接口是一种五芯接口，由两路视亮度信号、两路视频色度信号和一路公共屏蔽地线共5条芯线组成。通常显卡上采用的S端口有标准的4针接口(不带音效输出)和扩展的7针接口(带音效输出)，标准的7针S端子比较4针的多出了一路复合信号，可以单独分离输出RCA信号(复合信号)，在显卡上就可以省去一个黄色的Video输出接口。虽然多出的2针功能和定义各不相同，但一般都是把这两针作为标准AV视频信号输出，这样就使得这个7针接口既能分离出一路4针标准S端子信号，又能分离出一路标准的AV视频信号。有的配备7针S端子的显卡配备一个一转二的转接输出装置，可以分成S端子和AV输出两种模式。

S-Video相比于AV接口，由于它不再进行Y/C混合传输，因此也就无须再进行亮色分离和解码工作，而且使用各自独立的传输通道，在很大程度上避免了视频设备内信号串扰而产生的图像失真，极大地提高了图像的清晰度。

S端子接口最初由日本开发，现在美国、加拿大、澳洲、日本等地方相当普及，是应用较普遍的视频接口。其原本用在一些家用电视、DVD播放机、high-end录影机、数位电视接收器、DVR与电视游乐器等。几乎所有的电视输出绘图卡的连接端子都是采用S-Video，如图1.18所示。

图 1.18 S端口接口

1.3.7 光纤接口

光纤接口是用来连接光纤线缆的物理接口，其原理是利用了光从光密介质进入光疏介质从而发生了全反射。光纤接口双向数据带宽可达10Gb/s，未来甚至有望提升至100Gb/s，有可能会全面取代USB、HDMI、DP之类的接口。

按连接头结构形式可分为FC、SC、ST、LC等几种类型，使用效果一样，各有其优缺点，且相互之间不可以互用，如图 1.19 所示。

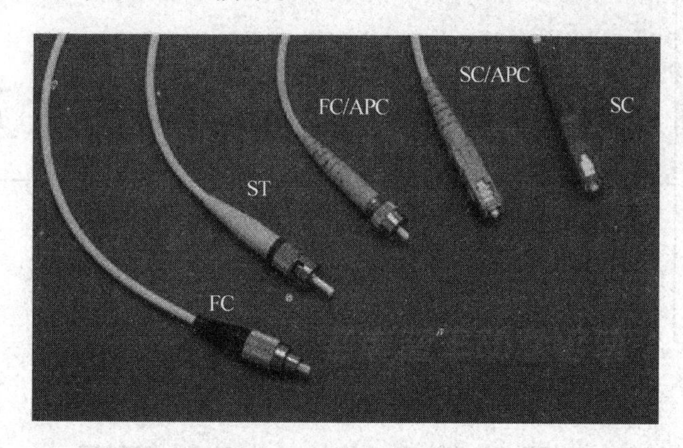

图 1.19 不同种类的光纤接口

在表示光纤接头的标注中，常能见到 FC/PC、SC/PC 等字样，其含义如下：“/”前面部分表示光纤接口型号；“/”后面表明光纤接头截面工艺，即研磨方式，其中 PC 接头截面是平的，UPC 的衰耗比 PC 要小，一般用于有特殊需求的设备。

SC 接头是标准方型接头，采用工程塑料，具有耐高温，不容易氧化优点。直接插拔，使用很方便，介入损耗波动小，抗压强度较高，缺点是容易掉出来。

LC 接头采用操作方便的模块化插孔(RJ)闩锁机理制成，与 SC 接头形状相似，较 SC 接头小一些。

ST 接头外壳呈圆形，插入后旋转半周有一卡口固定，缺点是容易折断。

FC 接头是金属接头，一般电信网络采用，有一螺帽拧到适配器上，优点是牢靠、防灰尘，缺点是安装时间稍长。

习题 1

1. 名词解释：平板显示器件。
2. 现代显示设备有哪些分类？
3. 测光量有哪些？单位分别是什么？
4. 简述人眼的视觉生理基础。
5. 简述色彩再现原理。
6. 为什么一些重要的信号灯采用红光？
7. 从人眼视觉生理基础分析一些射击世界冠军反而是近视眼的原因。
8. 表征显示设备的主要性能指标有哪些？
9. 设计：某家庭准备将一个 $3\times5\text{m}^2$ 的房间装修成家庭影院，请你列出设备采购清单并提出装修参考意见。
10. 计算：一个满帧图像，分辨力为 VGA 制式 640×480 像素，每像素量化量为 8b，刷新频率为 30Hz，则一秒钟视频图像的资料长度为多少字节？假设拨号上网的速率为 33.6Kb/s，以这样的速率来传送一分钟的图像资料大约需要多长时间？假如图像压缩比为 50∶1，实时传输图像需要多大的传输速率？

第2章 阴极射线管显示技术及设备

CHAPTER 2

2.1 CRT显示器的基本结构与工作原理

阴极射线管(cathode ray tube,CRT)是一种古老而又充满活力的显示设备,至今已有100多年的历史,它曾长期统治显示技术领域,直至各种显示设备蓬勃发展的今天,仍占有重要地位。

CRT显示器是一种使用阴极射线管的显示器,主要分为黑白CRT显示器和彩色CRT显示器两大类。它的核心部件是CRT显像管(即阴极射线管),其主要由5部分组成：电子枪(electron gun)、偏转线圈(defiection coils)、荫罩(shadow mask)、荧光粉层(phosphor)及玻璃外壳,其中电子枪是显像管的核心。

CRT显示器的工作原理和家用电视机的显像管基本一样,可以把它看做是一个图像更加精细的电视机。经典的CRT显像管使用电子枪发射高速电子,经过垂直和水平的偏转线圈控制高速电子的偏转角度,最后高速电子轰击屏幕上的磷光物质使其发光。通过电压调节电子枪发射电子束的功率,就会在屏幕上形成明暗不同的光点,形成各种图案和文字。下面将对两大类CRT显示器的基本结构和工作原理进行详细介绍。

2.1.1 黑白CRT显示器的基本结构与工作原理

黑白CRT即单色(monochrome monitor)CRT,只有单一的电子枪,仅能产生黑白两种颜色。它的主要用途是在电视机中显示图像,以及在工业控制设备中用作监视器。黑白CRT主要由圆锥形玻壳、玻壳正面用于显示的荧光屏、封入玻壳中用于发射电子束的电子枪系统和位于玻壳之外控制电子束偏转扫描的磁轭器件4部分组成,其结构如图2.1所示。

结构中灯丝、阴极(K)、第一控制栅极(G_1或称调制器)、加速极(G_2或称屏蔽极)构成发射系统；第二阳极(G_3)、聚焦极(G_4)、高压阳极(G_5)构成聚焦系统。工作时,电子枪中阴极(K)被灯丝加热至200K时,阴极(K)大量发射电子。电子束首先由加在第一控制栅极的视频电信号调制,然后经加速和聚焦后,高速轰击荧光屏上的荧光体,荧光体发出可见光。电子束的电流是受显示信号控制的,信号电压高,电子枪发射的电子束流也越大,荧光体发光亮度也越高。最后通过偏转磁轭控制电子束,在荧光屏上从上到下,从左到右依次扫描,从而将原被摄图像或文字完整地显示在荧光屏上。

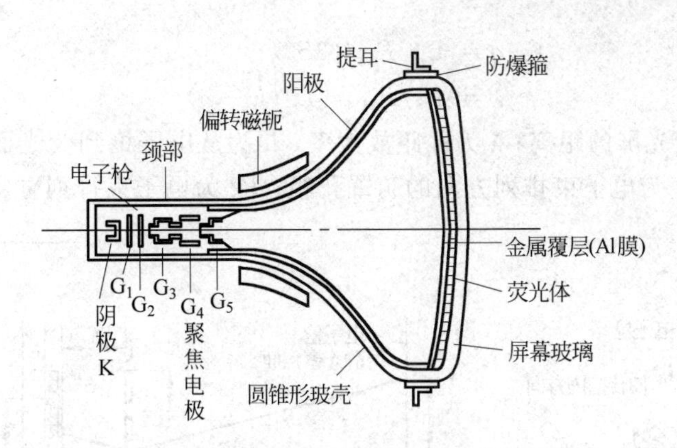

图 2.1　单色 CRT 的结构示意图

2.1.2　彩色 CRT 显示器的基本结构与工作原理

彩色 CRT 利用三基色图像叠加原理实现彩色图像的显示。荫罩式彩色 CRT 是目前占主导地位的彩色显像管,这种管子的原始设想是德国人弗莱西(Fleshsig)在 1938 年提出的。荫罩式彩色 CRT 的基本结构如图 2.2 所示。

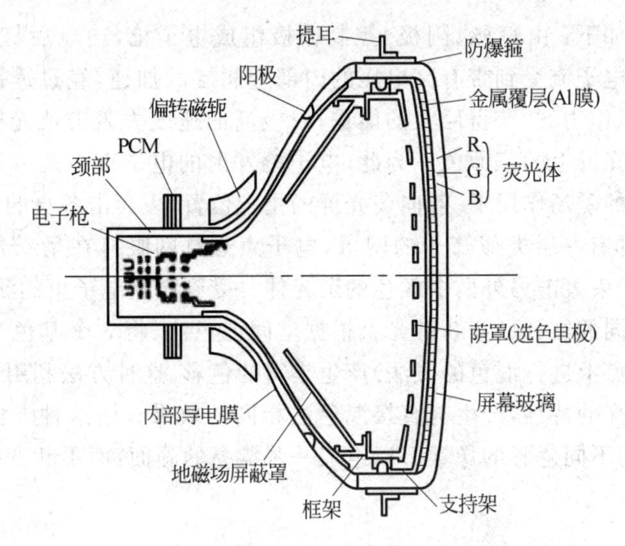

图 2.2　彩色 CRT 的结构示意图

彩色 CRT 是通过红(R)、绿(G)、蓝(B)三基色组合产生彩色视觉效果。荧光屏上的每一个像素由产生红(R)、绿(G)、蓝(B)的 3 种荧光体组成,同时电子枪中设有 3 个阴极,分别发射电子束,轰击对应的荧光体。为了防止每个电子束轰击另外两个颜色的荧光体,在荧光面内侧设有选色电极——荫罩。

在荫罩型彩色 CRT 中,玻壳荧光屏的内面形成点状红、绿、蓝三色荧光体,荧光面与单色 CRT 相同,在其内侧均有铝膜金属覆层。在离荧光面一定距离处设置荫罩,荫罩焊接在支持框架上,并通过显示屏侧壁内面设置的紧固钉将荫罩固定在显示屏内侧。

彩色 CRT 的工作原理如图 2.3 所示。荫罩与荧光屏的距离可根据几何关系由式(2-1)、式(2-2)确定,即

$$q = L \cdot P_M/(3S_g) \tag{2-1}$$

$$\lambda = P_S/P_M = L/(L - q) \tag{2-2}$$

式中，q 为荫罩与荧光屏的距离；λ 为孔距放大率；L 为从电子枪到荧光面的距离；S_g 为电子枪的束间距；P_M 为电子束排列方向的荫罩孔距；P_S 为电子束排列方向的荧光屏上同一色荧光体的点间距。

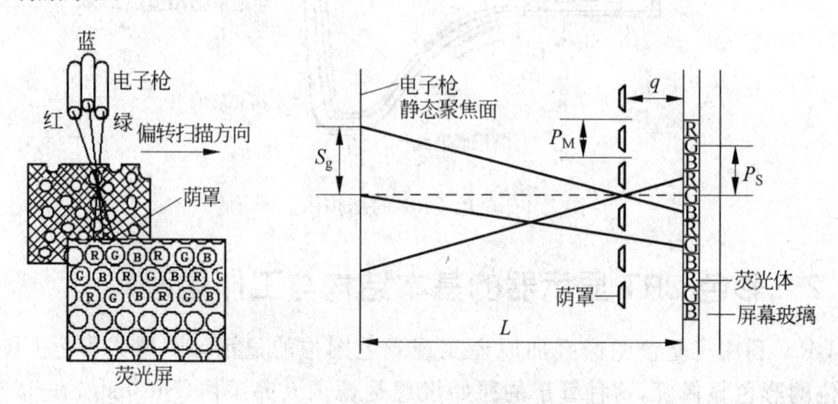

图 2.3 彩色 CRT 工作原理

整体工作过程如下：由灯丝、阴极、控制栅极组成电子枪，通电后灯丝发热，阴极被激发，发射出电子流，电子流受到带有高电压的内部金属层的加速，经过透镜聚焦形成极细的电子束，在阳极高压作用下，获得巨大的能量，以极高的速度去轰击荧光粉层。这些电子束轰击的目标就是荧光屏上的三原色。为此，电子枪发射的电子束不是一束，而是三束，电子束在偏转磁轭产生的磁场作用下，射向荧光屏的指定位置，去轰击各自的荧光粉单元。一般荫罩式 CRT 的内部有一层类似筛子的网罩，电子束通过网眼打在呈三角形排列的荧光点上，以防止每个电子束轰击另外两个颜色的荧光体。受到高速电子束的激发，这些荧光粉单元分别发出强弱不同的红、绿、蓝 3 种光。根据空间混色法(将 3 个基色光同时照射同一表面相邻很近的 3 个点上进行混色的方法)产生丰富的色彩，这种方法利用人们眼睛在超过一定距离后分辨力不高的特性，产生与直接混色法相同的效果。用这种方法可以产生不同色彩的像素，而大量的不同色彩的像素可以组成一张漂亮的画面，而不断变换的画面就成为可动的图像。

2.1.3 CRT 显示器的主要单元

1. 电子枪

电子枪用来产生电子束，以轰击荧光屏上的荧光粉发光。在 CRT 中，为了在屏幕上得到亮而清晰的图像，要求电子枪产生大的电子束电流，并且能够在屏幕上聚成细小的扫描点(约 0.2mm)。此外，由于电子束电流受电信号的调制，因而电子枪应有良好的调制特性。在调制信号控制过程中，扫描点不应有明显的散焦现象。

图 2.4 所示是电子枪的简易结构。电子枪由灯丝(用 H、HT 或 F 表示)和阴极(用 K 表示)组成，彩色显像管由 3 个阴极(分别用 RK、GK、BK 表示)、栅极(用 G_1 表示)、加速极(用 G_2 表示)、高压阳极(用 G 或 V 表示)组成。

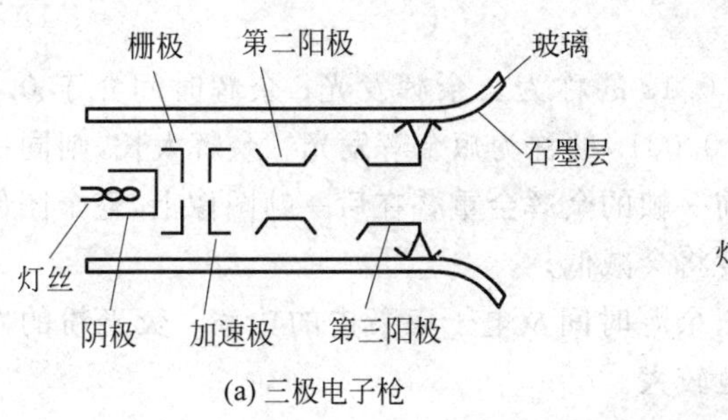

(a) 三极电子枪

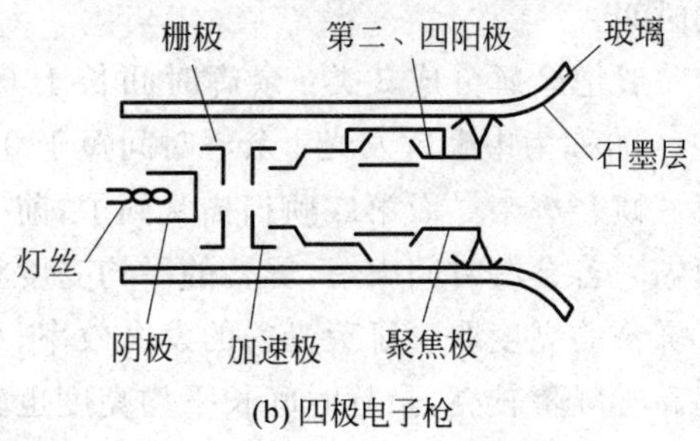

(b) 四极电子枪

图 2.4　电子枪结构示意图

下面介绍电子枪中各部分的作用。

(1) 灯丝——通电后将电能转变成热能并对阴极加热,使阴极表面产生 600～800℃的高温,创造一个使阴极发射电子的外部条件。

(2) 阴极——呈圆筒状,装在圆筒内部,顶端涂有钡锶钙的氧化物,灯丝通电时,阴极受热后发射大量电子。

(3) 栅极——栅极套在阴极外面,是一个金属圆筒,顶端开有小孔,让电子束通过。改变栅极与阴极的相对电位可以控制电子束的强弱。如果把视频信号加到阴极或栅极,那么,电子束的强弱就会随着视频信号强弱而变化,在荧光屏上就出现与视频信号相对应的图像。在实际应用中,为了提高信号强度,而将栅极加负压 0～60V,用电位器(或计算机)控制调整电压来调制通过的电子数目,改变显像管束电流的大小,从而控制荧光屏的亮度。

(4) 加速极——也是顶部开有小孔的金属筒,其位置紧靠栅极。通常在加速电极上加有几百伏的正电压,它能控制阴极发射的电子束到达荧光屏的速度。

(5) 聚焦极——彩色显像管聚焦极通常加 5～8kV 电压。聚焦极、加速极和高压阳极一起构成一个电子透镜,使电子束汇聚成一束轰击荧光屏荧光粉层。

(6) 高压阳极——建立一个强电场,使电子束以极快的速度轰击荧光屏上的荧光粉。高压阳极的电压通常为 22～34kV。

2. 荧光屏

荧光屏,顾名思义就是发出荧光的屏幕。它是由涂覆在玻璃壳内的荧光粉和叠于荧光粉层上面的铝膜共同组成的。工作时荧光屏后面的电子枪发射电子束打在荧光粉上,于是一部分荧光粉亮起来,显示出字符或者图像。

荧光屏是实现 CRT 显像管电光转换的关键部位之一。它要求发光亮度和发光效率足够高,发光光谱适合人眼观察,图像分辨力高,传递效果好,余辉时间适当,机械、化学、热稳定性好,寿命高。

CRT 的发光性能首先取决于所用的荧光粉材料,因为主要由荧光粉层完成显像管内的光电转换功能。黑白 CRT 要求在电子束轰击下荧光粉发白光,一般采用颜色互补的两种荧光粉混合起来发白光或直接采用单一的白色荧光粉。

荧光粉的发光效率是指每瓦电功率能获得多大的发光强度。余辉时间也是荧光粉的重要特性参数。当电子束轰击荧光粉时,荧光粉的分子受激而发光,而当电子束的轰击停止后,荧光粉的发光并非立即消失,而是按指数规律衰减,这种特性称为荧光粉的余辉特性。余辉时间是指荧光粉在电子束轰击停止后,其亮度减小到电子轰击时稳定亮度的 1/10 所经历的时间。

一般把余辉分成3类：余辉时间长于0.1s的称为长余辉发光；余辉时间介于0.1～0.001s的称为中余辉发光；余辉时间短于0.001s的称为短余辉发光。余辉太长，则同一像素第一帧余辉未尽而第二帧扫描又到了，前一帧的余辉会重叠在后一帧图像上，整个图像便会模糊。若余辉时间太短，屏幕的平均亮度将会减低。

屏幕的亮度取决于荧光粉的发光效率、余辉时间及电子束轰击的功率。荧光粉的发光效率高时屏幕较亮，余辉时间长平均亮度也较大。

如果已知荧光粉的发光时间特性$L(t)$，那么在一帧时间T内平均亮度应为

$$L = \frac{1}{T}\int_0^T L(t)\,\mathrm{d}t \tag{2-3}$$

屏幕亮度除了与余辉时间有关外，还取决于电子束的电流密度和屏幕电压的高低。屏幕亮度可表示为

$$L \approx AjU_a^2 S \tag{2-4}$$

从式(2-4)可以看出，增大亮度可以通过加大电流密度和电压来实现。两者中提高电压更为有效。

3. 偏转系统

如果不加偏转电压，经过加速、聚焦后具有很高动能的电子束轰击荧光面时，仅能在荧光屏中心位置产生亮度很高的光点，难以成像。为了显示一幅图像，必须让电子束在水平方向和垂直方向上同时偏转，使整个荧光屏上的任何一点都能发光而形成光栅，这就是偏转系统的作用。

由于磁偏转像差小，在高阳极电压下适用于大角度偏转，所以显像管通常采用磁偏转。磁偏转系统由两组套在管颈外面的互相垂直的偏转线圈组成，常为S/T型结构，即垂直偏转线圈绕在磁环上为环形，水平偏转线圈分为上、下两个绕组，绕组外形呈马鞍形；水平线圈放在垂直线圈里面，且紧贴管颈。

偏转线圈是CRT显像管的重要部件，分为行偏转线圈和场偏转线圈，即水平偏转线圈和垂直偏转线圈。行偏转线圈通有由行扫描电路提供的锯齿波电流，产生在垂直方向上线性变化的磁场，使电子束作水平方向扫描。场偏转线圈通有由场扫描电路提供的锯齿波电流，产生在水平方向上线性变化的磁场，使电子束作垂直方向扫描。在行扫描和场扫描共同作用下，有规律地从上到下、从左到右控制电子束的运动，屏幕上呈现一幅矩形的光栅。

4. 荫罩

荫罩、玻壳和电子枪是组成彩色显像管的3大主要部件，在彩色显像管内，荫罩装于玻壳和电子枪之间，起分色作用。也就是说，没有荫罩，就没有现在普遍使用的CRT彩色电视机。

5. 玻璃管壳

玻璃管壳通常由屏幕玻璃、锥体、管颈3部分组成。用普通玻璃做CRT的外围器件，是因为其透明性高，能耐受真空并能吸收从内部发射的X射线。

CRT在工作时产生的电子束打在荫罩及荧光屏上要发射X射线。为使X射线不逸出管外，选用能吸收X射线的材料。这种材料含有23%～35%的PbO，即所谓的铅玻璃。但是这种玻璃不能用在屏幕部分，因为在使用过程由于电子的照射，PbO被还原成金属铅的

微粒子，使玻璃带有颜色，产生着色现象。为了防止产生这种现象，使用钡或锶代替材料中的铅成分。另外，在其他管内产生的 X 射线也可以发生着色现象，这个 X 射线着色现象是在玻璃内的彩色中心发生的，可在玻璃中加入氧化铈（CeO_2）减轻这种现象。通常的屏幕玻璃里含有 0.3%左右的 CeO_2。

对于某种厚度的玻璃对 X 射线的吸收可表达为式(2-5)，即

$$\frac{I}{I_0} = e^{-\mu t} \tag{2-5}$$

式中，I_0、I 分别是 X 射线的入射、出射强度；μ 吸收系数；t 玻璃的厚度。为得到所需的 X 射线吸收特性，应考虑吸收系数之后再决定玻璃的最低厚度。

2.2　CRT 显示器的驱动与控制

2.2.1　CRT 显示器相关技术

尽管显示器的新品层出不穷，但 CRT 的基本工作原理一直沿用了几十年，直到今天也没有太大的变化。显示器是一种复杂的设备，其扩展性和可靠性也十分惊人，在这一方面，电子控制起了很大的作用。任何机械都会有磨损，唯有用电子元件才能延长寿命，甚至能适应数千小时的工作。为了实现 CRT 显示器显示，采用了许多相关的显示技术，这些技术在电视机、示波器中同样适用。

1. 生成图像

CRT 的偏转线圈用于电子枪发射器的定位，它能够产生一个强磁场，通过改变强度来移动电子枪。线圈偏转的角度有限，当电子束传播到一个平坦的表面时，能量会轻微地偏移目标，仅有部分荧光粉被击中，四边的图像都会产生弯曲现象。为了解决这个问题，显示器生产厂把显像管制造成球形，让荧光粉充分地接收到能量，这样做的缺点是屏幕将变得弯曲。电子束射击由左至右、由上至下的过程称为刷新，不断重复地刷新就能保持图像的持续性。

2. 混合颜色

旧式的显示器只有单一的电子枪，仅能产生黑白两种颜色，即单色显示器。新一代显示器有 3 只电子枪，每个电子枪都有独立的偏转线圈，分别发出红、蓝、绿三束光线，混合光线可以产生 1600 万种颜色，或者说真彩色。某些显示器能用一个电子枪发出三束光线，经过混合亦能生成其他颜色。生成彩色图像电子枪要扫描屏幕 3 次，其过程比黑白图像复杂得多。

3. 回转变压器

回转变压器(flyback transformer)类似发动机点火线圈，在特定时间发出一个低能量信号给回转磁线圈，并生成磁场。当低能量源关闭后，磁线圈的能量转移到高能量输出中，最后传到电子枪发出电子束。依照 CRT 尺寸的不同，产生的能量也各有差异，通常在 10 000～50 000V 之间。当电子枪完成一条线的扫描后，回转变压器会放出能量，关闭电子枪并消去磁场，强制光束发射到屏幕的其他位置，就能画出下一条线。在显示器开启时，不要直接触摸 CRT，因为它带有上万伏的电压。

4. 垂直和水平同步

垂直和水平同步是CRT中两个基本的同步信号，水平同步信号决定了CRT画出一条横越屏幕线的时间，垂直同步信号决定了CRT从屏幕顶部画到底部，再返回原始位置的时间，垂直同步也可以称为刷新率。计算机显卡把这两个参数提供给显示器，显示器用它们来驱动内部振荡电路，确定显示器与当前显卡的设置相同。标准电视机的水平同步信号频率为512线×30F/s(frame per second，帧速)，即15.75kHz。计算机显示器的水平同步信号可任意调节，幅度在15.75～95kHz之间。把水平同步信号频率反转能够得出扫描一条线的时间，即1/17.75kHz为63.5μs。在垂直折回脉冲使电子枪关闭后，电子枪会返回原来位置，电视机扫描一帧图像要返回525次，通常称525线。因为CRT的频繁开关和扫描切换，在屏幕上实际表现出来的线数比525要少一些，一般为399～428线。

5. 交错和非交错

显示器表现的是静态画面，并以连续的画面来组成动画，由于计算机画面是随机的，无法预先录制，在玩3D游戏时就会感到画面的过渡出现停顿感。为了追求显示画面的速度，需要采用两种不同扫描方式。电视机采用的是交错(interlace)扫描，机器本身刷新速度不足，每一帧都要刷新两次，由于人眼的视觉暂停原理，会感到画面是连续播入的，缺点是人眼能发现两次刷新的不同，感到屏幕有闪烁，长时间观看容易使眼睛疲劳。显示器的隔行扫描与之相近，但有少许不同。电视机能稳定运行在30Hz或30F/s，但早期CRT并不能保持刷新率不变，磁偏转线圈常常影响着电子束的发射，有时还会减弱电子束，以及荧光粉的发热时间的限制，导致上半部分屏幕比下半部分屏幕更亮，所以不能再沿用电视机的技术，必须有所突破。后来，人们采用了分线刷新的方法，第一次扫奇数行，第二次扫偶数行，缺点是每做一样工作要刷新两个周期，显示器的反应较慢，当然，画面闪烁是少不了的。不过，也因此增加了显示器的刷新速度，以30F/s的频率实现60F/s图像亦变为可能，避免了显像管负荷过重而烧毁。幸运的是，在荧光粉发热时间和稳定性增加，以及电子枪得到重大改进的今天，上述早期发生的CRT应用问题亦不复再现。

6. 金属隔板技术

点状荫罩指电子枪和荧光屏之间放置一个金属隔板，上面有许多小洞让电子通过。其作用是防止一个荧光点加热时传导到附近的点，分离显示器的色彩。在荫罩技术方面，有两点最重要：一是如何使用更薄的金属来制造隔板，并缩小点与点之间的间距(dot pitch)，让它与屏幕上的点一一对应；二是如何修正电子束的颜色，让它更符合要求。

荫罩的主要缺点是金属板会随着能量的变化而产生弯曲，特别是在高亮度的情况下，需要更多的能量来战胜荫罩的阻抗，弯曲会更加严重。金属板变形使电子束偏离原定目标，显示的画面会模糊不清。为此，只好不断寻找合适制造荫罩的金属，目前效果最好的是不胀钢(invar)，它是镍/铁合金，膨胀率几乎为零。荫罩的第二个缺点是屏幕弯曲会产生刺眼的眩光，用防眩光涂层(anti glare coatings，AGC)能解决这个问题。

栅条式金属板(aperture grills)的原理和荫罩差不多，只是将圆孔换成了垂直的栅条，增加了电子束的穿透率。由于栅条是垂直的，可以使用柱面显像管，在垂直方向实现完全平面。缺点是金属板过热会导致栅条间隔变小，显示图像模糊。除此之外，栅条的微小振动也会导致画面颤抖。Sony公司的特丽珑(trinitron)采用了两条水平金属线来固定栅条的位置，虽然在高亮度时会出现约隐可见的金属线，但并不影响画面的完整。

沟槽式荫罩板(slot mask)是NEC公司和Panasonic公司开发的新技术,它结合了传统荫罩和栅条金属板的优点,以垂直长方形栅条代替了旧式的圆点,增加了电子束的穿透率。不过,它仍然无法避免金属板的变形,唯有沿用原有的球状显像管。另外,槽的形状还要尽量接近电子束的外形,防止荧光粉受到过多的能量照射。

2.2.2　CRT显示器驱控电路

1. 扫描方式

文字及图像画面都是由一个个称为像素的点构成的,使这些点顺次显示的方法称为扫描。一般CRT的电子束扫描是由偏转磁轭进行磁偏转控制的。

光栅扫描方式在垂直方向上是从左上向右下的顺序扫描方式,由扫描产生的水平线称为扫描线,按该扫描线的条件决定显示器垂直方向的图像分辨率。如图2.5所示,光栅扫描方式中有顺序扫描(逐行扫描)方式和隔行扫描(飞越扫描)方式。

在顺序扫描方式中,当场频为50Hz,扫描行数为625,图像宽高比为4∶3时,需要10.5MHz的信号带宽。这将使电视设备复杂化,信道的频带利用率下降。实际系统采用隔行扫描方式来降低图像信号的频带。

隔行扫描方式是把一帧划分成两场来扫描,第一场扫描奇数行,第二场扫描偶数行,如图2.5(b)所示。两场扫描行组成的光栅相互交叉,构成一整帧画面。在第7行扫过一半时,奇数场扫描结束,偶数场扫描开始,故第7行的后一半挪到偶数场开始时扫描,这样就会在光栅上端的中点开始,结果使偶数行正好插在奇数行之间,两场组成了一幅完整光栅,如图2.5(c)所示。

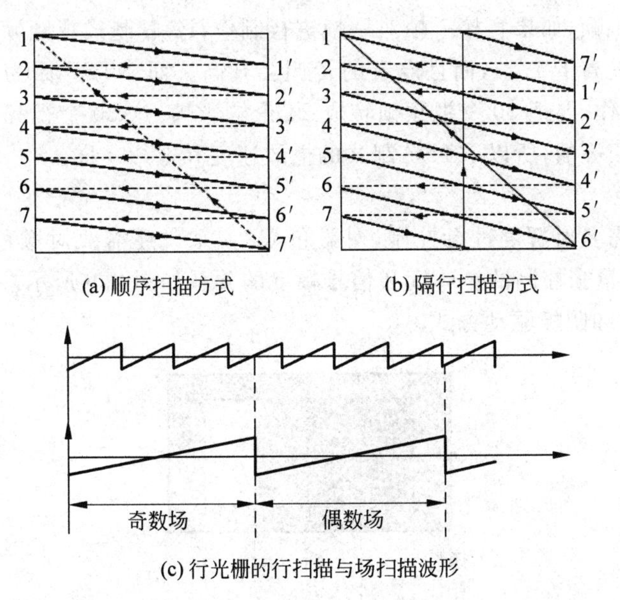

图2.5　CRT扫描方式

要实现隔行扫描,就应该保证偶数场的扫描行准确地插在奇数场的扫描行之间,否则就会出现并行现象,使图像质量下降。

下面对全球两大主要电视广播制式——NTSC和PAL做简要介绍。日本、美国、加拿大、墨西哥等国采用 NTSC 标准，德国、英国等一些西欧国家，新加坡、中国大陆及香港地区，澳大利亚、新西兰等国采用 PAL 标准。PAL 和 NTSC 制式区别在于节目的彩色编、解码方式和场扫描频率不同。这两种制式是不能互相兼容的，如果在 PAL 制式的电视上播放 NTSC 的影像，画面将变成黑白，NTSC 制式也是一样。

NTSC(National Television Standards Committee)制式的电视全屏图像每一帧有 525 条水平线，隔行扫描，每次半帧屏幕扫描需要 1/60s；整帧扫描需要 1/30s。适配器可以把 NTSC 信号转换成为计算机能够识别的数字信号。相反地还有种设备能把计算机视频转成 NTSC 信号，能把电视接收器当成计算机显示器那样使用。但是由于通用电视接收器的分辨率要比一台普通显示器低，所以即使电视屏幕再大也不能适应所有的计算机程序。

PAL(Phase Alternating Line)制式的电视全屏图像每一帧有 625 线，每秒 25 格，隔行扫描。它对同时传送的两个色差信号中的一个色差信号采用逐行倒相，另一个色差信号进行正交调制方式。这样，如果在信号传输过程中发生相位失真，则会由于相邻两行信号的相位相反起到互相补偿作用，从而有效地克服了因相位失真而起的色彩变化。因此，PAL 制式克服了 NTSC 制式对相位失真的敏感性，图像彩色误差较小，与黑白电视的兼容也好。

PAL 制式中根据不同的参数细节，又可以进一步划分为 G、I、D 等制式。中国大陆采用 PAL-D 制式，它规定，每帧两场，每秒 50 场；每行水平扫描正程为 52μs，逆程为 12μs，场正程时间大于等于 18.4ms，逆程时间小于等于 1.6ms，垂直方向显示 575 行。

电影放映时是每秒 24 个胶片帧，而视频图像 PAL 制式每秒 50 场，NTSC 制式是每秒 60 场，可以认为 PAL 制式每秒 25 个完整视频帧，NSTC 制式每秒 30 个完整视频帧。电影和 PAL 每秒只差 1 帧，如果直接一帧对一帧进行制作，PAL 制式视频帧每秒会比电影多放一帧，也就是速度提高了 1/24，而且声音的音调会升高。而 NTSC 因为每秒有 30 帧，不能直接一帧对一帧制作，要把 30 个视频帧转成 24 个电影帧，这 30 个视频帧里所包含的内容和 24 个电影帧是相等的，所以 NTSC 制式的播放速度和电影一样。

2. 辉度及颜色

单色 CRT 只需要对辉度进行控制，对彩色 CRT 来说还需要对颜色进行控制，辉度和颜色都是通过电流量来控制的。辉度和信号幅度的关系如图 2.6 所示。电流控制方式中有栅极(G_1)驱动方式和阴极驱动方式。

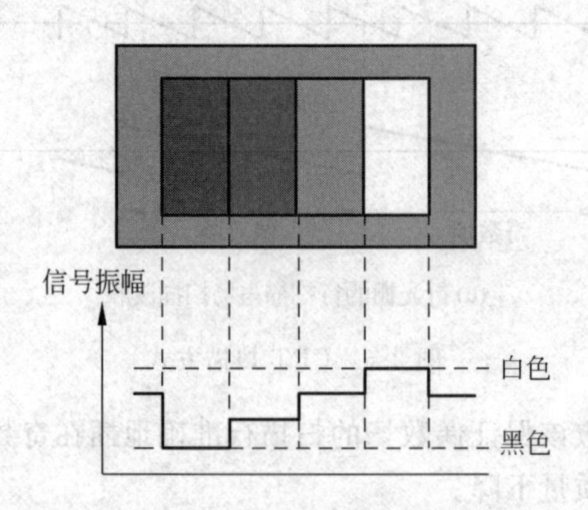

图 2.6 画面的辉度与信号振幅的关系

在栅极驱动方式中，电子枪的栅极/阴极间施加不同的电压，就可以得到相应的辉度。

彩色 CRT 的颜色显示是通过 3 个电子束各自的电流（由电压调制）来调制的。由各色输入阶数的乘积，决定显示的色数，对于阶数为 16 的情况，可显示 4096（16^3）种颜色。

3. CRT 显示器驱控器的电路构成

CRT 显示器的驱控器电路如图 2.7 所示，主要包括视频电路、偏转电路、高压电路、电源电路等基本电路，以及所选择的动态聚焦电路、水平偏转周波数切换电路等。

视频信号中包含了垂直同步信号、水平同步信号和视频信息，它是由一系列宽窄不同的脉冲信号构成。当视频信号经过视频放大电路放大后，再经同步信号处理电路分解为垂直振荡电路信号和水平振荡电路信号，驱动垂直驱动电路与水平驱动电路完成 CRT 的垂直方向与水平方向的扫描驱动。扫描信号经由垂直输出电路与水平输出电路控制的偏转线圈实现图像信息的还原。要特别注意的是，由于阳极中流过的是电子束流，对于电流的变化也能确保稳定的高压。偏转电路最终为偏转线圈提供锯齿波电流，这一点与其他平板显示器按矩阵坐标顺序施加一定电压的方式是根本不同的。锯齿波电流的直线性非常重要，若波形产生畸变，则对画面的线性、图像的畸变都会产生影响。

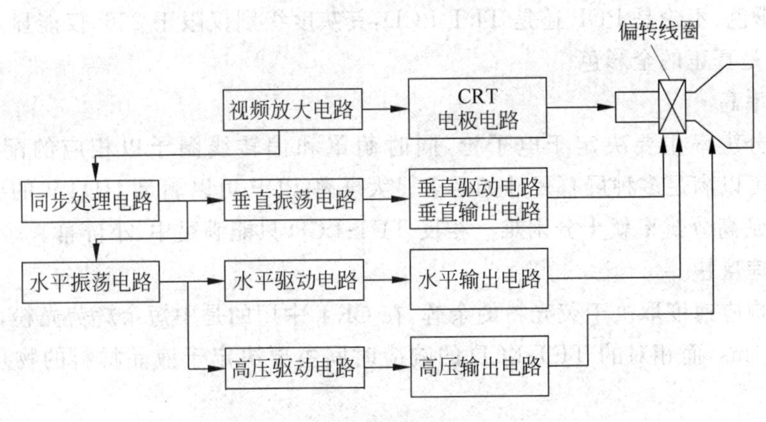

图 2.7 CRT 显示器驱控器的电路

2.3 CRT 显示器的特点、性能指标及发展历史

2.3.1 CRT 显示器的特点

CRT 显示器最大的优势在于高的性价比及大画面、高密度显示，同时还具有其他一系列优点。

1. 价格低

CRT 显示器的价格比任何平板显示器（FPD）都低。

2. 亮度高

这里指白场亮度。1963 年红色荧光材料 Y_2O_2：Eu 出现，涂屏工艺、屏铝化工艺的改进以及耐压性能从 20kV 提高到 30kV 以上，使 CRT 的亮度从 6cd/m^2 提高到 300cd/m^2，峰值亮度达到 750～1000cd/m^2，但发光效率仅为 5lm/W。TFT-LCD 平均亮度为 150cd/m^2，峰值亮度为 350～400cd/m^2，被动发光效率为 7lm/W。CRT 的荧光屏发光效率其实很高，

3个电子束直接打到荧光屏上,激发荧光粉将发出的光通量全部显示出来,所以亮度高,但是有4/5的电子束能量消耗在荫罩上,致使整个器件发光效率降低。对于TFT-LCD,虽然使用了目前最先进的平板放电荧光灯,但因为背景光要经过两个偏光片,液晶材料及彩色微型滤光膜等对光的吸收,使之到达屏幕的亮度仅为150cd/m^2;等离子体(PDP)是辉光放电,峰值亮度可达550cd/m^2,发光效率仅为1.2～2.5lm/W;由于放电效率低以及真空紫外(vacuum ultraviolet,VUV)的利用率与荧光粉发光效率低,因此其综合的发光效率仅为热阴极荧光灯的24%～50%,但是VUV可直接激发荧光粉发光,加大功率即可提高亮度,故PDP虽发光效率低,但亮度还是比较高的。

3. 对比度高

对比度(contrast rate)定义为画面上最大亮度和最小亮度之比。CRT采用黑底、着色荧光粉或低透射率(50%)的玻璃屏,使荧光屏的反射率大大降低,因而它在暗室中的对比度可高达1000∶1。

4. 色域广

CRT三基色的饱和度高,而且其灰度变化是连续的,因而色域广,CRT显示器的彩色是真正的全彩色,不论是PDP还是TFT-LCD,其灰度级别仅限于256,仅能显示1670万个彩色,不能说是真正的全彩色。

5. 分辨率高

CRT的分辨率主要决定于电子枪,同时荫罩和偏转线圈予以相应的配合。现在的CRT电子枪可以满足多种屏幕尺寸的需求。大屏幕PDP可以满足HDTV的要求,小屏幕的PDP要达到高分辨率就十分困难。相反TFT-LCD只能满足中、小屏幕。

6. 响应速度快

CRT的响应速度取决于荧光粉的余辉,在CRT中用的是中短余辉荧光粉,其余辉的时间为10 μs～1ms,而相对的TFT-LCD的响应时间主要决定于液晶材料的物理特性,一般大于20ms。

7. 视角宽

CRT屏的视角接近170°,液晶屏的视角一般在垂直方向为40°,水平方向为90°,采取措施之后,如平面控制(in-plane switching,IPS)措施,LCD视野角在垂直方向提高为90°,水平方向提高为140°。

8. 显示版式可以灵活变化

CRT屏幕上的纵宽比可以为4∶3,也可以改变为16∶9,而平板显示器的纵宽比是固定的,不能改变。

9. 寿命长

CRT寿命一般都在10 000h以上。

2.3.2 CRT显示器的性能指标

1. 像素和分辨率

像素是指屏幕能独立控制其颜色与亮度的最小区域。分辨率就是屏幕图像的密度,即显示器屏幕的单位面积上有多少个基本像素点,它们是图像清晰程度的标志,也是描述分辨能力大小的物理量。对于电子显示设备,常用单位面积上的扫描线数和两光点之间的距离来表示分辨率，它们取决于场频和行频的组合。可以把它当成是一个大型的棋盘，而分辨率的表示方式就是每一条水平线上的点数乘以水平线的数目，如 640×480、720×348、1024×768 及 1024×1024 等。以 640×480 的分辨率来说，即每一条线上包含有 640 个像素点，共有 480 条线，也就是说扫描列数为 640 列，行数为 480 行。分辨率越高，屏幕上所能呈现的图像也就越精细。

分辨率不仅与显示尺寸有关，还要受显像管点距、视频带宽等因素的影响。知道分辨率、点距和最大显示宽度就能得出像素值。比如一台 17 英寸的 CRT 显示器，一行中能容纳 1421 组三原色，能满足 1280 个像素点的需要，因此这台显示器的理想分辨率是 1024×768，勉强可以达到 1280×1024 的分辨率，但不可能达到 1600×1200 的分辨率。

分辨率的计算方法如下：

最大显示宽度÷水平点距＝像素数

比如标准 17 英寸 CRT 显示器的最大显示宽度是 320mm，标称点距是 0.28mm，那么首先按 0.28×0.866＝0.243 的公式计算出水平点距，然后按 320÷0.243＝1316 的公式得出像素数。

2. 点距和栅距

点距是显像管最重要的技术参数之一，单位为毫米。其实最早所说的点距，一般是针对普通的孔状荫罩式显像管来说的，一般公认的点距定义是荧光屏上两个邻近的同色荧光点的直线距离，即两个红色（或绿、蓝）像素单元之间的距离。从原理上讲，普通显像管的荧光屏里有一个网罩，上面有许多细密的小孔，所以被称为“荫罩式显像管”。电子枪发出的射线穿过这些小孔，照射到指定的位置并激发荧光粉，然后就显示出了一个点。许多不同颜色的点排列在一起就组成了五彩缤纷的画面。

点距越小越好，点距越小，显示器显示图形越清晰细腻，显示器的档次越高，不过对于显像管的聚焦性能要求也就越高。几年前的显示器多为 0.31mm 和 0.39mm，如今大多数显示器采用的都是 0.28mm 的点距。另外，某些显示器采用更小的点距来提高分辨率和图像质量。常见的显示器点距 0.28mm（水平方向为 0.243mm）。

用显示区域的宽和高分别除以点距，即得到显示器的垂直方向和水平方向上最高可显示的点数。以现在主流的 17 英寸显示器的点距为例（0.25mm），它水平方向最多可以显示 1280 个点，垂直方向最多可以显示 1024 个点，超过这个模式屏幕上的像素会互相干扰，图像就会变得模糊不清。

条栅状荫罩类型的彩色显示器不存在点距的概念。这种显示器的彩色元素是由红、绿、蓝三色的竖向条纹构成，没有像素点，因此引入了“栅距”这个概念，栅距（bar pitch）是指磷光栅条之间的距离。

由于荫罩和荫栅的结构形式不同，所以二者之间不能简单对比。对于采用荫栅式显像管也就是常说的“特丽珑”管来说，能够代表它们这方面性能的数据是“栅距”，也就是磷光栅条之间的距离。但是一般说来，由于一般的荫栅式显像管的栅距仅为 0.24mm，所以画面精细程度还是比点距 0.28mm 甚至 0.26mm 的显示器高一些。

采用荫栅式显像管的好处有两点：一是显像管长时间工作栅距不会变形，使用多年不会出现画质的下降；二是荫栅式设计可以透过更多的光线，能够达到更高的亮度和对比度，令图像色彩更加鲜艳、逼真自然。

3. 场频(垂直扫描频率)、行频(水平扫描频率)及视频带宽

有了较好的点距,还需要良好的视频电路与之匹配才能发挥优势。在视频电路特性上主要有视频带宽、场频和行频这些指标。如果说画质等显示效果只能通过主观判断,那么水平扫描频率、垂直扫描频率及视频带宽这3个参数就绝对是显示器的硬指标,并且在很大程度上决定了显示器的档次。

视频带宽是指每秒钟电子枪扫描过图像点的个数,以MHz为单位。这是显示器非常重要的一个参数,能够决定显示器性能的好坏。带宽越高则表明了显示器电路可以处理的频率范围越大,显示器性能越好。高的带宽能处理更高的频率,信号失真也越小,显示的图像质量更好,它反映了显示器的解像能力。

它的计算方法为

$$\begin{aligned}\text{带宽} &= \text{垂直刷新率} \times (\text{垂直分辨率} \div 0.93) \times (\text{水平分辨率} \div 0.8) \\ &= \text{水平分辨率} \times \text{垂直分辨率} \times \text{垂直刷新率} \times 1.34 \end{aligned} \tag{2-6}$$

垂直像素和水平像素都要除以一个参数,是因为要考虑电子枪从最后一行/列返回到第一行/列的回程时间。

场频就是垂直扫描频率也即屏幕垂直刷新率,通常以Hz为单位,它表示屏幕的图像每秒钟重复描绘多少次,也就是指每秒钟屏幕刷新的次数。垂直刷新率越高,屏幕的闪烁现象越不明显,眼睛就越不容易疲劳。

行频就是水平扫描频率,指电子枪每秒在屏幕上扫过的水平线数。单位一般是kHz。场频和行频的关系式一般为:

$$\text{行频} = \text{场频} \times \text{垂直分辨率} \times 1.04 \tag{2-7}$$

可见行频是一个综合了分辨率和场频的参数,能够比较全面反映显示器的性能。当在较高分辨率下要提高显示器的刷新率时,可以通过估算行频是否超出频率响应范围来得知显示器是否可以达到想要的刷新率。

4. 刷新率

刷新率是指显示屏幕刷新的速度,它的单位是Hz。刷新频率越低,图像闪烁和抖动得越厉害,眼睛观看时疲劳得越快。刷新频率越高,图像显示就越自然、越清晰。刷新率又分水平刷新率和垂直刷新率。水平刷新率又叫行频,它是显示器每秒内水平扫描的次数。垂直刷新率也叫场频,它是由水平刷新率和屏幕分辨率所决定的,垂直刷新率表示屏幕的图像每秒钟重复描绘多少次,也就是指每秒钟屏幕刷新的次数。一般来说,垂直刷新率最好不要低于80Hz,如能达到85Hz以上的刷新频率就可完全消除图像闪烁和抖动感,眼睛也不会太容易疲劳,在目前这是对显示器最基本的要求了。

5. 屏幕尺寸和最大可视面积

屏幕尺寸实际是指显像管尺寸。最大可视面积指显像管的屏幕显示的可见图形的最大范围。屏幕大小通常以对角线的长度衡量,以英寸为单位。一般显示器的最大可视面积都会小于屏幕尺寸,平常说的17英寸、15英寸实际上指显像管尺寸,而实际可视区域(即屏幕)远远到不了这个尺寸。14英寸的显示器可视范围往往只有12英寸;15英寸显示器的可视范围在13.8英寸左右;17英寸显示器的可视区域大多在15~16英寸之间;19英寸显示器可视区域达到18寸英寸左右。顺便提一下偏转角度,也就是常说的可视角度,或许这个词大家在LCD方面听得较多,因为LCD屏对观看角度十分敏感,超过一定视角就会出现屏幕亮度下降甚至完全看不到屏幕的现象。但对于 CRT 而言，这个问题几乎不存在，纯平显示器的可视范围接近 180°。

6. 色温

色温是表示光源光谱质量最通用的指标。色温是按绝对黑体来定义的，光源的辐射在可见区和绝对黑体的辐射完全相同时，此时黑体的温度就称此光源的色温。色温是人眼对发光体或白色反光体的感觉，这是物理学、生理学与心理学复杂因素综合的一种感觉，也是因人而异的。色温在电视（发光体）或摄影（反光体）上是可以用人为的方式来改变的，现在的显示器一般都会提供色温调节功能，这是由于不同区域的人眼睛对颜色的识别略有差别，黑眼睛的人看 9300K（开尔文）是白色的，但蓝眼睛的人看了就是偏蓝，蓝眼睛的人看 6500K 是白色。所以在不同地区显示器都要将颜色调节到适合这一地区的人使用，调节色温就是为了完善这些功能。

7. 亮度

亮度是指显示器荧光屏上荧光粉发光的总能量与其接收的电子束能量之比。所以某一点的光输出正比于电子束电流、高压及停留时间三者的乘积。简单讲，亮度是控制荧光屏发亮的等级。

8. 对比度

对比度是指荧光屏画面上最大亮度与最小亮度之比。一般显示器最起码应有 30：1 的对比度。

9. 灰度

在图像显示方式中，灰度是指一系列从纯白到纯黑的等级差别。

10. 余辉时间

荧光屏上的荧光粉在电子束停止轰击后，其光辉并不会立即消失，而是要经历一个逐步消失的过程，在这个过程中观察到的光辉称之为余辉。

11. 控制方式

显示器上都会提供控制功能，可以对显示器的各种物理量，如亮度、对比度、色彩、枕形失真和鼓形失真等。CRT 显示器的控制方式可以分为模拟控制和数码控制两种。

(1) 模拟控制一般是通过旋钮来进行各种设置，控制功能单一，故障率较高。而且模拟控制不具备记忆功能，每次改变显示模式（分辨率、颜色数等）后都要重新设置。

(2) 数码控制根据界面不同又可分普通数码式、屏幕菜单式和单键飞梭式 3 种。操作简单方便，故障率也较低。数码控制可以记忆各种显示模式下的屏幕参数，在切换显示模式时无须重新设置。

12. CRT 涂层

电子束撞击荧光屏和外界光源照射均会使显示器屏幕产生静电、反光、闪烁等现象，不仅干扰图像清晰度，还可能直接危害使用者的视力健康。因此通常的 CRT 均附着表面涂层，以降低不良影响。

目前主要应用的 CRT 涂层有以下几种。

1) 表面蚀刻涂层

表面蚀刻涂层（direct etching coating），直接蚀刻 CRT 表层，使表面产生微小凹凸，对外界光源照射进行漫反射，降低特定区域的反射强度，减少干扰。

2）AGAS涂层

AGAS涂层(anti-glare/anti-static coating)，防眩光、防静电涂层。涂层材料为一种矽涂料，含有电微粒，可以扩散反射光，降低强光干扰。

3）ARAS涂层

ARAS涂层(anti-reflection/anti-static coating)，防反射、防静电涂层。涂层材料为多次结构的透明电介质涂料，可有效抑制外界光线的反射现象且不会扩散反射光。

4）超清晰涂层

超清晰涂层(ultra clear coating)，三星显示器特有的专利技术，由多层透明膜复合而成，可以有效吸收反射光，减少图像投射光线的变形，且机构强度较佳。

13. 环保认证

由于CRT显示器在工作时会产生辐射，长期的辐射会对人体产生危害。国际上有一些低辐射标准，由早期的EMI到现在的MPR-II及TCO，如今的显示器大都通过了严格的TCO-3标准。在环保方面要求显示器都符合能源之星的标准，即要求在待机状态下功率不超过30W，在屏幕长时间没有图像变化时，显示器会自动关闭等。

2.3.3 CRT显示技术的发展历史

阴极射线管显示是现代显示技术中的重要技术，CRT不仅用于电视，而且在20世纪还成为显示器的主角。最近，随着以液晶为代表的平板显示器的快速发展，CRT似乎正在退出其主角位置。但是，虽然面对着液晶显示器咄咄逼人的攻势，CRT显示器还是凭借着色彩、分辨率等优势，依然在特定领域里保留着自己的一席之地。由于CRT在电视机等批量产品的领域里具有很高的性价比，所以，CRT不仅不会退出主角的位置，其全世界的产量依然可观。

1. CRT显示技术的发展历史

自1897年布劳恩发明CRT以来，CRT就作为最主流的显示手段出现在各种场合，可以说，整个20世纪就是CRT的世纪。

CRT在100多年的发展历史当中，其前50年只是作为示波波形应用，后50年与黑白电视、彩色电视急剧普及和发展的历史完全一致，最近的25年则与计算机发展的历史重叠。如果没有CRT，就难以迎来现在的信息化、多媒体时代。

现在已经很难看到最早的采用绿显、单显显像管的显示器，就连初期的14英寸彩色显示器也很少见到。当时这些显示器都是CRT显示器，采用的是孔状荫罩，其显像管断面基本上都是球面的，因此被称为球面显像管。这种显示器的屏幕在水平方向和垂直方向上都是弯曲的，这种弯曲的屏幕造成了图像失真及反光现象，也使实际的显示面积较小。

在此阶段，对屏幕图像的调整也由于受操作系统(主要是DOS系统)的限制，而只能采用电位器模拟调节，也就是显示器下方的一排旋钮，通过这些旋钮可以对显示效果进行简单的调整(包括亮度、对比度、屏幕大小和方向)，这种方法缺乏直观的控制度量，在进行模式转换时容易造成图像显示不正常，出现故障的概率也比较大。随着显示器技术和软件技术的发展，这种采用电位器对显示器进行模拟调节的技术慢慢地被淘汰。

随着计算机整体水平的进步，人们对显示器的要求也越来越高。到了1994年，为了减小球屏四角的失真和反光，新一代的"平面直角"显像管诞生了。当然，它并不是真正意义上的平面，只是其球面曲率半径大于 2000mm，四角为直角。它使反光和四角失真程度都减轻不少，再加上屏幕涂层技术的应用，使画面质量有了很大的提高。因此，各个显示器厂商都迅速推出了使用“平面直角”显像管的显示器，并逐渐取代了采用球面显像管的显示器。近几年的 14 英寸和大多数的 15 英寸、17 英寸及以上的显示器都采用了这种“平面直角”显像管。

在此之后，日本索尼公司开发出了柱面显像管，采用了条栅荫罩技术，即特丽珑技术的出现，三菱公司也紧随其后，开发出钻石珑(Diamondtron)技术，这使得屏幕在垂直方向实现完全的笔直，只在水平方向仍略有弧度，另外加上栅状荫罩的设计，使显示质量大幅度上升。各大厂商纷纷采用这些新技术推出新一代产品。

自 1998 年年底，一种崭新的完全平面显示器出现了，它使 CRT 显示器达到了一个新的高度。这种显示器的屏幕在水平方向和垂直方向上都是笔直的，图像的失真和屏幕的反光都被降低到最小的限度。例如 LG 公司推出的采用 Flatron 显像管的“未来窗”显示器，它的荫罩是点栅状的，使显示效果更出众。与 LG 的 Flatron 性能类似的还有三星公司的丹娜(dynaflat)显像管。另外，ViewSonic 公司、Philips 公司等也推出了自己的完全平面显示器。

2001 年纯平 CRT 与 LCD 液晶显示器进行了一场激烈的竞争，结果没有胜负，谁也没有占上风，纯平 CRT 与 LCD 液晶显示器各凭自身的优势，正在进行一场持久的竞赛。显示器的发展一直都是整个 IT 行业发展的焦点，每当显示器有了革命性产品出现往往都会为 IT 业带来一阵风暴与热潮。

2. CRT 显示器的新进展

从 2008 年开始，一些新技术陆续应用于 CRT 显示器。比如 LG 公司的“方管”、优派公司的“真彩基因”、飞利浦公司的“数字芯”以及再到冠捷(Art of Colors，AOC)公司的“随心技”等。

飞利浦公司是首家通过欧洲最新无铅认证的显示器厂商，无铅的设计同样在 107Q6(显示器型号)身上也得以延续。通过无铅制造技术，确保了显示器的颜料、喷漆、外部电缆、塑料元件以及外置电源均为无铅化生产。

三星公司随后成功研发出来了“纤丽管”显示器，也为 CRT 行业注入了新的活力。“纤丽管”除了能够使显示器色彩亮丽还原真实之外，它的最大优势是比传统 CRT 显像管要短足足 5cm，解决了从事绘图行业的专业设计人员显示器选择的困扰。

平板电视的崛起给全球 CRT 产业带来了前所未有的冲击，CRT 电视市场份额也受到挤压，全球范围内 CRT 电视市场需求逐年萎缩。但产业界应理性地看到包括中国在内的众多发展中国家和地区消费水平依然参差不齐，有些地方甚至还存在无电视可看的现象，这决定了 CRT 电视依然具有较大的空间。特别是目前中国已经成为全球 CRT 的生产制造大国，并拥有全球最完善的 CRT 产业链，其市场地位不可低估。

从全球彩电市场发展来看，虽然发达国家和地区(如北美、欧洲以及日本、韩国等)对平板电视的需求急速增长，加快了 CRT 产品退市的速度。但是，未来一段时间内，印度、南非、土耳其、孟加拉等发展中国家对 CRT 电视的需求量将会稳步增长，CRT 电视在这些国家和地区仍将占据着重要地位。

可以预测，将来基于真空技术的场发射显示器(field emission display，FED)是最有希望的平板显示器。从构造看，有发射、真空、荧光屏，用电子束使荧光粉发光，在这些方面与

CRT 完全相同,甚至可以说是 CRT 的最终形态。

习题 2

1. 简述 CRT 显示器的特点及性能指标。

2. 在我国,为什么同样一部片子在电视上的放映时间要比在电影院的放映时间要短?

3. 简述阴极射线管发明者——布劳恩的生平。

4. 分别说明黑白和彩色 CRT 显示系统工作原理。

5. 名词解释:光栅扫描、隔行扫描。

6. 一台 56 英寸液晶电视,其纵宽比为 16:9,则它的显示屏幕长、宽、面积各是多少?如果其分辨率为 4K 标准,灰度等级 256 级,则它的有效像素、点距、色彩数分别是多少?

第3章 液晶显示技术及设备

CHAPTER 3

3.1 液晶概述

液晶显示设备(liquid crystal display,LCD)的主要构成材料为液晶。所谓液晶是指在某一温度范围内,从外观看属于具有流动性的液体,同时又具有光学双折射性的晶体。通常的物质在熔融温度从固体转变为透明的液体。但一般说来,液晶物质在熔融温度首先变为不透明的浑浊液体,此后通过进一步的升温继续转变为透明液体。因此液晶(liquid crystal,LC)包括两种含义:其一是指处于固体相和液体相中间状态的液晶相;其二是指具有上述液晶相的物质。

液晶的发现可回溯到1888年,当时奥地利植物学者Reinitzer在加热安息香酸胆石醇时,意外发现异常的熔解现象。因为此物质虽在145℃熔解,却呈现混浊的糊状,达到179℃时突然成为透明的潺潺液体;若从高温往下降温的过程观察,在179℃突然成为糊状液体,在145℃时成为固体的结晶。图3.1给出了这一过程中液晶分子排列的变化。其后由德国物理学者Lehmann利用偏光显微镜观察此安息香酸胆石醇的混浊状态,发现这种液体具有双折射性。证实此安息香酸胆石醇的混浊状态是一种“有组织方位性的液体(crystalline liquid)”,至此才正式确认液晶的存在,并开始了液晶的研究。所以Lehmann将其称为Fliessende Krystalle,英文为liquid crystal,也就是“液晶”。液晶实质是指一种物质态,因此,也有人称液晶为物质的第四态。

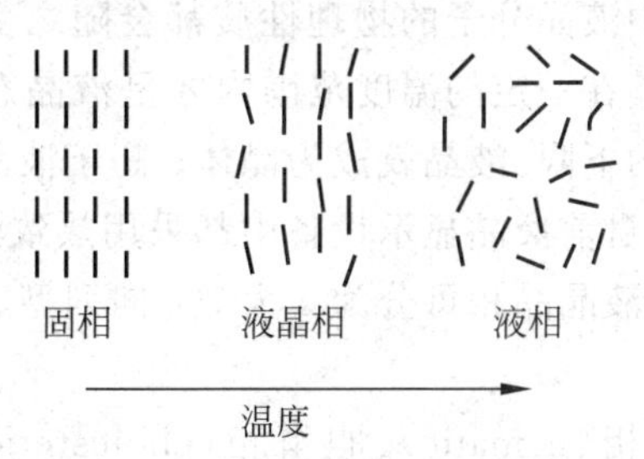

图3.1 液晶与其固态、液态分子排列对比

液晶自被发现后,人们并不知道它有何用途。但液晶的分子排列结构并不像晶体结构那样坚固,因此在磁场、温度、应力等外部刺激下,其分子容易发生再排列,液晶的各种光学性质会发生变化。液晶所具有的这种柔软的分子排列正是其用于显示设备、光电器件、传感

器件的基础。在用于液晶显示的情况下，液晶这种特定的初始分子排列，在电压及热的作用下发生有别于其他分子排列的变化。伴随这种排列的变化，液晶的双折射性、旋光性、二色性、光散射性、旋光分散等各种光学性质的变化可转变为视觉变化，实现图像和数字的显示。也就是说，液晶显示是利用液晶的光变化进行显示，属于非主动发光型显示。经过 40 余年的发展，液晶已形成了一个独立的学科。一批当代伟大的科学家都对液晶给予了极大的关注，并做出了杰出的贡献。而法国物理学家 P. G. de Gennes 由于对液晶的研究于 1991 年获得了诺贝尔物理学奖。

3.1.1 液晶的晶相

1. 液晶的分类

液晶是白色浑浊的黏性液体，其分子形状为棒状，如图 3.2 所示。

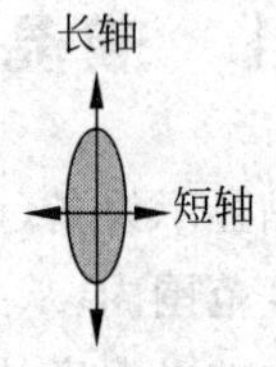

图 3.2 液晶的形状示意图

目前，世界上自然存在的或人工合成的液晶已有几千种，从成分和出现液晶相的物理条件进行归纳分类，液晶可以分为溶致液晶和热致液晶两大类。

1) 溶致液晶

有些材料在溶剂中，处于一定的浓度区间时便会产生液晶，这类液晶称之为溶致液晶。即有机分子溶解在溶剂中，使溶液中溶质的浓度增加，溶剂的浓度减小，有机分子的排列有序而获得液晶。这类液晶广泛存在于自然界中，尤其是一些生物体内。很多生物体的构造如大脑、神经、肌肉、血液的生命物质和生命的新陈代谢、知觉、生物信息的传递等现象都与这种液晶态有关，因此它在未来的生物电子工程领域将备受关注。人们还利用溶致液晶聚合物液晶相的高浓度、低黏度特性进行液晶纺丝，制备高强度模量的纤维。溶致液晶材料广泛存在于自然界、生物体中，但在显示设备中尚无应用。

2) 热致液晶

把某些有机物加热熔解，由于加热破坏了结晶晶格而形成的液晶称为热致液晶。当采用降温等方法，将熔融的液体降温，当降温到一定程度后分子的取向变得有序化，从而获得液晶态。分子会随温度上升而伴随一连串相转移，即由固体变成液晶状态，最后变成等向性液体。在这些相变化的过程中液晶分子的物理性质都会随之变化，如折射率、介电异向性、弹性系数和黏度等。热致液晶在一定的温度范围内才呈液晶态，这一定的温度范围称为液晶相温度。低于液晶相温度的下限，液晶就成为晶体；高于液晶相温度的上限，液晶态就会消失，变成普通的透明液体。目前液晶显示设备中都采用热致液晶。

在热致型液晶中，又根据液晶晶相可分为 3 大类：向列型、近晶型和胆甾型。

2. 液晶的晶相

常见液晶的晶相有向列相（nematic）、胆甾相（cholesteric）和近晶相（smectic）等，如图 3.3 所示。

1) 向列相

向列相亦称丝状相。它由长、径比很大的棒状分子组成。分子大致平行排列，质心位置杂乱无序，具有类似于普通液体的流动性。分子不能排列成层，但能在上下、左右、前后 3 个方向平移滑动，分子长轴方向上保持相互平行或近似平行。单个分子首尾可能不同，但总体

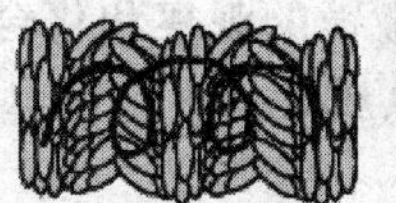
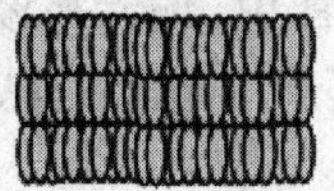

图 3.3　3 种常见液晶相

排列上不出现首尾之别，光学上一般是单轴正性。

从宏观上看，向列液晶由于其液晶分子重心杂乱无序，并可在三维范围内移动，表现出液体的特征——可流动性。所有分子的长轴大体指向一个方向，使向列液晶具有单轴晶体的光学特性（折射系数，沿着及垂直于这个有序排列的方向而不同），一般是单轴正性。而在电学上又具有明显的介电各向异性，这样，可以利用外加电场对具有各向异性的向列相液晶分子进行控制，改变原有分子的有序状态，从而改变液晶的光学性能，实现液晶对外界光的调制，达到显示的目的。向列相液晶已成为现代显示设备中应用最为广泛的一种液晶材料。

正是由于向列相液晶各个分子容易顺着长轴方向自由移动且分子的排列和运动比较自由，致使向列相液晶具有的黏度小、富于流动性、对外界作用相当敏感等特点。

2）胆甾相

胆甾相亦称螺旋相。它可看作是由向列相平面重叠而成的，一个平面内的分子互相平行，逐次平面的分子方向成螺旋式（螺距约为 3000Å①），与可见光波长同数量级，光学上一般是单轴负性。

向列相液晶与胆甾相液晶可以互相转换，在向列相液晶中加入旋光材料，会形成胆甾相，在胆甾相液晶中加入消旋光向列相材料，能将胆甾相转变成向列相。胆甾相液晶在显示技术中很有用，扭曲向列（twisted nematic，TN）、超扭曲向列（Super Twisted Nematic，STN）、相变（phase change，PC）显示都是在向列相液晶中加入不同比例的胆甾相液晶而获得的。

3）近晶相

近晶相亦称层状相或脂状相。它的分子分层排列，层内分子互相平行，其方向可以是垂直于层面，或与层面倾斜，层内分子质心可以无序、能自由平移、似液体；或有序呈二维点阵。分子层与层之间的相关程度在不同的相中有强有弱。手征性分子化合物则可以以扭曲的螺旋片层状出现，非扭曲型近晶相依其发现先后，以 A、B、C 等命名，如图 3.4 所示。A 相的分子与层面垂直，层内分子质心无序，像二维流体。层厚约等于或略小于分子长度。含氰基（C≡N）化合物的 A 相可能出现双分子层结构，为 1.2～2μm。C 相与 A 相在结构上唯一不同之处是分子与层面倾斜，倾角各层相同并互相平行，因此 C 相在光学上是双轴的。C 相由手性分子组成，与 A 相类似，不同的是分子在层面上的投影像胆甾相那样呈螺旋状变化，光学上是单轴正性。对称性允许 C 相出现与分子垂直而与层面平行的自发极化矢量，这就是铁电性液晶（1975 年 R.B. 迈耶等首次合成）。在 B 相，片层内的分子质心排列成面心六角形，分子垂直于层面，片层之间的关联随材料不同各有强弱，B 相在光学上是单轴正性。

① Å 是光波长度和分子直径的常用计量单位。Å 比纳米小一个数量级，即 $1Åm=10^{-10}m$。

通过X射线衍射、中子散射、偏光显微镜的观察和化合物溶合性的研究等，人们对其他各种近晶相的结构已渐有了解。有些近晶相事实上可能是三维晶体而非液晶。

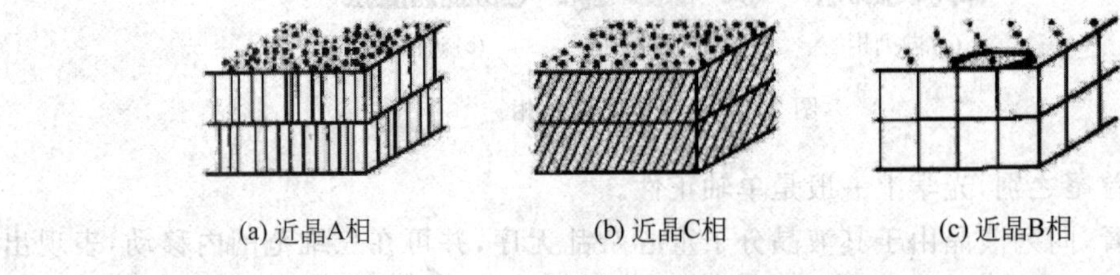

图 3.4 近晶相示意图

近晶相因为它的高度有序性，经常出现在较低温的范例内。近晶液晶黏度大，分子不易转动，即响应速度慢，一般不宜作显示设备。

长形分子除上述3大类结构外，还有光学上各向异性的D相，由若干分子为一组的单元所构成的体心立方结构。1977年，印度S. Chandrasekhar等合成了盘形分子液晶。这些分子均具有一个扁平的圆形或椭圆形刚性中心部分，周围有长而柔软的脂肪族链。盘形分子液晶具有向列相、胆甾相和柱状相3类结构。盘形分子的向列相和胆甾相与上述长形分子相似，只需把长形分子的长棒轴用盘形分子的法向轴代替即可。柱状相是盘形分子所特有的结构，盘形分子在柱状相中堆积成柱，在同一柱中分子间隔可以是规则有序的，如图3.5所示。当然，柱状相也可以是不规则无序的，不同柱内的分子质心位置无相关性。各分子柱可以排列成盘形或长方形，如图3.5所示。

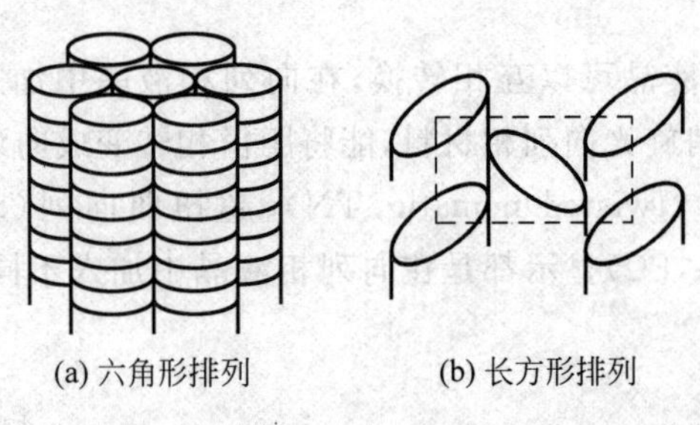

图 3.5 柱状相液晶

长形和盘形分子构成的液晶的各向异性与分子本身的不对称形状有关。这些液晶的基本性质，绝大部分可以通过无体积的一维或二维分子模型来描述。1978年，有人考虑了由质点分子组成二维点阵，提出二维晶体在熔化为液体之前，可能出现一个六角相的液晶态。其后，有人认为在三维点阵中也可能存在立方相的液晶态。与长形和盘形分子液晶不同，这些质点分子液晶相中的方向性来自连接相邻质点的键，而不是来自分子本身。相变序列改变温度时，长形分子各液晶相之间的转变序列可以有两种(冷却时由右至左)：

(1) X-H(H′)-G-F(F′)-I-B-C(C′)-A-N(N′-B′-B′)-I。

(2) X-E-B-A-N-I。

H(H′)等表示H或H′，X和I分别代表晶体和各向同性液体。当然，特殊的液晶化合物并不一定具有上述所有的相。上面的序列只是表明这些相如有出现则以这种顺序。如表3.1所示的长形分子的液晶相结构及相变序列。

表 3.1　长形分子的液晶相结构及其相变序列

分子类型		晶体	近晶相				向列相	蓝相	各向同性液晶
			有序			无序			
			人字形	六角形					
				准	真				
非手性分子	垂直	X	E		B	A	N		I
	倾斜		H	GFI		C			
手性分子	扭曲		H	F		C	N	B_1B_2	
体心立方						D			

一般说来，越是有序的液晶相其出现的温度越低。但是某些极化度较高的以氰基为终端的化合物，在冷却时可能出现 I→N→A→N→X 的相变序列。在 A 和 X 之间重新出现的低温 N 相称为重入 N 相，是一个重入现象。在 T8 液晶中甚至有 I→N→A→N→A→X 这种双重入现象的发生。重入现象并不违背热力学定律，在超导体中也有发现。T8 液晶是凝聚态中首次观察到有两个重入相的物质，盘形分子液晶也存在重入现象。

3.1.2　液晶的物理性质

液晶受扰动时，分子取向有恢复平行排列的能力，称为曲率弹性，弹性常数一般很小。向列相和胆甾相的分子取向改变有 3 种形式：展曲、扭曲和弯曲。近晶相发生形变时，层厚保持不变，只有展曲和层面位移引起的混合弹性。

液晶既是抗磁体，又是介电材料，介电各向异性依材料而定，并与频率有关。液晶分子受外电场或磁场影响容易改变取向。譬如，把胆甾相放在与螺距相垂直的外磁场中，磁场达到数千高斯即可使螺距成为无穷大，胆甾相变为向列相。液晶发生展曲或弯曲时，会产生极化甚至产生空间电荷，这是由于形变使分子的电偶极矩不再相互抵消，这种现象称为挠曲电效应。

液晶是非线性光学材料，具有双折射性质。向列相液晶的平行于分子长轴的折射率 $n_{/\!/}$ 大于垂直于分子长轴的折射率 $n_{\perp}$。沿螺旋轴方向入射于胆甾相的白光分解为两束圆偏振光，其中旋光性(旋光性由面对光源时电场矢量的转动方向规定)与螺旋结构相同的一束发生全反射，另一束透射反射光与波长有关，波长为 $\lambda_0=\bar{n}h$ 的光具有最大反射率，且当波长差在 $\Delta\lambda=\Delta n\times h$($\Delta n=n_{/\!/}-n_{\perp}$，$n_{/\!/}$、$n_{\perp}$ 分别表示对普通光和特殊光的折射率，h 为普朗克常数)范围内的光发生反射。所以在白光照射下胆甾相呈现彩色，颜色与螺距有关。胆甾相对透射光的旋光本领可大至 20 000°/mm。

液晶的缺陷有位错和向(斜)错两种，后者是由于分子取向发生不连续变化引起的，向列相只有点向错和线向错；胆甾相可以有位错和向错。液晶缺陷的研究导致了对有序结构奇异性的拓扑分类。一般说来，液晶的流动可以引起分子取向的改变，反之亦然。向列相的黏度约为 0.01 Pa·s(秒)(约比水大 10 倍)。胆甾相的黏滞性比向列相可高出 10 倍，这是由于流动时螺旋结构不变而分子平移时发生转动的渗透机理引起的。在近晶 A 相的分子层内，分子像简单液体中的分子一样流动，而在垂直于分子层方向，分子可以在相邻层间相互渗透。近晶相的黏滞性比向列相大。

在温度梯度作用下,向列相液晶可以发生与简单液体相似的瑞利-本纳德对流不稳定性。不同的是,在液晶中温度梯度阈值比较低,并且当上层处在高温情况时也可发生。切变流动或外加电场也可以液晶失稳,后者称为电流体动力不稳定性,与液晶电导率的各向异性有关。

3.1.3 液晶的电气光学效应

作为一种凝聚态物质,液晶的特性与结构介于固态晶体与各向同性液体之间,是有序性的流体。从宏观物理性质看,它既具有液体的流动性、黏滞性,又具有晶体的各向异性,能像晶体一样发生双折射、布拉格反射、衍射及旋光效应,也能在外场作用(如电、磁场作用)下产生热光、电光或磁光效应。液晶分子在某种排列状态下,通过施加电场,将向着其他排列状态变化,液晶的光学性质也随之变化。这种通过电学方法,产生光变化的现象称为液晶的电气光学效应,简称电光效应(electro-optic effect)。液晶技术在最近 20 多年来取得了迅速的发展,正是因为液晶材料的电气光学效应被发现,因此液晶也逐渐成为显示工业上不可或缺的重要材料,并被广泛地应用在需低电压和轻薄短小的显示组件,如电子表、电子计算器和计算机显示屏幕上。液晶作为一种光电显示材料来说,主要是应用了它的电光效应。

液晶的电光效应主要包括以下几种。

1. 液晶的双折射现象

双折射现象是液晶的重要特性之一,也就是说,液晶会像晶体那样,因折射率的各向异性而发生双折射现象。单轴晶体有两个不同的主折射率,分别为 o 光折射率 n_o 和 e 光折射率 n_e。因折射率的各向异性导致液晶的双折射性,从而呈现出许多有用的光学性质:能使入射光的前进方向偏于分子长轴方向;能够改变入射光的偏振状态或方向;能使入射偏振光以左旋光或右旋光进行反射或透射。这些光学性质都是液晶能作为显示材料应用的重要原因。

2. 电控双折射效应

对液晶施加电场,使液晶的排列方向发生变化,因为排列方向的改变,按照一定的偏振方向入射的光,将在液晶中发生双折射现象。这一效应说明,液晶的光轴可以由外电场改变,光轴的倾斜随电场的变化而变化,因而两双折射光束间的相位差也随之变化,当入射光为复色光时,出射光的颜色也随之变化。因此液晶具有比晶体灵活多变的电旋光性质。

3. 动态散射

当在液晶两极加电压驱动时,由于电光效应,液晶将产生不稳定性,透明的液晶会出现一排排均匀的黑条纹,这些平行条纹彼此间隔数 10μm,可以用作光栅。进一步提高电压,液晶不稳定性加强,出现湍流,从而产生强烈的光散射,透明的液晶变得混浊不透明。断电后液晶又恢复了透明状态,这就是液晶的动态散射(dynamic scattering)。液晶材料的动态散射是制造显示设备的重要依据。

4. 旋光效应

在液晶盒中充入向列型液晶,把两玻璃片绕在与它们互相垂直的轴相扭转 90°,向列型液晶的内部就发生了扭曲,这样就形成了一个具有扭曲排列的向列型液晶的液晶盒。在这样的液晶盒前、后放置起偏振片和检偏器，并使其偏振化方向平行，在不施加电场时，让一束白光射入，液晶盒会使入射光的偏振光轴顺从液晶分子的扭曲而旋转 90°。因而当光进入检偏器时，由于偏振光轴互相垂直，光不能通过检偏器，外视场呈暗态；当增加电压超过某一值时，外视场呈亮态。

5. 宾主效应

将二向色性染料掺入液晶中，并均匀混合起来，处在液晶分子中的染料分子将顺着液晶指向矢量方向排列。在电压为零时，染料分子与液晶分子都平行于基片排列，对可见光有一个吸收峰，当电压达到某一值时，吸收峰值大为降低，使透射光的光谱发生变化。可见，加外电场就能改变液晶盒的颜色，从而实现彩色显示。由于染料少，且以液晶方向为准，所以染料为"宾"，液晶则为"主"，因此得名宾主(guest-host，G-H)效应。电控双折射、旋光效应都可以应用于彩色显示的实现。

3.2 液晶显示设备

3.2.1 液晶显示设备的构造

典型 LCD 的结构如图 3.6 所示，将设有透明电极的两块玻璃基板用环氧类黏合剂以 4～6μm 间隙进行封合，并把液晶封入其中而成，与液晶相接的玻璃基板表面有使液晶分子取向的膜。如果是彩色显示，在一侧的玻璃基板内面与像素相对应，设有由三基色形成的微彩色滤光片。另外，有源矩阵型则在玻璃基板内面形成开光器件阵列。

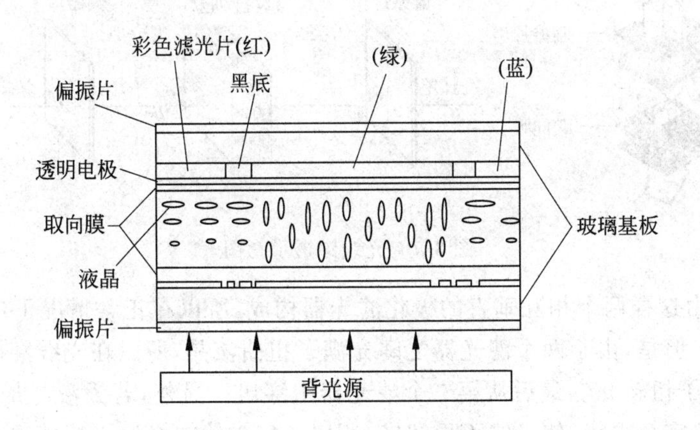

图 3.6　典型 LCD 结构截面

LCD 是非发光型的，其特点是视感舒适，而且是很紧凑的平板型。LCD 的驱动由于模式的不同而多少有些区别，但都有以下特点。

(1) 是具有电学双向性的高电阻、电容性器件，其驱动电压是交流的。

(2) 在没有频率相依性的区域，对于施加电压的有效值响应(铁电液晶除外)。

(3) 是低电压、低功耗工作型，CMOS 驱动也是可以的。

(4) 器件特性以及液晶物理性质常数的温度系数比较大，响应速度在低温下较慢。

3.2.2 液晶显示设备的显像原理

1. 液晶的基本显示原理

液晶的物理特性是：当通电时导通，排列变得有序，使光线容易通过；不通电时排列混乱，阻止光线通过。让液晶如闸门般地阻隔或让光线穿透，从技术上说，液晶面板包含了两片相当精致的无钠玻璃素材，中间夹着一层液晶。当光束通过这层液晶时，液晶本身会排排站立或扭转呈不规则状，因而阻隔或使光束顺利通过。

1) 单色液晶显示器的原理

LCD 技术是把液晶灌入两个列有细槽的平面之间。这两个平面上的槽互相垂直（相交成 90°）。也就是说，若一个平面上的分子南北向排列，则另一平面上的分子东西向排列，而位于两个平面之间的分子被强迫进入一种 90°扭转的状态。由于光线顺着分子的排列方向传播，所以光线经过液晶时也被扭转 90°。但当液晶上加一个电压时，分子便会重新垂直排列，使光线能直射出去，而不发生任何扭转。

LCD 依赖极化滤光器（片）和光线本身，自然光线是朝四面八方随机发散的。极化滤光器实际是一系列越来越细的平行线。这些线形成一张网，阻断不与这些线平行的所有光线。极化滤光器的线正好与第一个垂直，所以能完全阻断那些已经极化的光线。只有两个滤光器的线完全平行，或者光线本身已扭转到与第二个极化滤光器相匹配，光线才得以穿透，如图 3.7 所示。

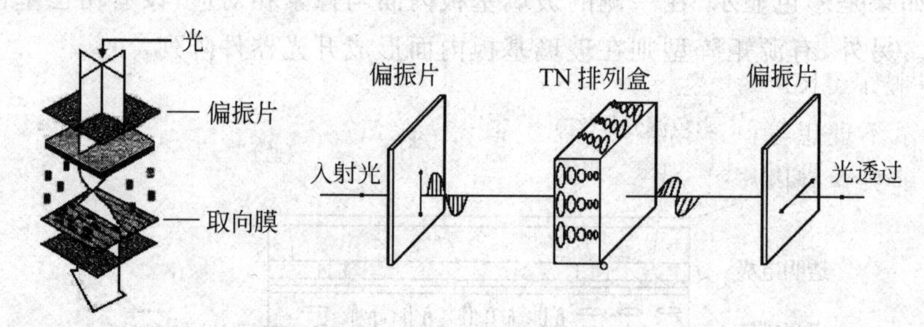

图 3.7 光线穿透示意图

LCD 正是由这样两个相互垂直的极化滤光器构成，所以在正常情况下应该阻断所有试图穿透的光线。但是，由于两个滤光器之间充满了扭曲液晶，所以在光线穿出第一个滤光器后，会被液晶分子扭转 90°，最后从第二个滤光器中穿出。另外，若为液晶加一个电压，分子又会重新排列并完全平行，使光线不再扭转，所以正好被第二个滤光器挡住，如图 3.8 所示。总之，加电将光线阻断，不加电则使光线射出。

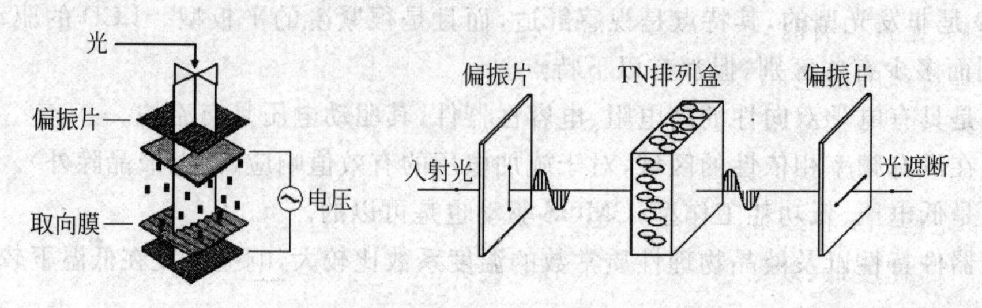

图 3.8 光线阻断示意图

当然，可以改变LCD中的液晶排列，使光线在加电时射出，而不加电时被阻断。但由于计算机屏幕几乎总是亮着的，所以只有“加电将光线阻断”的方案才能达到最省电的目的。

从液晶显示器的结构来看，无论是笔记本电脑还是桌面系统，采用的LCD显示屏都是由不同部分组成的分层结构。LCD由两块玻璃板构成，厚约1mm，其间由5μm的液晶材料均匀隔开。因为液晶材料本身并不发光，所以在显示屏两边都设有作为光源的灯管，而在液晶显示屏背面有一块背光板（或称匀光板）和反光膜。背光板是由荧光物质组成的可以发射光线，其作用主要是提供均匀的背景光源。背光板发出的光线在穿过第一层偏振过滤层之后进入包含成千上万水晶液滴的液晶层。液晶层中的水晶液滴都被包含在细小的单元格结构中，一个或多个单元格构成屏幕上的一个像素。在玻璃板与液晶材料之间是透明的电极，电极分为行和列，在行与列的交叉点上，通过改变电压而改变液晶的旋光状态，液晶材料的作用类似于一个个小的光阀。在液晶材料周边是控制电路部分和驱动电路部分。当LCD中的电极产生电场时，液晶分子就会产生扭曲，从而将穿越其中的光线进行有规则的折射，然后经过第二层过滤层的过滤在屏幕上显示出来。

2）彩色LCD显示器工作原理

对于笔记本电脑或者桌面型的LCD显示器以及需要采用的更加复杂的彩色显示器而言，还要具备专门处理彩色显示的色彩过滤层。通常，在彩色LCD面板中，每一个像素都是由3个液晶单元格构成，其中每一个单元格前面都分别有红色、绿色或蓝色的过滤器。这样，通过不同单元格的光线就可以在屏幕上显示出不同的颜色。

LCD克服了CRT体积庞大、耗电和闪烁的缺点，但同时也带来了造价过高、视角不广以及彩色显示不理想等问题。CRT显示可选择一系列分辨率，而且能按屏幕要求加以调整，但LCD屏只含有固定数量的液晶单元，只能在全屏幕使用一种分辨率显示。

CRT通常有3个电子枪，射出的电子流必须精确聚集，否则就得不到清晰的图像显示。而LCD不存在聚焦问题，因为每个液晶单元都是单独开关的，这正是同样一幅图在LCD屏幕上为什么如此清晰的原因。LCD也不必关心刷新频率和闪烁，液晶单元要么开，要么关，所以在40～60Hz这样的低刷新频率下显示的图像不会比75Hz下显示的图像更闪烁。不过，LCD屏的液晶单元会很容易出现瑕疵。对1024×768的屏幕来说，每个像素都由3个单元构成，分别负责红、绿和蓝色的显示，所以总共约需240万个单元（1024×768×3=2 359 296）。很难保证所有这些单元都完好无损，最有可能的是，其中一部分已经短路（出现“亮点”）或者断路（出现“黑点”）。所以说，并不是高昂的显示产品就不会出现瑕疵。

LCD显示屏包含了在CRT技术中未曾用到的一些东西。为屏幕提供光源的是盘绕在其背后的荧光管。有时，会发现屏幕的某一部分出现异常亮的线条，也可能出现一些不雅的条纹，一幅特殊的浅色或深色图像会对相邻的显示区域造成影响。此外，一些相当精密的图案（比如经抖动处理的图像）可能在液晶显示屏上出现难看的波纹或者干扰纹。

现在，几乎所有的应用于笔记本或桌面系统的LCD都使用薄膜晶体管（TFT）激活液晶层中的单元格，TFT-LCD技术能够显示更加清晰、明亮的图像。早期的LCD由于是非主动发光器件，速度低、效率差、对比度小，虽然能够显示清晰的文字，但是在快速显示图像时往往会产生阴影，影响视频的显示效果。因此，如今只被应用于需要黑白显示的掌上电脑、呼机或手机中。

3）液晶显示设备的显示方式

LCD的显示方式可分为两种：一种是LCD面板本身为显示面的直观式；另一种则是将LCD面板的图像放大投影到投影屏，以供观看的投影式。

（1）直观式显示方式。这是直接观看显示面的方式。直观式包括有钟表、计算器、各种仪表等使用的小型LCD，也有文字处理机、各种终端机和电视显示中的LCD，还有将显示器单元以瓦片状排列形成数米×数米的大型显示面的LCD。如低温多晶硅薄膜晶体管（low-temperature polycrystalline silicon thin-film transistor，LTP-Si TFT）LCD、非晶硅薄膜晶体管（amorphous silicon thin-film transistor，a-Si TFT）LCD、金属-绝缘层-金属（metal-insulator-metal，MIM）LCD几乎都是这种例子。

从电极形状分类，LCD有分段型和矩阵型。分段型电极成“日”或“田”等形状。有表示数字或英文字的；也有由很多长方条组成以表示条线图形的。矩阵型有两种方式：一种是夹液晶层的两个带状电极群相垂直，将其交叉部作为显示像素，以显示任意文字、图形和图像的方式；另一种是对着一个共享电极，将很多作为显示像素的电极以镶嵌状排列的方式。

直观式中有透射型、反射型、透射反射兼用型。

① 透射型。为将LCD显示信息可视化，显示设备中就需要一些照明光源（也称背光源）。透射型是把来自背面的面状背光源的光以显示信息的方式在LCD面板进行时空调制。光源可以是荧光灯、场致发光板或发光二极管等，既可以用亮度高、显色性好的光源，也可以用一般冷阴极或热阴极的荧光灯。投影型LCD很多方式都是透射型，一般使用金属卤化物等较强的点光源。

透射型的对比度、亮度、色再现范围等显示性能要比反射型优异。为达到上述优异性能，在透射型中，利用很强的背光源以摆脱LCD较低的光透射率和碍眼的表面反射。另外，对液晶施加电压的电极是由透明金属氧化物膜做成的，与彩色滤光片结合在一起，便可获得性能良好的彩色显示。因此，透射型不管是简单矩阵型还是有源矩阵型都是LCD的主流，在很多领域都得到了应用。

② 反射型。反射型没有专用的背光源，而是利用周围光进行显示，因而不能在暗的场所使用。由于照明条件不太好，显示性能就会比透射型差。反射型的优点是，由于不需要背光源（它占据了LCD显示模块大部分电消耗），所以除了适合于电池驱动的便携机采用外，还使显示模块变得薄且紧凑。作为“电子纸”的LCD就是以反射型为基础的。

反射型一般采用两种形式的反射板：一种是在组成LCD的背面玻璃基板上设置铝箔等光反射板；另一种是将背面玻璃基板上的金属电极作为反射板。在TN模式或STN模式LCD上，则在背面玻璃基板复合上偏振片和表面为暗光面的反射板。在其工作模式中，由反射板而来的反射光为白，而液晶的遮光为黑。

在利用液晶光散射现象的模式中容易产生阴阳反转，必须在光学系统设计上采取一定解决措施。在高分子分散型液晶中，还有这样一种方式：设在背面玻璃基板内面的黑色光吸收板为黑，液晶的光反射为白。

由于LCD的光透射率一般较低，因此在反射型中一般有必要采用一枚偏振片方式或不需要偏振片的宾主模式、高分子分散型向列液晶、高分子稳定型胆甾相液晶来替代光利用率低、使用偏振片的TN或STN模式。

反射型显示的亮度（视感反射率）和对比度的目标是报纸等黑白体的显示。在黑白显示中,要达到50%以上的视感反射率、5∶1以上的文字对比度。如果视感反射率非常高,那么对比度数值低也可以,但必须完全消除镜面反射及漫反射。

在彩色显示中,若使用彩色滤光片,不仅亮度下降,还存在色饱和度差的问题。例如,若用红、绿、蓝三原色滤光片的方式,则亮度为黑白显示的1/3～1/4。为实现彩色化,首要的选择应该是光透射率大的液晶模式;另外,必须尽可能降低液晶面板各表面的反射率,因为它将使对比度下降,色饱和度变差。

彩色显示的主要例子中有采用不需偏振片的相变型G-H模式和用一枚偏振片的以下几种模式。其中有利用双折射显色原理的STN模式、混合渐变排列(hybrid-aligned nematic,HAN)模式、45°扭曲TN模式等,也有将液晶面板做成3层结构,以实现彩色化的模式。

③ 透射反射兼用型。透射反射兼用型把反射板做成开有网点状细孔的半透射性板。当周围光暗时,起背光源的扩散板作用;而亮时则起漫反射板的作用。另外,反射型中还有一种叫前灯型的,这是在侧面设置辅助光源,并有前置导光板,这样即使在暗处,LCD也能使用。在投影式LCD中也有叫反射型的类型,它对于高开口率、高亮度非常有利。

(2) 投影式显示方式。投影式是将LCD上写入的光学图像放大,投影到投影屏上的方式,也称为液晶光阀(LV)。图像的放大率和亮度可以通过加大投影用光源的光强来提高。这种方式除了适合用于家庭的大画面显示之外,还适合于教室、会议室、商务控制室和会场等以供很多人观看的应用场景。

将光信息写入LCD的激励方式中有光写入方式、热(激光)写入方式和电写入(矩阵驱动)方式。其中,利用热写入方式还要并用电场效应。

① 光写入方式。这种方式的基本工作部分截面如图3.9所示,形成液晶和光导电体双层结构,电压通过透明电极均匀施加。光照部分因光导电层的电阻下降而将电压施加到液晶层,产生电光效应。

在实用的布局中做到,将高分辨率的小型CRT图像用透镜在光导电层成像,利用电子束轰击荧光面所产生的光点在光导电层做出潜像,对液晶施加的电压进行空间调制,在液晶层形成图像。对该液晶层照射投影用的强光,将图像放大投影到投影屏上。可以放大投影到200～450英寸的投影屏上,一般是高光束的,而且光功率很大。

② 热(激光)写入方式。这种方式的显示工作是由相变而来的,所利用的就是光学变化。这种方式的例子有向列、胆甾混合液晶和层列液晶。若将这些液晶加热到相变温度以上,然后急剧冷却,那么该部分由透明组织变成排列紊乱的不透明组织。因此,利用红外激光束的偏转,在LCD面板上进行扫描,就可在LCD上写入高分辨率的图像。写入的图像可用照射光源和光学系统进行放大投影,这种方式一般都有存储功能。

在层列液晶中有两种常温下的层列相用于显示,即透明以及各向同性相紊乱排列的不透明组织。写入所用的是数毫瓦到500 mW的半导体激光器,擦除是通过对液晶层施加高电场(数十千伏/厘米)或在向列相温度以上的冷却中施加低电场而进行。

③ 电写入(矩阵驱动)方式。电写入方式中有简单矩阵型和有源矩阵型。前者有STN

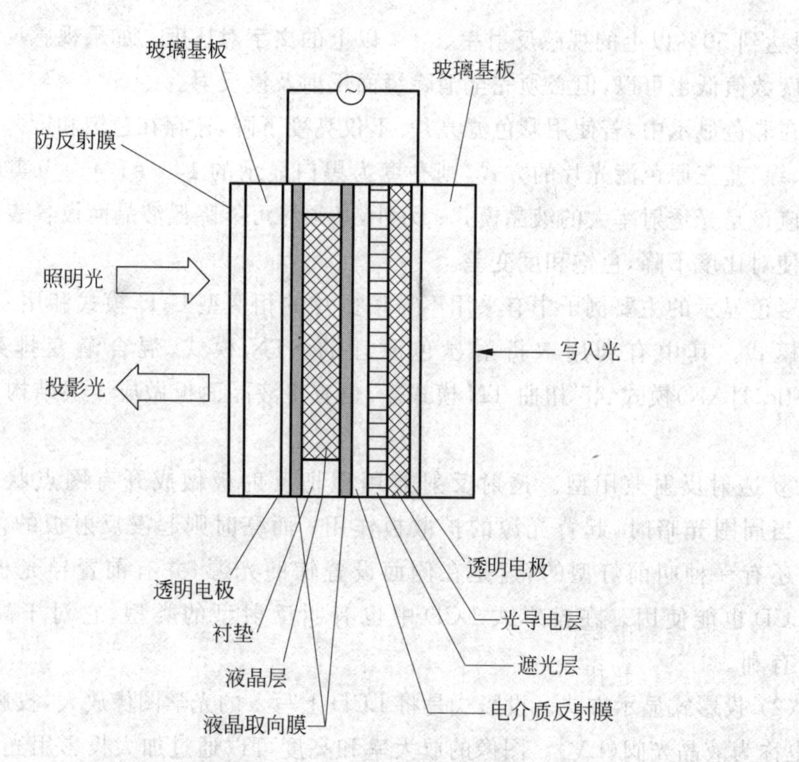

图 3.9　光写入方式液晶光阀的结构

模式、胆甾类液晶的相变模式等被开发。实际应用的是后者，其中有非晶硅薄膜晶体管(a-Si TFT)驱动 LCD、多晶硅薄膜晶体管(P-Si TFT)驱动 LCD、单晶硅 MOS 晶体管(LCOS)驱动 LCD。液晶主要采用 TN 模式，也有试用高分子分散型液晶的实例。在有源矩阵型中最常用的是下述的 TFT-LCD 型投影液晶面板。

④ TFT-LCD 型。在直观式 LCD 中实现大型化很困难。实现 40 英寸以上的大型画面最适当的方式是在投影屏上投影的显示方式。娱乐方面的电视显示、办公自动化(OA)或会议室、会场的计算机图像显示都使用显示性能优异的 TFT-LCD 有源矩阵型。TFT-LCD 的尺寸为 0.8～5 英寸(画面对角线长)，其尺寸取决于光学系统、分辨率、热设计、成本。投影显示装置与金属卤化物灯等的光源亮度也有关，但投影屏尺寸已达 200 英寸左右(对角线长度)，重要的是显示的高亮度和低功耗。

利用 TFT-LCD 的彩色投影显示有以下几种方式：一是使用一个彩色 LCD 的单板式；二是将一个黑白型 LCD 和三原色双色镜组合起来的单板式；三是将 3 个黑白型 LCD 和双色滤光片或棱镜式三基色分离光学系统组合起来的三板式(见图 3.10)等。

投影方式中有从屏前面投影的前面投影方式和从屏后面投影的背面投影方式。背面投影方式在屏前的侧表面上做了减轻外光反射的处理，因此即使在比较亮的场所使用也对对比度影响不大，这是其优点。

为了在某视角范围内提高显示图像的亮度，一般对投影屏进行精加工，以获得 2～3 倍的增益。视角虽变窄，但亮度得到了提高，并从结构上加以改进，以防止外光反射与对比度的下降。

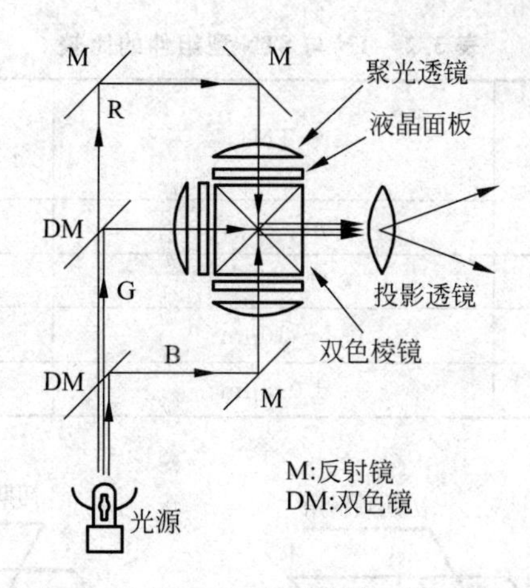

图 3.10　TFT-LCD 投影装置的结构

3.2.3　液晶显示器的分类

液晶特有的光电特性可用来作显示。根据液晶驱动方式分类，可将目前 LCD 产品分为扭曲向列(TN)型、超扭曲向列(STN)型及薄膜晶体管(TFT)型 3 大类，以应用产品数量来看，近 10 亿台 LCD 应用产品中，TN 型产品占 7 成左右，STN 型占 2.5 成，TFT 型仅占 0.5 成；若以产值来看，因 TFT 产品价格高，产值占 LCD 7 成左右。以下分别对 TN 型、STN 型及 TFT 型加以说明和比较。

1. 扭曲向列型

扭曲向列(TN)型液晶显示器的基本构造为上下两片导电玻璃基板，其间注入向列型的液晶，上下基板外侧各加上一片偏光板，另外在导电膜上涂布一层、摩擦后具有极细沟纹的配向膜。由于液晶分子拥有液体的流动特性，很容易顺着沟纹方向排列，当液晶填入上下基板沟纹方向，以 90°垂直配置的内部，接近基板沟纹的束缚力较大，液晶分子会沿着上下基板沟纹方向排列，中间部分的液晶分子束缚力较小，会形成扭转排列，因为使用的液晶是向列型的液晶，且液晶分子扭转 90°，故称为 TN 型。

若不施加电压，则进入液晶组件的光会随着液晶分子扭转方向前进，因上下两片偏光板和配向膜同向，故光可通过形成亮的状态；相反地，若施加电压时，液晶分子朝施加电场方式排列，垂直于配向膜配列，则光无法通过第二片偏光板，形成暗的状态，以此种亮暗交替的方式可作为显示用途。

2. 超扭曲向列型

TN 型液晶显示器在早期电子表上使用较多，但其最大缺点为光应答速度较慢，容易形成残影，因此后期发展出超扭曲向列(STN)型液晶显示器。

所谓 STN 显示组件，其基本工作原理和 TN 型大致相同，不同的是液晶分子的配向处理和扭曲角度。STN 显示组件必须预做配向处理，使液晶分子与基板表面的初期倾斜角增加，此外，STN 显示组件所使用的液晶中加入微量胆石醇液晶使向列型液晶可以旋转角度为 80°～270°，为 TN 的 2～3 倍，故称为 STN 型，TN 与 STN 的比较如表 3.2 和图 3.11 所示。

表 3.2 TN 与 STN 型组件的比较

项目 \ 区分	TN	STN
扭曲角	90°	180°～270°
倾斜角	1°～2°	4°～7°
厚度	5～10μm	3～8μm
间隙误差	±0.5μm	±0.1μm

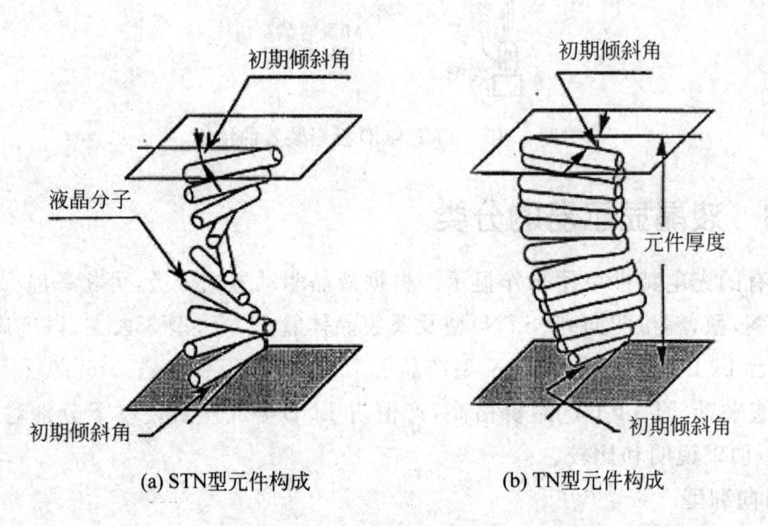

图 3.11 STN 与 TN 型液晶分子的扭曲状态

STN 型液晶由于应答速度较快，且可加上滤光片等方式使显示器除了明暗变化以外，也有颜色变化，形成彩色显示器，其应用如早期移动电话或现在的 PDA 及电子词典等。

3. 薄膜晶体管型

薄膜晶体管(thin film transistor，TFT)型液晶显示器也采用了两夹层间填充液晶分子的设计。只不过是把左边夹层的电极改为了场效应晶体管(field effect transistor，FET)，而右边夹层的电极改为了共通电极。在光源设计上，TFT 的显示采用“背透式”照射方式，即假想的光源路径不是像 TN 液晶那样的从左向右，而是从右向左，这样的做法是在液晶的背部设置了类似日光灯的光管。光源照射时先通过右偏振片向左透出，借助液晶分子来传导光线。由于左右夹层的电极改成 FET 电极和共通电极，在 FET 电极导通时，液晶分子的表现如 TN 液晶的排列状态一样会发生改变，也通过遮光和透光来达到显示的目的。但不同的是，由于 FET 晶体管具有电容效应，能够保持电位状态，先前透光的液晶分子会一直保持这种状态，直到 FET 电极下一次再加电改变其排列方式为止。相对而言，TN 就没有这个特性，液晶分子一旦没有被施压，立刻就返回原始状态，这是 TFT 液晶和 TN 液晶显示原理的最大不同。

各种 LCD 产品比较如表 3.3 所示。

表 3.3　3 种主要类型 LCD 产品的比较

项　目	TN	STN	TFT
驱动方式	单纯矩阵驱动的扭曲向列型	单纯矩阵驱动的超扭曲向列型	主动矩阵驱动
视角大小(可观赏角度)	小(视角+30°/观赏角度 60°)	中等(视角+40°)	大(视角+70°)
画面对比	最小(画面对比在 20∶1)	中等	最大(画面对比在 150∶1)
反应速度	最慢(无法显示动画)	中等(150ms)	最快(40ms)
显示品质	最差(无法显示较多像素,分辨率较差)	中等	最佳
颜色	单色或黑色	单色及彩色	彩色
价格	最便宜	中等	最贵(约 STN3 倍)
适合产品	电子表、电子计算机、各种汽车、电器产品的数字显示器	移动电话、PDA、电子词典、掌上型电脑、低档显示器	笔记本/掌上型电脑、PC 显示器、背投电视、汽车导航系统

3.2.4　液晶显示设备的驱动

LCD 驱动方式有静态、动态(多路或简单矩阵)、有源矩阵方式以及光束扫描 4 种方式。其中,驱动方式也可分为刷新方式和存储方式。前者是用小于人眼暂留像时间的帧周期一个接一个地转换图像信息,以进行显示;而后者则利用 LCD 所具有的存储作用,以一次性的帧扫描,即可进行静态图像显示。

1. 静态驱动

图 3.12 表示了驱动 LCD 组件的基本电路和驱动波形。电路是被称为异或门(exclusive OR)的 CMOS 集成电路。将脉冲占空比为 0.5 的方波电压施加于 LCD 组件 C 电极和门电路一侧输入端,门电路的输出施加于 S 电极。

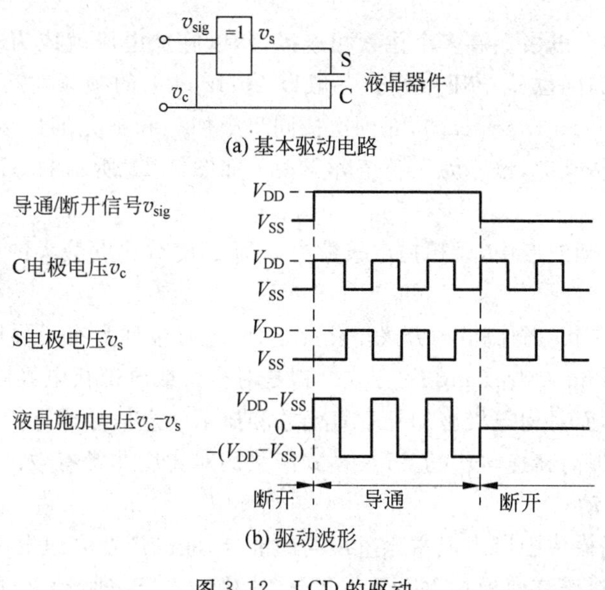

图 3.12　LCD 的驱动

门电路的输出随着施加于门电路另一侧输入端的控制信号而变化。施加于液晶的电压在导通期间为$\pm(V_{DD}-V_{SS})$的交流电压，而断开期间则为0V。

LCD是双向性的。由于一般响应于电压的有效值，在导通期间LCD的脉冲占空比为1。即在导通期间液晶处于正常激励状态，这就是静态驱动。

相对于这种静态驱动，还有在导通期间以间歇式(时分多路等)施加电压的简单矩阵驱动或有源矩阵驱动。在有源矩阵驱动中，虽然外部施加电压为间歇式的，但液晶则被正常激励。

2. 简单矩阵驱动

在静态驱动中，任意文字和图形、图像的显示都要增加必要数目的驱动电路，在成本上不太现实。简单矩阵驱动方式如图3.13所示，是由$m+n$个至少一侧为透明的条状行电极和列电极组成，将$m\times n$个交点构成的像素以$m+n$个电路实施驱动。

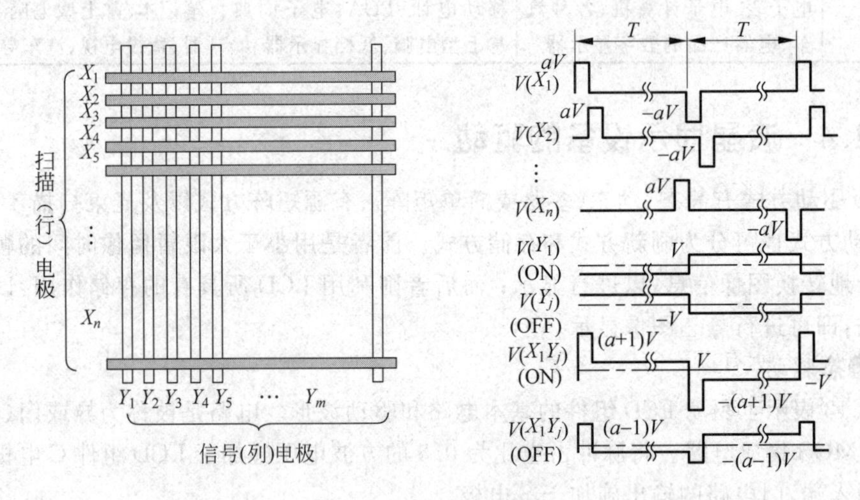

图3.13　简单矩阵驱动

这样，因为在一个电极上有多个像素相连接，所以施加电压就成为时间分割脉冲，即各像素承受一定周期的间歇式电压激励。一般以30Hz以上的帧频对行电极进行逐行扫描(一次一行，one-one-at-a-time scan)，对列电极同步施加亮和不亮的信号。将这种驱动方式称为多路(时间分割)驱动，也称为无源矩阵驱动。如图3.13所示的STN就是简单矩阵驱动型的实例。

在图3.13的驱动波形中，设扫描电极数为n，那么使对比度最大的条件就是设定峰值，使a等于根号n。

以上是将电极一个一个扫描的方式。除此之外，还有被称为有源寻址(active addressing)和多行寻址(multi-line addressing)的方式。这是对多个或全部行电极同时施加互有垂直函数关系的波形电压，而对列电极施加把垂直函数和显示信息信号运算的电压，以实施驱动的方式。这种方式对提高高速响应的STN模式液晶的对比度非常有效。

3. 有源矩阵驱动

驱动IC是液晶模块中所占成本比重最高的部分，液晶产业高速发展的同时也带动了液晶驱动IC产业，相对于其他模拟IC，驱动IC有其独特之处。驱动IC的出货量巨大，技术门槛和工艺门槛极高，驱动IC与面板厂家有着紧密的关联，驱动IC的厂家有着自己独特的商业模式,因此驱动 IC 厂家大多是专业 IC 厂家,很少会涉足其他领域。

由于其生产工艺难度极高、各部分工艺和所需要的电压都不一样,以及生产厂家技术必须非常全面,大尺寸 LCD 驱动 IC 是个非常难以介入的领域。除去技术门槛和工艺门槛外,大尺寸驱动 IC 厂家必须得到大尺寸 LCD 面板厂家和晶源生产厂家的配合。而大陆仅有的两条面板生产线,其驱动 IC 采购权都在外方手中,京东方-Hydis 的关联公司 Magnachip 是全球五大大尺寸驱动 IC 厂家,上广电-NEC 的关联公司 NEC 是全球第三大大尺寸驱动 IC 厂家。

有源矩阵驱动也称为开关矩阵驱动。这是一种在显示面板的各像素设置开关组件和信号存储电容,以实现驱动的方式,其目的是提高显示性能。这种方式能够获得优异的显示性能,因而,作为直观式或投影式,广泛用于个人计算机等 OA 设备及电视等视频机。

这种方式中有三端型和双端型。三端型使用场效应晶体管;双端型则使用二极管。使用场效应晶体管方式,可以将半导体分为以下几种:a-Si、p-Si、单晶硅。TFT-LCD 是以掺氢 a-Si 薄膜晶体管为契机而发展的。使用二极管的方式中有用 a-Si 的环二极管型和具有双向二极管特性的 MIM 型等。三端型的特点是显示特性优异,双端型的特点是制造成本低。

有源矩阵型 LCD 的结构,以 TFT 阵列方式为例。a-Si TFT 阵列是精密加工技术成形的,即利用甲硅烷的辉光放电分解法在玻璃基板上形成 a-Si 半导体有源层;利用绝缘膜以及金属层进行和半导体集成电路一样的光刻。

图 3.14 表示了以 TFT 为开关组件时的工作原理。利用一次一行方式依次扫描栅极,将一个栅极线上所有 TFT 一下子处于导通状态,从取样保持电路,通过漏极总线将信号提供给各信号存储电容。各像素的液晶被存储的信号激励至下一个帧扫描时为止。

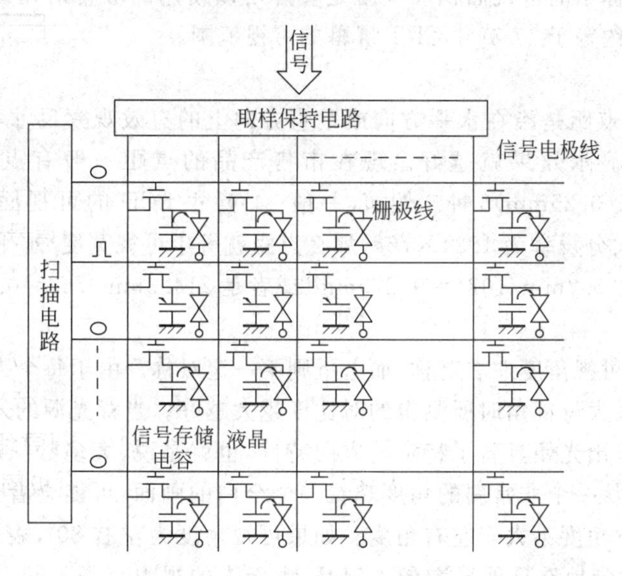

图 3.14 TFT LCD 的等效电路与工作

在简单矩阵驱动中,若扫描电极增加,则像素液晶的激励时间变短,亮度下降。为提高亮度而提高电压,则会因交调失真使得非显示部分也变亮,对比度下降。有源矩阵驱动用设在各像素的开关进行工作,以防交调失真,可以提高对比度。另外,利用各像素的信号存储电容以加长液晶的激励时间,并提高对比度和响应特性等。

TFT-LCD具有以下特点。

(1) 从原理上没有像简单矩阵那样的扫描电极数的限制,可以实现多像素化。

(2) 可以控制交调失真,对比度高。

(3) 由于液晶激励时间可以很长,亮度高,响应时间也很快。

(4) 由于在透明玻璃基板上利用溅射、化学气相沉积(chemical vapor deposition,CVD)等方法成膜,可以实现大型化和彩色化。

(5) 可以同时在显示区域外部形成驱动电路,由于接口数骤减,有利于实现高可靠性和低成本。

4. 光束扫描驱动

在投影式显示方式中提到的光写入方式、热(激光)写入方式就是光束扫描驱动方式。这种工作方式的特点是,在面板上并没有被分割的像素电极,光束点相当于一个像素,通过光束的扫描以形成像素。

3.3 液晶显示器的技术参数、特点及发展史

3.3.1 液晶显示器的技术参数

技术参数是衡量显示器性能高低的重要标准,由于各种显示方式的原理不同,液晶显示器的技术参数也大不一样。

1. 可视面积

液晶显示器所标示的可视面积尺寸就是实际可以使用的屏幕对角线尺寸。一个15.1英寸的液晶显示器约等于17英寸CRT屏幕的可视范围。

2. 点距

液晶显示器的点距是指在水平方向或垂直方向上的有效观察尺寸与相应方向上的像素之比,点距越小显示效果就越好。现在市售产品的点距一般有点28(0.28mm)、点26(0.26mm)、点25(0.25mm)3种。例如,一般14英寸LCD的可视面积为285.7mm×214.3mm,它的最大分辨率为1024×768,那么点距就等于可视宽度/水平像素(或者可视高度/垂直像素),即285.7mm/1024=0.279mm(或者是214.3mm/768=0.279mm)。

3. 可视角度

液晶显示器的可视角度左右对称,而上下则不一定对称。由于每个人的视力不同,因此以对比度为准,在最大可视角时所测得的对比度越大越好。当背光源的入射光通过偏光板、液晶及取向膜后,输出光便具备了特定的方向特性,也就是说,大多数从屏幕射出的光具备了垂直方向。假如从一个非常斜的角度观看一个全白的画面,可能会看到黑色或是色彩失真。一般来说,上下角度不大于左右角度。如果可视角度为左右80°,表示在始于屏幕法线80°的位置时可以清晰地看见屏幕图像。但是,由于人的视力范围不同,如果没有站在最佳的可视角度内,所看到的颜色和亮度将会有误差。现在有些厂商开发出各种广视角技术,试图改善液晶显示器的视角特性,如平面控制模式(IPS)、多象限垂直配向(multi-domain vertical alignment,MVA)、TN+FILM等。这些技术都能把液晶显示器的可视角度增加到160°,甚至更多。

4. 亮度

液晶显示器的最大亮度，通常由冷阴极射线管（背光源）来决定，亮度值一般都在200～250cd/m^2之间。液晶显示器的亮度若略低，会觉得发暗，而稍亮一些，就会好很多。虽然技术上可以达到更高亮度，但是这并不代表亮度值越高越好，因为太高亮度的显示器有可能使观看者眼睛受伤。

5. 响应时间

响应时间是指液晶显示器各像素点对输入信号反应的速度，即像素由暗转亮或亮转暗的速度，此值越小越好。如果响应时间太长，就有可能使液晶显示器在显示动态图像时有尾影拖曳的感觉。这是液晶显示器的弱项之一，但随着技术的发展而有所改善。一般将反应速率分为两个部分，即上升沿时间和下降沿时间，表示时以两者之和为准，一般以20ms左右为佳。

6. 色彩度

色彩度是LCD的重要指标。LCD面板是由1024×768个像素点组成显像的，每个独立的像素色彩是由红、绿、蓝3种基本色来控制。大部分厂商生产出来的液晶显示器，每个基本色达到6位，即64种表现度，那么每个独立的像素就有64×64×64=262 144种色彩。也有不少厂商使用了所谓的帧率控制（frame rate control，FRC）技术以仿真的方式来表现出全彩的画面，也就是每个基本色能达到8位，即256种表现度，那么每个独立的像素就有高达256×256×256=16 777 216种色彩。

7. 对比度

对比度是最大亮度值（全白）与最小亮度值（全黑）的比值。CRT显示器的对比度通常高达500∶1，以致在CRT显示器上呈现真正全黑的画面是很容易的。但对LCD来说就不是那么容易了，由冷阴极射线管所构成的背光源是很难去做快速的开关动作，因此背光源始终处于点亮的状态。为了要得到全黑画面，液晶模块必须完全把来自背光源的光完全阻挡，但在物理特性上，这些组件无法完全达到这样的要求，总是会有一些漏光发生。一般来说，人眼可以接受的对比值约为250∶1。

8. 分辨率

TFT液晶显示器分辨率通常用一个乘积来表示，例如800×600、1024×768、1280×1024等，它们分别表示水平方向的像素点数与垂直方向的像素点数，而像素是组成图像的基本单位，也就是说，像素越高，图像就越细腻、越精美。

9. 外观

液晶显示器具有纤巧的机身，显示板的厚度通常在6.5～8cm之间。充满时代感的造型，配以黑色或者标准的纯白色，让人看起来相当舒适。现在一些液晶显示器还可以挂在墙上，充分显示了其轻便性。

3.3.2 液晶显示器的特点

1. 低压微功耗

极低的工作电压，只有3～5V，工作电流则只有几个μA/cm^2。因此液晶显示可以和大规模集成电路直接匹配，使便携式电子计算机及电子仪表成为可能。由于低功耗，利用电池即可长时间运行，为节能型显示器。低电压运行模式，便可由IC直接驱动，驱动电路小型、简单。

2. 平板型结构

液晶显示基本结构是由两片玻璃组成的夹层盒。这种结构的优点，一是在使用上最方便，无论大型、小型、微型都很适用，它可以在有限面积上容纳最大信息量；二是在工艺上适于大批量生产。目前液晶生产线大都采用集成化生产工艺。日本最先进的自动化流水线，仅用几个工人便可以开动一条年产上千万液晶显示器的生产线。组件为薄型（几毫米），而且从大型显示（对角线长几十厘米）到小型显示（对角线长几毫米）都可满足，特别适用于便携式装置。

3. 被动显示型

液晶显示本身不发光而是靠调制外界光进行显示。也就是说，它不像发光的主动性器件那样，靠发光刺激人眼而实现显示，而是单纯依靠对光的不同反射呈现的对比度达到显示目的。这种非主动发光型显示，即使在明亮的环境，显示也是鲜明的。人类视觉所感受的外部信息中，90%以上是由外部物体对光的反射，而不是来自物体发光，所以，被动显示更适合人的视觉习惯，不会引起疲劳。这在大信息量、高密度显示、长时间观看时尤为重要。被动显示的另一大特点是不怕光冲刷，所谓光冲刷，是指当环境光较亮时，要显示的信息被冲淡，使其不易观看。可见，光冲刷一般均指主动发光的光信息被环境光冲淡。而被动显示，由于物体本身不发光，所以外界光亮度越强，被调制后的光信息显示内容就越清晰，故液晶显示可用在室外、强环境光下。当然，被动显示在黑暗的环境下是无法显示的，这时必须为液晶显示配上外光源。

4. 显示信息量大

与CRT显示相比，液晶显示没有荫罩限制，像素可以做得很小，这对于未来的高清晰度电视是个最理想的选择方案。LCD可以进行投影显示及组合显示，因此容易实现大画面（对角线为数米）显示。

5. 易于彩色化

液晶彩色化非常容易，方法也很多。更可贵的是液晶的彩色化可以在色谱上非常容易地复现，因此不会产生色失真，便于显示功能的扩大及显示的多样化。

6. 无电磁辐射

大家知道，CRT工作时，不仅会产生软X射线辐射，而且会产生电磁辐射，这种辐射不仅会污染环境，而且会产生信息泄漏。而液晶就不会产生这类问题，它对人体安全和信息保密都是理想的。因此，液晶最适于长期工作条件下使用和军事上使用。

7. 长寿命

这种器件本身几乎没有什么劣化问题，寿命可达50 000小时。

LCD克服了CRT体积庞大、耗电和闪烁的缺点，但也同时带来了动态响应慢、视角不广以及彩色显示不理想等问题。此外，液晶显示器的色彩调校一直不尽如人意，要同时调整出一个最佳的观看角度和色彩正确性就非常不容易。LCD主要缺点如下。

1）可视角度小

可视角度是液晶屏的特有参数。之所以会存在可视角度，是因为受其成像机制影响，液晶屏只有从正前方观看时，才能获得最佳的视角效果，而从其他角度观看时，亮度与色彩都会出现失真、发暗。

2）响应时间过慢

用液晶显示器观看调整移动的画面时，经常会看到拖尾或称为“鬼影”的现象，这就是因此液晶屏的响应速度不够快，像素点对输入信号的反应速度跟不上，从而使观看者看到有残留影像。

3）亮度和对比度低

由于液晶分子不能自己发光，所以，液晶显示器需要靠外界光源辅助发光，因此它们的亮度和对比度都不是很好。

4）维修问题

液晶“坏点”问题。液晶显示屏的材料一般采用玻璃，容易破碎，再加上每一个像素都十分细小，常常会造成个别的像素坏掉的现象，俗称“坏点”，这是无法维修的，只有更换整个显示屏。

3.3.3 液晶显示技术的发展史及产业现状

人们将液晶应用于显示技术方面，最初是开始于对其电气光学效应的研究。首先，是Fredericksz等人研究了液晶相可以在电场作用下而改变，Williams发现了在电场作用下产生的Williams畴。而液晶显示器则是在20世纪60年代彩色电视机刚刚出现的时候。

CRT因为体积大、重量重、工作电压高等缺点不能满足信息化市场化社会需求，LCD因为具有非发光型、低电压和低功耗驱动型等特点，更有利于实现显示器薄型化目标。美国无线电公司（Radio Corporation of America，RCA）的研究所主要从事电视技术的研究，当他们意识到液晶在显示领域应用的重要性时，就开始了对液晶的正式研究。在研究过程中，当在液晶中混合二色性染料并施加电场时，他们发现有从红色到无色的颜色变化，也就是宾主效应。1968年6月，RCA公司向世界首次公布了LCD的诞生，从而引发了人们对LCD的研发竞争。

液晶显示技术的发展主要经历了以下过程。

1. 动态散射模式

LCD问世以后，Heilmeier等人对工作区在83～100℃的、一种称为APAPA的液晶进行研究，并公布了有关液晶最初的电气光学效应中动态散射模式（dynamic scattering mode，DSM）的内容。在提出动态散射模式的同时，也给出了文字显示的实例。初期的液晶钟表、计算器等在这一时期开始流行。

2. 宾主模式

液晶显示也经历了从黑白显示向彩色显示的过渡时期。1974年有人发表了关于相变型G-H模式的研究报告，这是一种不需要偏振片的显示方式。从1975年左右开始，曾进行过以数字的显示或车载使用为目的开发。但因是单色显示而使其应用受限，所以当彩色滤光片方式出现时，这种研究就被放弃了。

3. 扭曲向列模式

瑞士的Schadt等人于1971年首次公开了现在最为普遍的工作模式——扭曲向列模式。几乎与此同时开发的TN模式液晶显示设备，则是采用低电压、低功耗的CMOS集成电路作驱动器，首先应用在钟表、计算器和其他分段型数字显示器上。

液晶的历史也是显示容量随着信息社会的发展而增加的历史。LCD从分段型发展到简单矩阵型,后又发展到小规模文字显示或图形显示。20世纪80年代,随着半导体存储器的开发,在文字处理机中开始采用显示1~4行的LCD。此后不断努力以求继续增加行数和显示容量。然而,文字处理机和个人计算机至少需要20行显示,TN模式不能用于大容量显示。

4. 超扭曲向列模式

1984年瑞士的Scheffer发表了有关扭曲角为270°的超双折射效应(supertwisted birefringent effect,SBE)的研究成果。超扭曲向列模式,从广义上说也包含SBE模式,1985年日本将其实现了产品化,采用了多扫描线选址(multi line addressing,MLA)驱动方式。

5. 双折射控制模式

双折射控制(electrically controlled birefringence,ECB)模式是指通过电场改变液晶的分子排列,以改变透射率的方式。除了有垂直取向(deformation of vertical aligned phases,DAP)的LCD,还有其他取向方式。其特点是可以将显示容量变大,但因其视角小,一般用于投影式。此后,有人提出了利用光学方法解决视角小问题的方案,推出了简单矩阵型彩色LCD。

还有一种称为π盒的方式,从广义上说它属于双折射控制模式。因其响应性好,应用于黑白阴极射线管的彩色显示和立体显示。通过对其赋予灰度特性,并通过光学补偿以改进其视角特性,将其发展成为光学自补偿弯曲(optically compensated bend,OCB)模式,并探索应用于TFT-LCD中。

6. 高分子分散液晶

高分子分散液晶(polymer dispersed LC,PDLC)是利用液晶与高分子聚合物的光散射现象的液晶。它是应需要提高亮度的反射型要求而开发的,不需要偏振片。

7. 存储功能突出的相变模式

具有存储功能的相变(PC)模式液晶比较适用于功耗低、电池驱动的便携式终端。美国肯特州州立大学开发的有存储功能、比较亮、简单矩阵驱动的反射型高分子稳定胆甾LCD,引起了人们的关注。

8. 高速响应性突出的铁电液晶

1980年Clark等人发表论文指出,表面稳定铁电液晶(surface stabilized ferroelectric liquid crystal,SSFLC)在电场与自发极化的作用下产生液晶响应,其响应速度在几十微秒以内。这引起了人们的关注。反铁电相(anti ferroelectric phase,AFP)液晶具有自己修复取向破损的功能,人们也一直关注其在TFT-LCD上的应用。

9. 液晶技术的新进展

液晶技术经历了上述阶段性的技术突破。而在今天,科学技术的发展日新月异,液晶技术也依然是人们不断探索的领域之一,目前,在以下几个方面都有了新进展。

1) 采用TFT型Active素子进行驱动

为了创造更优质画面构造,新技术采用在每一个液晶像素上加装上Active素子来进行点对点控制。

2) 利用色滤光镜制作工艺创造色彩斑斓的画面

在色滤光镜本体还没被制作成型以前,就先把构成其主体的材料加以染色,之后再加以灌膜制造。这种类型的LCD,无论在分辨率、色彩特性还是使用的寿命来说,都有着非常优

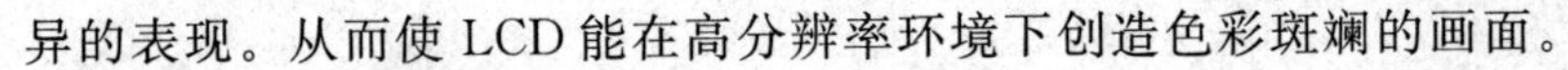

异的表现。从而使LCD能在高分辨率环境下创造色彩斑斓的画面。

3）低反射液晶显示技术

在液晶显示屏的最外层施以反射防止涂装技术，液晶显示屏所发出的光泽感、液晶显示屏幕本身的透光率、液晶显示屏的分辨率、防止反射这四个方面都达到了更好的改善。

4）先进的"连续料界结晶硅"液晶显示技术

采用"连续料界结晶硅"技术制造的低温多晶硅薄膜晶体管（LTP-Si TFT）液晶显示方式，具有比旧式LCD屏快600倍的像素反应速度，减少画面出现的延迟现象。

5）超宽视角技术

超宽视角技术主要有平面控制模式（in plane switching，IPS）宽视角技术和ASV（Advance Super View）广视角技术。IPS技术是在液晶分子长轴取向上做文章，让观察者任何时候都只能看到液晶分子的短轴，因此在各个角度上观看的画面都不会有太大差别，这样就比较完美地改善了液晶显示器的视角。夏普公司的ASV技术主要通过缩小液晶面板上颗粒之间的间距，增大液晶颗粒上光圈，并整体调整液晶颗粒的排布来降低液晶电视的反射，增加亮度、可视角和对比度。应用最新超宽视角技术的LCD显示屏亮度可达700cd/m^2，对比度为1200：1，平均灰阶响应速度为6ms，视角为176°。

6）超黑晶技术

超黑晶技术（black TFT technology）通过在屏幕表面加入数层带有特殊化学涂层的光学薄膜物质来进行处理对外光线。一方面折射成不同的比例，使反射的光线得以改变方向并互相抵消；另一方面能最大限度地吸收外来光线，改变光线传播的波长和反射。经过这样的处理后，就能最大限度地减少外来光线在屏幕造成的反射，把在屏幕上产生的反光度和反光面积降低至最低程度，令液晶显示器能在恶劣的光线环境下使用，即使在户外依然能显示出亮丽细致的画质效果。

7）超高开口率技术

超高开口率（super high aperture ratio，SHAR）是用特殊树脂作为总布线和出入口布线的层与层之间绝缘膜，并将像素领域进行扩大。

8）反光低反射技术

防眩光低反射技术（anti glare low reflection，AGLR）技术原理与超黑晶技术原理相似，通过液晶表面加上特殊的化学涂层，使外界光线在屏幕上的反射发生变化，从而使背光源的光线能更好地透过液晶层，使亮度更高，反射更低。

近年来，全世界的平板产业发展相对保持了比较平缓的速度，而国内液晶面板产业发展迅速，极大地改变了过去高度依赖于国外进口屏幕的情况，国内骨干企业实现了满产满销，综合竞争力整体提高。未来中国大陆的液晶面板产能将超过日本和中国台湾地区，仅次于韩国位列世界第二位。与显示产业发达国家相比，我国的面板业还存在许多问题，过于分散而小规模的投入使得技术难以得到集中研发，技术特别是核心技术和关键材料创新上的不足，设备覆盖率过低，资源没有得到良好的优化配置，直接影响到本土面板业的可持续发展，这就亟待面板业的几种整合，以大的龙头企业牵引整个面板业的发展，在日本、韩国、台湾地区面板占据主流地位的市场情况下，增强本土面板的整体竞争力显得极为迫切。

习题 3

1. 简述法国物理学家 P. G. de Gennes 生平。
2. 什么是液晶的电光效应？简述液晶显示设备显像原理。
3. 液晶显示器有哪些驱动方法？
4. 论述液晶显示设备的优缺点。
5. 如果液晶显示设备应用于冬天露天环境，应该采取哪些保护措施？

第4章 发光二极管显示技术及设备

CHAPTER 4

4.1 发光二极管基本知识

4.1.1 半导体光源的物理基础

发光二极管(light emitting diode,LED)是一种固态的半导体器件,它可以直接把电转化为光。LED的心脏是一个半导体的晶片,晶片的一端附在一个支架上为负极,另一端连接电源的正极,整个晶片被环氧树脂封装起来。半导体晶片由两部分组成;一部分是P型半导体,在它里面空穴占主导地位;另一部分是N型半导体,电子占主导地位。这两种半导体连接起来的时候,它们之间就形成一个P-N结。当电流通过导线作用于这个晶片时,电子就会被推向P区,在P区里电子跟空穴复合,然后就会以光子的形式发出能量,这就是LED发光的原理(见图4.1)。而光的波长也就是光的颜色,是由形成P-N结的材料决定的。

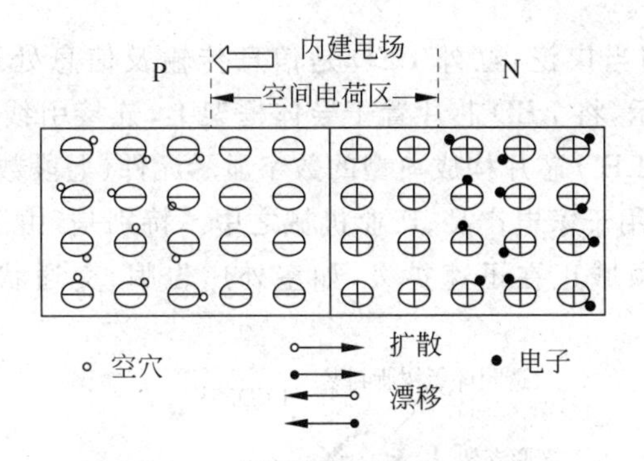

图4.1 半导体光源的物理基础

晶片的发光颜色取决于波长(λ),常见可见光的分类大致为暗红色(700nm)、深红色(640～660nm)、橘红色(615～635nm)、琥珀色(600～610nm)、黄色(580～595nm)、黄绿色(565～575nm)、纯绿色(500～540nm)、蓝色(435～490nm)、紫色(380～430nm)。白光和粉红光是一种光的混合效果,最常见的是由蓝光+黄色荧光粉和蓝光+红色荧光粉混合而成。

晶片是LED的主要组成物料,是发光的半导体材料。采用磷化镓(GaP)、镓铝砷(GaAlAs)、砷化镓(GaAs)、氮化镓(GaN)等材料组成,其内部结构具有单向导电性。

品质优良的LED要求向外辐射的光能量大,向外发出的光尽可能多,即外部效率要高。

事实上，LED 向外发光仅是内部发光的一部分，总的发光效率应为

$$\eta = \eta_i \eta_c \eta_e$$

式中，η_i 为 P、N 结区少子的注入效率；η_c 为在势垒区少子与多子复合效率；η_e 为外部出光效率。

由于 LED 材料折射率很高，$\eta_i \approx 3.6$。当芯片发出光在晶体材料与空气界面时(无环氧封装)若垂直入射，被空气反射，反射率为$(n_1-1)^2/(n_1+1)^2=0.32$，反射出的占 32%，鉴于晶体本身对光有相当一部分的吸收，于是大大降低了外部出光效率。

为了进一步提高外部出光效率 η_e，可采取以下措施。

(1) 用折射率较高的透明材料(环氧树脂 $n=1.55$ 并不理想)覆盖在芯片表面。

(2) 把芯片晶体表面加工成半球形。

4.1.2 发光二极管的结构

所谓发光二极管是指当在其整流方向施加电压(称为顺方向)时，有电流注入，电子与空穴复合，其一部分能量变换为光并发射的二极管。这种 LED 由半导体制成，属于固体元件，工作状态稳定，可靠性高，其连续通电时间(寿命)可达 10^5h 以上。

LED 的发光来源于电子与空穴发生复合时放出的能量。作为 LED 用材料，一是要求电子与空穴的数量要多；二是要求电子与空穴复合时放出的能量应与所需要的发光波长相对应，一般多采用化合物半导体单晶材料。众所周知，在半导体中，根据晶体中电子可能存在的能态有价带、导带、禁带之分。价带是参与原子间键合的电子可能存在的能带；导带是脱离原子束缚在晶体内自由运动的电子可能存在的能带；禁带是位于价带和导带之间，不存在电子的能带。来自半导体单晶的发光，是穿越这种材料固有禁带的电子与价带的空穴复合时所产生的现象。

LED 的应用领域相当广泛，红外 LED 是信息传输及信息处理的主体。对于可见光 LED 来说，如图 4.2 所示，将 LED 芯片置于导体框架上，连接引线之后，用透明树脂封装，做成显示灯；或由 7 个 LED 芯片构成典型的数字显示元件(七段数码管)等。这些 LED 显示器作为一般商品广泛用于家电产品、产业机械之中。特别是，由于最近 LED 元件显示辉度的明显提高，其应用领域正在迅速扩大，如室外广告牌、交通状况显示板、运动场显示板等。

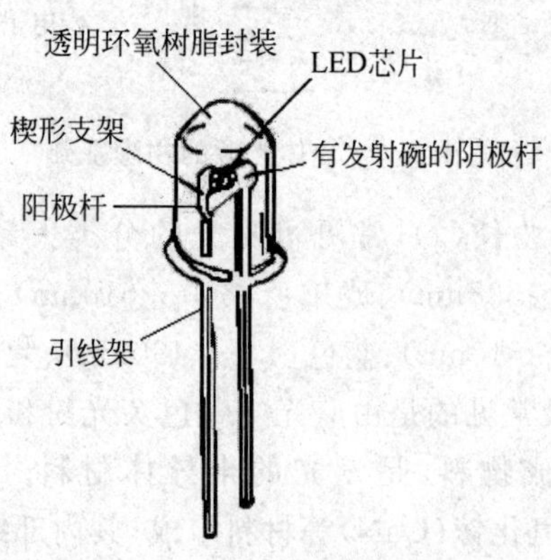

图 4.2 半导体 LED 的构造图

4.1.3　发光二极管的驱动

驱动电路是LED产品的重要组成部分，其技术成熟度正随着LED市场的扩张而逐步增强。无论在照明、背光源还是显示板领域，驱动电路技术架构的选择都应与具体的应用相匹配。

作为LCD的背光源，LED在便携产品中的地位不可动摇，即便是在大尺寸LCD的背光源中，LED也开始挑战冷阴极荧光灯（cold cathode fluorescent lamps，CCFL）的主流地位；而在照明领域，LED作为半导体照明最关键的部件，更是因为它节能、环保、长寿命、免维护等优点而受到市场的追捧。

直流驱动是最简单的驱动方式。当前很多厂家生产的LED灯类产品都采用这种驱动方式，即采用阻、容降压，然后加上一个稳压二极管，向LED供电，如图4.3(a)所示。

由于LED器件的正向特性比较陡，以及器件的分散性，使得在电压和限流电阻相同的情况下，各器件的正向电流并不相同，从而引起发光强度的差异。以白光LED为例，白光LED需要大约3.6V的供电电压才能实现合适的亮度控制。然而，大多数便携式电子产品都采用锂离子电池作电源，它们在充满电之后约为4.2V，安全放完电后约为2.8V，显然白光LED不能由电池直接驱动。如果能够对LED的正向电流直接进行恒流驱动的话，只要恒流值相同，各LED的发光强度就比较相近。考虑到晶体管的输出特性具有恒流的性质，所以可以用晶体管来驱动LED，如图4.3(b)所示。

此外，利用人眼的视觉暂留特性，采用反复通断电的方式使LED器件点燃的方法就是脉冲驱动法，如图4.3(c)所示。脉宽调制（pulse-width modulation，PWM）技术是一种传统的调光方式，它利用简单的数字脉冲，反复开关LED驱动器，系统只需要提供宽窄不同的数字式脉冲，即可简单地实现改变输出电流，从而调节LED的亮度。该技术的优点在于：能够提供高质量的白光、应用简单、效率高。但有一个致命的缺点是容易产生电磁干扰，有时甚至会产生人耳能听见的噪声。

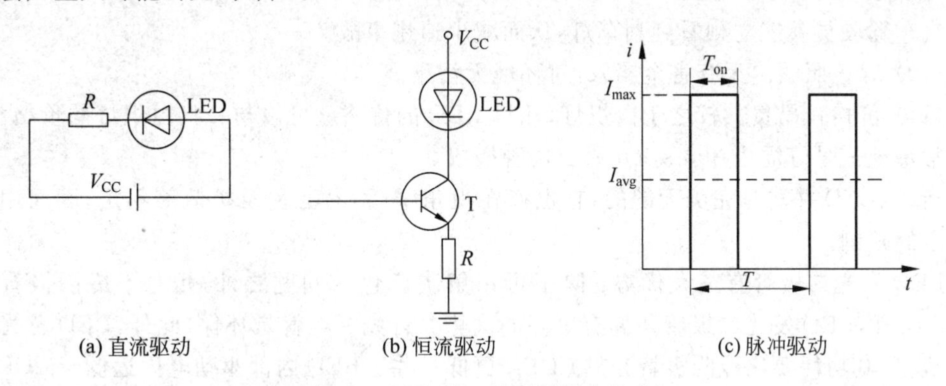

图4.3　LED的3种不同驱动方式

4.1.4　发光二极管的特点及应用

1. LED的主要特点

(1) LED为非相干光，光谱较宽，发散角大。

(2) LED的发光颜色非常丰富，比如：

- 红色　　　　　GaP:ZnO 或 GaAaP 材料
- 橙色、黄色　　GaAaP 材料
- 蓝色　　　　　GaN 材料

通过红、绿、蓝三基色的组合,可以实现全色化。改变电流可以变色,LED 通过化学修饰方法,调整材料的能带结构和带隙,实现红、黄、绿、蓝、橙多色发光。如小电流时为红色的 LED,随着电流的增加,可以依次变为橙色,黄色,最后为绿色。

(3) LED 的辉度高,即使在日光下,也能辨认。

(4) LED 的单元体积小、重量轻、适用性强。每个 LED 单元是 3~5 m 的正方形,采用 SMT 式封装的 LED 外形尺寸仅约 2mm×2mm×2mm,有的高度不足 2mm,尤其适合在小型和超薄型电子设备和装置中使用,所以可以制备成各种形状的器件,并且适合于易变的环境。

(5) 稳定性好、寿命长,基本上不需要维修。寿命长达 10 万小时,不仅远远超过家电的寿命,而且超过汽车的使用寿命,这是任何其他类型的显示设备和照明器具无法相比的。

(6) LED 是一种 PN 结二极管,属于固体器件,因此机械强度大,耐振动和耐冲击能力强。

(7) LED 使用低压电源,供电电压在 6~24V 之间,根据产品不同而异,所以它是一个比使用高压电源更安全的电源,特别适用于公共场所。

(8) 效能高。LED 消耗能量较同光效的白炽灯减少 80%,功耗低,易于实现低压驱动。白光 LED 的正向电流为 20mA(大电流白光 LED 可达 700~1000mA),正向压降为 3~4V(典型值范围为 3.5~3.8V),其他光色 LED 的正向电流大多为 10mA 左右,正向压降为 1.5~3V。LED 与基于 IC 的驱动电路有很好的兼容性。

(9) 响应时间快。白炽灯的响应时间为毫秒级,LED 灯的响应时间为纳秒级。白炽灯加电后需要 200ms 的时间才能达到设定亮度,而 LED 在通电后达到设定亮度的时间不到 1ms。若使用 LED 作为汽车中央高位刹车灯(center high manner stop lamp,CHMSL),后边的汽车驾驶员就能立刻看到刹车灯,从而减少追尾事故。

(10) 绿色照明。无有害金属汞,对环境无污染。

(11) 价格较昂贵。较之于白炽灯,几只 LED 的价格就可以与一只白炽灯的价格相当,而通常每组信号灯需由 300~500 只二极管构成。

当然,LED 并非是完美无缺的,它也存在视角窄、不易滤色及扩散等不足,因而用途受到一定的限制。

LED 发光二极管有三大优势:除了可以解决广色域问题之外,相对于冷阴极背光灯 CCFL 而言,LED 发光二极管还拥有更多的优势。首先一点就是环保,此外,LED 背光源还非常节电,其功耗要比冷阴极背光灯 CCFL 更低一些。LED 内部驱动电压远低于 CCFL,功耗和安全性均好于 CCFL。CCFL 交流电压要求相对较高,启动时达到 AC 1500~1600V,然后稳定至 AC 700~800V,而 LED 只需要在 DC 12~24V 或更低电压下就能工作。另外,虽然 CCFL 的发光效率并不比 LED 逊色,但由于 CCFL 是散射光,在发光过程中浪费了大量的光,这样一来,反而显得 LED 光的效率更高。此外,LED 背光源的使用寿命要比 CCFL 长,一般来说,不同 CCFL 的额定使用寿命(半亮)在 8000~100 000h 之间,而 LED 背光源则可以达到 CCFL 的两倍左右。当然,LED 背光源的使用寿命还受到散热管方面的影响。

2. LED 的主要应用

应用半导体 PN 结发光源原理制成 LED 问世于 20 世纪 60 年代初，1964 年首先出现红色发光二极管，之后出现黄色 LED。直到 1994 年蓝色、绿色 LED 才研制成功。1996 年由日本 Nichia 公司(日亚)成功开发出白色 LED。

2014 年度诺贝尔物理学奖授予日本名古屋大学的赤崎勇、天野浩以及美国加州大学圣巴巴拉分校的中村修二，以表彰他们在发明一种新型高效节能光源方面的贡献，即蓝色发光二极管。通过蓝色 LED 技术的应用，人类可以使用一种全新的手段产生白色光源。相比旧式的灯具，LED 灯具有更加持久且高效的优点。

红色与绿色发光二极管已经伴随人类超过半个世纪，但人们还需要蓝光的到来才能彻底革新整个照明技术领域，因为只有完整的采用红、绿、蓝三原色之后，才能产生照亮人类世界的白色光源。但尽管工业界和学界付出了巨大的努力，但产生蓝色光源的技术挑战仍然持续了超过 30 年之久。

一个发光二极管由数层半导体材料构成。在 LED 灯中，电能被直接转换为光子，这大大提升了发光的效能，因为在其他灯具技术中，电能首先是被转化为热，只有很小一部分转化成了光。白炽灯和卤钨灯一样，电流被用于加热一根灯丝，从而实现发光。在日光灯管中(此前这种灯泡曾经被称为低耗能灯泡，但随着 LED 灯技术的出现，这一名称失去了意义)，气体进行放电，在此过程中同时发热并发光。

因此，新型的 LED 灯相比旧式的灯具，实现相同发光效率所消耗的能源就要低得多。另外，LED 技术目前仍在不断被改进，其发光效率还在不断提升。最新的记录已经突破了 300lm/W，而一般的灯泡这一指标是 16lm/W，日光灯则是 70lm/W。考虑到目前全球有大约 1/4 的电力用于照明目的，高效节能的 LED 灯技术对于全球的节能工作具有重大意义。

LED 技术与手机、电脑以及所有其他基于量子现象原理的现代技术一样，源于同样的工程技术手段。一根发光二极管内包括几个分层：N 层带有多余负电荷，P 层则电子数不足，也可以将其理解为这里存在多余的带有正电的空洞或“正电穴”。在它们之间是一层活动层，当向半导体施加一个电压，就会驱动带负电的电子层与正电穴层之间的相互作用。当电子与正电穴相遇，两者就会结合并产生光线。这一过程产生光线的波长完全取决于半导体的性质。蓝光波长很短，只有某些特定材料可以产生这一波长的光线。

LED 以其固有的特点，如省电、寿命长、耐震动、响应速度快、冷光源等特点，广泛应用于指示灯、信号灯、显示屏、景观照明等领域，在日常生活中处处可见，家用电器、电话机、仪表板照明、汽车防雾灯、交通信号灯等。但由于其亮度差、价格昂贵等条件的限制，无法作为通用光源推广应用。据国际权威机构预测，21 世纪将进入以 LED 为代表的新型照明光源时代，被称为第四代新光源。

LED 显示屏是 20 世纪 80 年代后期在全球迅速发展起来的新型信息显示媒体，早期开发的普通型 LED，中、低亮度的红、橙、黄、绿 LED 已获广泛使用。近期开发的新型 LED，主要指蓝光 LED 和高亮度、超高亮度 LED。利用新型 LED 构成的点阵模块或像素单元组成的显示大屏使用寿命长、环境适应能力强、价性比高、使用成本低，在短短的十来年中迅速成长为平板显示的主流产品，在信息显示领域得到了广泛的应用。

随着技术的不断发展和完善，LED 应用市场在不断扩大。主要应用在以下几个方面。

(1) 指示灯。LED 正在成为指示灯的主要光源。

(2) 数字显示用显示器。点矩阵型和字段型两种方式。

(3) 平面显示器。可进行电视画面显示。

(4) 光源。电视机、空调等的遥控器的光源，干涉仪的光源，低速率、短距离光纤通信系统的光源。

此外还广泛应用于景观照明、手机键盘及相机闪光灯、室内装饰、汽车应用、交通指示灯等多个领域。

在我国 LED 照明最近几年发展很快，产品品种的类型和规模现在都处于国际先进行列，LED 显示屏出口额也在不断增加，未来中国将成为全球重要的 LED 显示屏生产基地。2014 年，统计全国的 LED 产业的整体规模大概是 3500 亿，这比 2013 年增长了大概 36%。从产品构成来看，目前 LED 显示的销售 80%集中在大屏幕显示，20%是一些跟显示相关的产品和 LED 照明的产业，而户外显示屏的比重和户内显示屏的比重大致相当。

4.2 发光二极管显示设备

4.2.1 LED 显示设备的显示原理

LED 显示屏是通过一定的控制方式，用于显示文字、文本、图像、图形和行情等各种信息以及电视、录像信号，并由 LED 器件阵列组成的显示屏幕。

LED 显示屏按使用环境分为室内屏和室外屏，室内屏基本发光点按采用的 LED 单点直径有 ϕ3mm、ϕ3.75mm、ϕ5mm、ϕ8mm 和 ϕ10mm 等几种规格，室外屏按采用的像素直径有 ϕ19mm、ϕ22mm、ϕ26mm 等规格。

LED 显示屏按显色分为单色屏和彩色屏(含伪色彩屏，即在不同的区域安装不同颜色)；按灰度级又可分为 16、32、64、128、256 级灰度屏等。LED 显示屏按显示性能分为文本屏、图文屏、计算机视频屏、电视视频 LED 显示屏和行情 LED 显示屏等，行情 LED 显示屏一般包括证券、利率、期货等用途的 LED 显示屏。

典型的 LED 显示系统一般由信号控制单元、扫描控制单元和驱动单元以及 LED 阵列组成，如图 4.4 所示。信号控制单元可以单片机系统、独立的微机系统、传呼接收与控制系统等。其任务是生成或接收 LED 显示所需要的数字信号，并控制整个 LED 显示系统的各个不同部件按一定的分工和时序协调工作。扫描控制单元主要由译码器组成，用于循环选通 LED 阵列。驱动单元多分为三极管阵列，给 LED 提供大电流。待显示数据就绪后，信号控制单元首先将第一行数据传到扫描控制单元的移位寄存器并锁存，然后由行扫描电路选通 LED 阵列的第一行，持续一定时间后，再用同样方法显示后续行，直至完成一帧显示，如此循环往复。根据人眼视觉暂留时间，屏幕刷新速率 25F/s 以上就没有闪烁感。当 LED 显示屏面积很大时为了提高视觉效果，可以分区并行显示。在高速动态显示时，LED 的发光亮度与扫描周期内的发光时间成正比，所以，通过调制 LED 的发光时间与扫描周期的比值(占空比)可实现灰度显示，不同基色 LED 灰度组合后便调配出多种色彩。

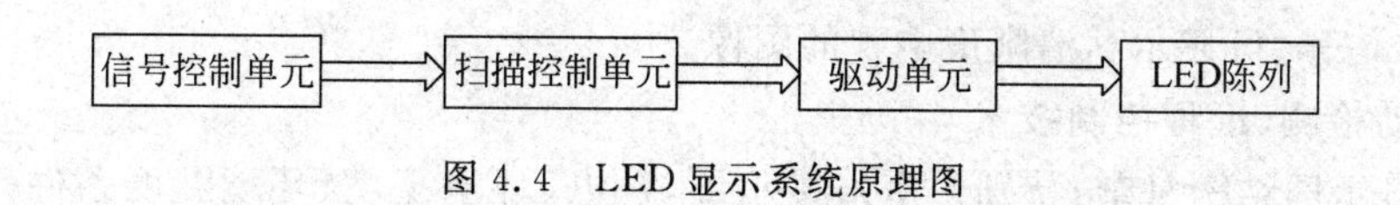

图 4.4 LED 显示系统原理图

4.2.2 LED 显示设备的扫描驱动电路

LED 显示设备扫描驱动电路实现对显示屏所要显示的信息内容的接收、转换及处理功能。一般地说，该电路部分包括了输入接口电路、信号的控制、转换和数字化处理电路、输出接口电路等，涉及的具体技术很多，在此简要介绍。

1. 串行传输与并行传输

LED 显示屏上数据的传输方式主要有串行和并行两种，目前广为采用的是串行控制技术。在这种控制方式下的显示屏每一个单元内部的不同驱动电路、各级联单元之间每个时钟仅传送一位(具体实现时每种颜色各一位)数据。采用这种方式，可采用的驱动 IC 种类较多，不同显示单元之间的连线较少，可减少显示单元上的数据传输驱动元件，从而提高整个系统的可靠性和工程实现的容易度。

2. 动态扫描与静态锁存

信息的刷新原理有动态扫描技术和静态锁存技术，一般室内显示屏多采用动态扫描技术，若干行发光二极管共用一行驱动寄存器，根据发光二极管像素数目，具体有 1/4、1/16 扫描等。室外显示屏基本上采用的是静态锁存技术，即每一个发光二极管都对应有一个驱动寄存器。相对于扫描而言，静态驱动方式控制简单，静态锁存控制的驱动寄存器无须频繁动作，但是驱动电路复杂。

3. γ 校正技术

所谓 γ 校正(gamma correction)就是对色度曲线的选择，色度曲线的不同对图像颜色、亮度、对比及色度有极大影响。在不同情况下适度调整色度曲线可以达到最佳质量画面。γ 校正一般有模拟校正和数字校正两种处理方法。目前有些厂家在全彩屏的每一控制板内都嵌入了 γ 校正功能，可以灵活选择所要的色度，其曲线数值在控制板上存储，且对红、绿、蓝每色的曲线数值分别单独存储。

4. 输入接口技术

目前显示屏在信号输入接口上可以满足全数字化信号输入、模拟信号输入、全数字化信号和模拟信号二者兼容的输入以及高清晰度电视(HDTV)信号输入等多种方式。全数字化信号输入方式接收外部全数字化输入信号，在使用多媒体卡的显示屏系统中，控制系统的输入接口即为全数字化信号输入方式。多媒体卡将视频模拟信号及计算机自身的信号转换成符合控制系统输入要求的数字信号，这种形式显示计算机信息时效果很好。在显示视频图像时，如果由于计算机本身及软件的性能不好，容易出现图像模糊及马赛克等现象。模拟信号输入方式只能接收外部模拟输入信号，这种输入方式的显示屏增加了模数转换电路，将视频信号或来自计算机显卡的模拟信号转换为全数字信号后进行处理。在显示视频图像时效果很好，但显示计算机信息有时会出现局部拖尾。将全数字化信号和模拟信号二者兼容的输入方式是输入方式的有机结合，在显示视频图像和计算机信息时均能达到理想的显示效果。在此基础上，增加部分转换电路，将高清晰度电视信号还原成红、绿、蓝三基色数字信号及外同步信号，可显示高清晰度电视的图像。

5. 自动检测、远程控制技术

LED显示屏结构复杂，特别是室外显示屏，供电、环境亮度、环境温度条件等对显示屏的正常运行都有直接影响，在LED显示屏的控制系统中可根据需要对温度、亮度、电源等进行自动检测控制。也可根据需要远程实现对显示屏的亮度调节、色度调节、图像水平和垂直位置的调节、工作方式的转换等。以下介绍几种控制模式。

(1) 单片机控制。单片机控制是LED显示屏控制中一种简单方式。当显示信息固化在ROM里或来自传感器，由单片机读取并控制LED显示，多用于简单固定文字或监控数据显示的条形屏等。这种控制方式简单、灵活、成本低，但是内容和显示方式的编辑、更改较麻烦，使用不方便。

(2) 微机控制。微机控制LED显示屏一般都需要专用的接口电路，如LED专用显示卡、LED专用多媒体卡等，此类控制中较多的是VGA同步技术。LED显示屏的VGA同步控制技术是指LED显示屏能够实现跟踪微机CRT窗口上的显示信息，使LED显示屏成为微机的大型显示终端。一般是对显示卡的RGB信号输出进行采样或直接从VGA卡的特征插头上取得RGB的数字信号，处理后用于驱动LED显示屏电路。这种控制方式充分发挥了微机软件的强大功能，而且具有较强的编辑功能，内容和显示方式的更改、增删方法简单，便于显示数据的保存、管理和打印输出；但是成本较高，每个显示屏都要附带微机系统，对于一些室外、远距离、分散的应用场合，工程施工和日常维护都有诸多不便。

(3) 主从控制。采用微机(上位机)和单片机(下位机)分布管理和控制的LED显示。上位机负责显示数据处理与显示任务分配，有时还要与其他系统进行通信；下位机作为控制器件，接收并执行来自上位机的任务，指挥控制LED显示屏上各部件协调工作。上位机与下位机一般通过RS-232或RS-422通信，一台上位机可以管理、控制多个下位机同时显示。

(4) 红外遥控。在LED显示屏控制板(一般为单片机系统)前端加入红外遥控接收器编解码电路，解码电路先将红外接收探头解调后分离出的16位PCM串行码值进行校验，提取有效的8位数据码值，提供给控制板驱动LED显示屏。采用红外遥控可以实现开关屏幕及文字编辑，无须专用计算机或其他外设配置，遥控距离可达十几米。这种控制方式常与其他方式结合使用。

(5) 通信传输和网络控制。根据对信息传输显示的实时性，LED显示屏的传输控制有通信传输和视频传输。通信传输采用标准的RS-232或RS-485计算机数据串行通信方式，通过串口按一定的通信协议接收来自计算机串口或其他设备串口的信号，经过处理后按一定的规律传送到显示屏上显示。这种控制方式的显示屏的功能比较单一，适用于简单文字、图形显示，主要是单色及双基色显示屏控制使用，一般情况下直接传输距离可达千米。视频传输方式则是把LED显示屏与多媒体技术结合起来，实现了在LED显示屏上实时显示计算机监视器上的内容，也可播放录像及电视节目，一般用于播放实时信息的显示屏都采用视频控制方式，具体传输是采用成对的专用长线传输接口电路。另外，随着计算机网络技术的发展，LED显示屏在网络环境下的使用情况越来越多，在多媒体、多种显示设备组成的信息显示系统中，采用智能化网络控制，联网控制多屏技术也在实际中得到应用。

(6) GPRS/GSM无线控制。利用遍布全国的GPRS/GSM基站，通过GPRS/接收模块远程接收信号并通过单片机处理对各类远端显示屏实施控制。此类技术在城市群显、银行IC卡收费、系统挂失、卡号广播、机动车辆防盗定位报警等方便已有应用。

4.2.3　LED显示设备的技术指标

1. 室内屏系列

室内屏面积一般在十几平方米以下，点密度较高，在非阳光直射或灯光照明环境下使用，观看距离在几米以外，屏体不具备密封防水能力。根据控制方式和显示颜色，又可分为以下几种。

1）室内全彩色视频屏的特点

(1) 采用独立研发的逐点矫正技术，保证点与点之间均匀一致。

(2) 显示面板的发光点采用柱状平头的发光二极管，经测试，纵向、横向全视角均可达到150°。

(3) 构成灯板的反射罩经开模制作，与发光点无缝吻合，成品可做到表面高度误差极小。

(4) 采用发光二极管，发光亮度为发光晶片亮度的6～8倍。

(5) 发光二极管的热量主要从金属引脚散失，决定了显示面板具有良好的散热性能。

(6) 不良发光二极管可逐个更换，不影响其他发光二极管的使用，降低维护成本。

(7) 采用最新技术的视频控制系统，显示颜色艳丽清晰。

室内全彩色视频屏主要技术参数如下：

参数		
• 基色	RGB(全彩色)	
• 像素直径(mm)	5.00	8.00
• 像素间距(mm)	7.62	10.00
• 像素组成	1R1G1B	2R1G1B虚拟像素
• 单元面板点数(点)	32×32	32×16
• 单元面板尺寸(mm)	245×245	320×160
• 单元面板质量(g)	1100	850
• 物理像素密度(点/m^2)	17200	10000
• 虚拟像素密度(点/m^2)	16384	40000
• 峰值功耗(W/m^2)	850	750
• 平均功耗(W/m^2)	350	320
• 重量(kg/m^2)	＜36	＜36
• 水平可视角度	150°；垂直可视角度	150°
• 最高亮度(cd/m^2)	1700	800

2）室内双基色视频屏的特点

(1) 显示模块采用大厂产品，整屏亮度和发光一致性好。

(2) 系统稳定成熟，安装简单无须调试，故障率极低。

(3) 采用最新技术水平的视频控制系统，显示颜色艳丽清晰。

室内双基色视频屏主要技术参数如下：

• 基色　　RG(红、绿双基色)

- 像素直径(mm)　3.75　5.00
- 像素间距(mm)　4.75　7.62
- 像素组成　1R1G　1R1G
- 单元面板点数　64×32(或80×32)　80×32
- 单元面板尺寸(mm)　306×153(或382×153)　612×245
- 单元面板质量(g)　800　500
- 像素密度(点/m²)　43 000　17 200
- 峰值功耗(W/m²)　700　350
- 平均功耗(W/m²)　300　200
- 可视角度　150°
- 通信距离(m)　100(无中继)

3) 室内单色屏的特点

(1) 显示模块采用大厂产品,整屏亮度和发光一致性好。

(2) 系统稳定成熟,安装简单无须调试,故障率极低。

(3) 根据不同使用要求,可采用同步或异步方式。

室内单色屏主要技术参数如下:

- 基色　单色
- 像素直径(mm)　3.0　3.75　5.00
- 像素间距(mm)　4.0　4.75　7.62
- 像素组成　1R　1R　1R
- 单元面板点数　64×32　64×32　80×32
- 单元面板尺寸(mm)　306×153　612×245
- 单元面板质量(g)　700　900　1500
- 像素密度(点/m²)　62 500　43 000　17 200
- 峰值功耗(W/m²)　500　350　200
- 平均功耗(W/m²)　350　200　100
- 可视角度　150°
- 通信距离(m)　100(无中继)

2. 半室外屏系列

半室外屏一般使用发光单灯组成发光点,适用于亮度较高又可以防水的环境,如房檐下、橱窗内、光线强烈的大厅等。点间距一般在7.62～10mm;发光颜色一般为单红色或红/绿双基色;控制方式根据使用要求有异步、同步图文、视频等。

半室外屏主要技术参数如下:

- 基色　单色/双基色
- 像素直径(mm)　5.00　5.00
- 像素间距(mm)　7.62　10.00
- 像素组成　1R　1R
- 单元面板点数　80×32　32×16
- 单元面板尺寸(mm)　612×245　320×160

- 单元面板质量(g)　　1700　　1000
- 像素密度(点/m²)　　17 200　　10 000
- 峰值功耗(W/m²)　　400　　300
- 平均功耗(W/m²)　　250　　200
- 水平可视角度　　60°～70°；垂直可视角度　　45°～60°
- 最高亮度(cd/m²)　　3000　　1800

3. 室外屏系列

室外屏面积一般在10m² 以上,亮度较高,可以在阳光直射环境使用,观看距离一般在十几米以外,屏体具备密封防水能力。根据控制方式和显示颜色,又可分为以下几种。

1）室外全彩色视频屏的特点

(1) 显示面板的发光点采用纯色超高亮度的发光二极管,显示效果真实自然。

(2) 灯板为箱体结构,安装方便,外观平整。

(3) 采用最新技术水平的视频控制系统,显示颜色艳丽清晰。

室外全彩色视频屏主要技术参数如下：

- 基色　　RGB(全彩色)
- 像素直径(mm)　　15.00　　18.00
- 像素间距(mm)　　20　　25
- 像素组成　　2R1G1B　　2R1G1B
- 单元面板点数　　32×16　　32×16
- 单元面板尺寸(mm)　　640×320　　800×400
- 单元面板质量(g)　　1500　　1000
- 像素密度(点/m²)　　2500　　1600
- 峰值功耗(W/m²)　　1000　　800
- 平均功耗(W/m²)　　380　　350
- 重量(kg/m²)　　＜42　　＜40
- 水平可视角度　　70°；垂直可视角度　　45°
- 最高亮度(cd/m²)　　7000　　800

2）室外双基色视频屏的特点

(1) 灯板为箱体结构,安装方便,外观平整。

(2) 采用最新技术水平的视频控制系统,显示颜色艳丽清晰。

室外双基色视频屏主要技术参数如下：

- 基色　　RG(双基色)
- 像素间距(mm)　　11.5　　16.0　　22.0
- 像素组成　　2R1G　　2R1G　　2R4G
- 单元面板点数　　32×16　　32×16　　32×16
- 单元面板尺寸(mm)　　368×184　　512×256　　704×352
- 单元面板质量(g)　　1000　　1500　　2300
- 像素密度(点/m²)　　7600　　4096　　2048
- 峰值功耗(W/m²)　　800　　600　　500

- 平均功耗(W/m^2)　　300　　250　　150
- 可视角度　　70°
- 通讯距离(m)　　100(无中继)

4.3 有机发光二极管显示技术

4.3.1 有机发光二极管显示简介

有机发光二极管或有机发光显示器(organic light emitting diode,OLED)本质上属于电致发光(EL)显示设备。电致发光是在半导体、荧光粉为主体的材料上施加电而发光的一种现象。电致发光可分为本征型电致发光和电荷注入型电致发光两大类。本征型电致发光是把 ZnS 等类型的荧光粉混入纤维素之类的电介质中,直接或间接地夹在两电极之间,施加电压后使之发光;注入型电致发光的典型器件是发光二极管,在外加电场作用下使 PN 结产生电荷注入而发光。7.3 节将详细讲述本征型电致发光显示设备。

有机发光二极管是基于有机材料的一种电流型半导体发光器件,是自 20 世纪中期发展起来的一种新型显示器技术,其原理是通过正负载流子注入有机半导体薄膜后复合产生发光。与液晶显示设备相比,OLED 具有全固态、主动发光、高亮度、高对比度、超薄、低成本、低功耗、快速响应、宽视角、工作温度范围宽、易于柔性显示等诸多优点。

OLED 器件的结构如图 4.5 所示,在纳米铟锡金属氧化物(indium tin oxides,ITO)玻璃上制作一层几十纳米厚的有机发光材料作发光层,发光层上方有一层金属电极。OLED 属于载流子双注入型发光器件,其发光机理为:在外界电压的驱动下,由电极注入的电子与空穴在有机材料中复合而释放出能量,并将能量传递给有机发光物质的分子,后者受到激发,从基态跃迁到激发态,当受激分子从激发态回到基态时辐射跃迁而产生发光现象。为增强电子和空穴的注入和传输能力,通常又在 ITO 和发光层间增加一层有机空穴传输材料或在发光层与金属电极之间增加一层电子传输层,以提高发光效率。发光过程通常由以下 5 个阶段完成。

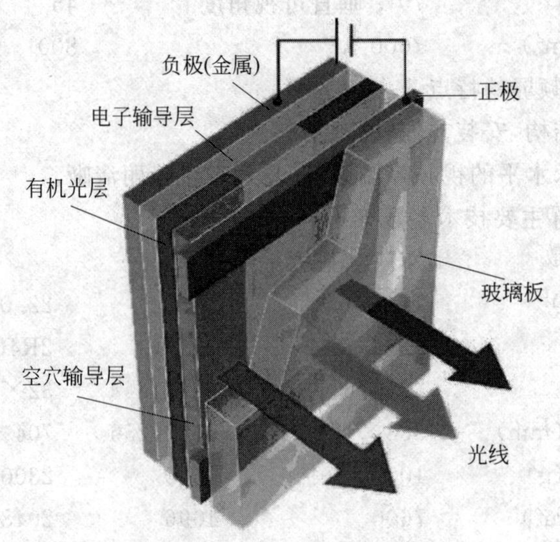

图 4.5　OLED 器件的结构

(1) 在外加电场的作用下载流子的注入。电子和空穴分别从阴极和阳极向夹在电极之间的有机功能薄膜注入。

(2) 载流子的迁移。注入的电子和空穴分别从电子输送层和空穴输送层向发光层迁移。

(3) 载流子的复合。电子和空穴复合产生激子。

(4) 激子的迁移。激子在电场作用下迁移,能量传递给发光分子,并激发电子从基态跃迁到激发态。

(5) 电致发光。激发态能量通过辐射跃迁产生光子,释放出能量。

为了形象说明OLED的构造,可以做个简单的比喻:每个OLED单元就好比一块汉堡,发光材料就是夹在中间的蔬菜。每个OLED的显示单元都能受控制地产生3种不同颜色的光。OLED与LCD一样,也有主动式和被动式之分,被动方式下由行列地址选中的单元被点亮。主动方式下,OLED单元后有一个薄膜晶体管(TFT),发光单元在TFT驱动下点亮;主动式的OLED比较省电,但被动式的OLED显示性能更佳。与LCD比较,会发现OLED优点不少,OLED可以自身发光,而LCD则不发光,所以OLED比LCD亮得多,对比度大,色彩效果好;OLED也没有视角范围的限制,视角一般可达到160°,这样从侧面也不会失真;LCD需要背景灯光点亮,OLED只需要点亮的单元才加电,并且电压较低,所以更加省电;OLED的重量还比LCD轻得多;OLED所需材料很少,制造工艺简单,大量生产时的成本要比LCD节省20%。不过现在OLED最主要的缺点是寿命比LCD短,目前只能达到5000h,而LCD可达10 000h。

4.3.2　有机发光显示设备的分类及特点

按照组件所使用的载流子传输层和发光层有机薄膜材料的不同,OLED可分为两种不同的技术类型:一种是以有机染料和颜料等为发光材料的小分子基OLED,典型的小分子发光材料为Alq(8-羟基喹啉铝);另一种是以共轭高分子为发光材料的高分子基OLED,简称为PLED,典型的高分子发光材料为PPV(聚苯撑乙烯及其衍生物)。

有机小分子OLED的原理是:从阴极注入电子,从阳极注入空穴,被注入的电子和空穴在有机层内传输。第一层的作用是传输空穴和阻挡电子,使得没有与空穴复合的电子不能进入正电极;第二层是电致发光层,被注入的电子和空穴在有机层内传输,并在发光层内复合,从而激发发光层中的分子产生单重态激子,单重态激子辐射跃迁而发光。对于聚合物电致发光过程则解释为:在电场的作用下,将空穴和电子分别注入共轭高分子的最高占有轨道(HOMO)和最低空轨道(LUMO),于是就会产生正、负极子,极子在聚合物链段上转移,最后复合形成单重态激子,单重态激子辐射跃迁而发光。

高分子聚合物OLED可以使用旋转涂覆、光照蚀刻,以及最终的喷墨沉积技术来制造。一旦喷墨沉积和塑料衬底技术得以成熟,PLED显示设备将可以被任意定制来满足各种尺寸的需求。

小分子聚合物OLED器件可以使用真空蒸镀技术制造。小的有机分子被装在ITO玻璃衬底上的若干层内。与基于PLED技术的器件相比,SMOLED不仅制造工艺成本更低,可以提供全部262 000种颜色的显示能力,而且有很长的工作寿命。小分子聚合物OLED器件与聚合物相比,小分子具有两方面的突出优点:一是分子结构确定,易于合成和纯化;

二是小分子化合物大多采用真空蒸镀成膜，易于形成致密而纯净的薄膜。小分子材料可以通过重结晶、色谱柱分离、分区升华等传统手段来进行提纯操作，从而得到高纯的材料。

相比之下，聚合物则无法蒸镀，多采用湿法制膜，如旋转涂覆、喷墨打印技术、丝网印刷等制膜技术。这些技术相对于真空蒸镀而言，工艺简单、设备低廉，从而在批量生产中有成本优势。但这种湿法制膜技术在制备多层膜结构时，由于溶剂的使用经常会导致前一层膜的损坏，因此小分子化合物在制备多层膜复杂结构时有显而易见的优点，这些优点在制备点阵和多色电致发光器件中表现得更为明显。聚合物的优点是：分子量大，材料稳定性好，理论上讲有利于延长期间的使用寿命；另外，聚合物材料的柔韧性好，有望在软屏显示中得到使用。

总体来说，小分子材料器件的工艺较为成熟，有望近期进入产业化阶段，但是小分子材料的开发仍在继续，随着材料和工艺两方面的进步，小分子材料的器件性能会进一步提高；而聚合物作为很有前途的一个研究方向，相信在不久的将来会进入产业化的阶段，并且给有机电致发光的发展带来强有力地推进。

OLED是自发光器件，它的自发光的特点使得其在黑暗环境下有极好的视角和显示特性。由于每个像素自已都会发光，OLED不会有任何通过在包含"暗点"像素区域的偏光器而形成的对比度降低漏光现象。OLED典型的对比度大于1000：1，在这个对比度下的视角接近±90°。由于无须背光，相当厚的背光部件就不需要了，这使得OLED的机械厚度比LCD要薄。相比较而言，当从垂直显示平面的角度进行测量时，TFT-LCD的典型对比度大约是500：1。由于LCD依赖偏光器的方向来影响视角，所以当观看角度远离垂直角度时对比度下降得特别快。TFT-LCD的视角是在对比度超过10：1的情况下定义的，这个角度通常从垂直到大约60°。

OLED显示设备的自发光特性在某些情况下会成为不利因素。因为OLED不会像LCD那样控制反射光，所以在直接的日光照射下会变得更模糊。目前正在应用的全彩色OLED技术可以使它的峰值亮度达到大约150cd/m^2。当OLED用在没有遮挡的日光直接照射下时，耀眼的日光使即使是最亮的显示都无法识别。

LCD的响应时间与温度相关，当温度降低到0℃以下时，它的响应速度会变得相当慢。而OLED的响应时间几乎不受温度的影响，当温度低至零下20℃时，仍然能够具有10ns以下的响应时间。OLED也不会像LCD那样在高温时失去显示能力，一旦LCD达到一定的温度，LCD的流动性就不再保持高度有序的结构，也就失去了阻光的能力。

简单来说，可用于电致发光的有机材料应该具有以下特性。

(1) 在可见光区域内具有较高的荧光量子效率或良好的半导体特性，即能有效的传导电子和空穴。

(2) 高质量的成膜特性。

(3) 良好的稳定性(包括热、光和电)和机械加工性能。

4.3.2 有机发光二极管前沿显示技术

有机发光二极管显示技术在显示领域具有光明的应用前景，被看作极富竞争力的未来平板显示技术。十几年来，有机电致发光的研究得到了飞速的发展，如今，无论以有机小分子还是以聚合物为发光材料的电致发光器件，现在都已经达到初步的产业化水平。产业化的发展对 OLED 技术不断提出新要求，OLED 前沿显示技术发展很快。

从发光材料和器件结构考虑，OLED 最新显示技术主要包括白光 OLED、透明 OLED、表面发射 OLED、多分子发射 OLED 等；从器件的制备技术角度出发，除了常规真空蒸镀和旋涂制备技术之外，在 OLED 丝网印刷制备技术、喷墨打印技术上也不断出现新的突破；从应用领域角度考虑，基于柔性 OLED、微显示 OLED 技术的相关研究也开始成为研究的热点。下面做简要讲述。

1. 白光 OLED 技术

从发光光谱来看，白光 OLED 技术可以分为双色白光器件和三色白光器件两类；从器件结构上看，可分为单发光层白光器件和多发光层发光器件两大类；从使用的电致发光材料来看，可分为小分子白光器件和聚合物白光器件两大类；从发光的性质来看，可分为荧光器件和磷光器件两大类。

高性能的蓝光器件是高性能白光器件的基础。根据光学原理，互补的蓝色与橙色复合就能得到白光。双色白光器件的优点是结构简单，发光光谱稳定，器件寿命长；但主要问题是在红、绿色发光较弱，若用于显示器则会带来色域狭小的问题，用于照明则在显色指数(CRI)方面达不到要求。具有红、绿、蓝发光峰的三色白光器件可以很好地解决上述问题，但三色白光器件结构复杂，载流子复合发光区域的控制很难，器件发光光谱随电压、时间变化都较大，寿命也不如双色白光器件，是白光研究中的难点。

为了提高全彩色器件的效率，研究人员提出了新的彩色方案。即每个像素点由红、绿、蓝、白 4 个像素构成，减少了滤色膜造成的光损失，器件效率提高了近一倍。

2. 透明 OLED 技术

经典的 OLED 器件都采用透明导电的 ITO 作为阳极，不透明的金属层作为阴极。而 OLED 中采用的发光材料在可见光区域都有很高的透过率，因此只要采用透明的阴极就可以实现透明的 OLED 器件。

透明的 OLED 器件结构的引入，拓展了 OLED 器件的应用范围。透明 OLED 可以用在镜片、车窗上，在通电后发光，而不通电时透明，充分显示出 OLED 技术的艺术性与实用性。

3. 叠层 OLED 器件和多光子发射 OLED

透明的 OLED 器件结构的引入，使得人们可以设计叠层 OLED 器件，在同一位置制备红、绿、蓝三色器件，这为高分辨率的全色彩 OLED 面板提供了可能，一种叠层式结构的 OLED 器件如图 4.6 所示。

在此基础上，日本的城户教授提出了多光子发射 OLED。即将多个透明的 OLED 通过电荷生成层(CGL)串联起来，各器件不能独立控制。多光子发射 OLED 的最大优点是可以在低电流下得到高亮度的发光，从而提高器件的寿命，而该技术的关键是透明的“电荷生成层”的设计。多光子发射 OLED 在照明和大面积 OLED 电视方面有望得到应用。

4. 表面发射 OLED 技术

表面发射 OLED 器件结构，即从与底板相反的方向获取发光，是一项令人注目的、可提高 OLED 面板亮度的技术。在 TFT 阵列驱动的 OLED 器件中，若采用常规的器件结构，OLED 面板发光层的光只能从驱动该面板的 TFT 主板上设置的开口部射出。特别是对于需要实现高分辨率的便携显示设备而言，透出面板外的发光仅有发光层发光的 10%～

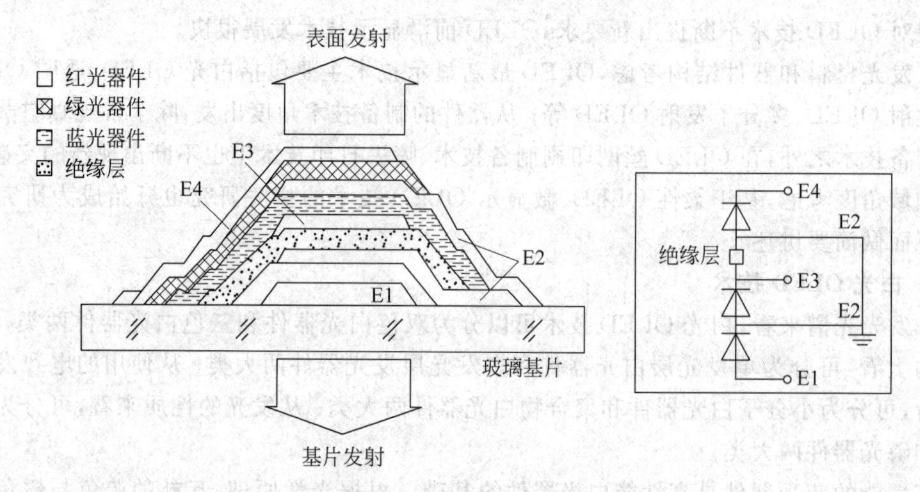

图 4.6 叠层式 OLED 器件结构图

30%，大部分发光都浪费了。如采用表面发射结构，从透明的器件便可获取发光，则能大幅度提高开口率。通常的表面发射 OLED 器件中，都必须采用透明导电材料 ITO 降低阴极的电阻，而 Hung 等发明了一种新的透明阴极结构：Li(0.3nm)/Al(0.2nm)/Ag(20nm)/折射率匹配层。Li(0.3nm)/Al(0.2nm)层能实现很好的电子注入功能，Ag 层起到降低电阻的作用，折射率匹配层通过材料和厚度的匹配，可以使得阴极透光率超过 75%。折射率匹配层材料的选择范围很广，甚至可以是真空蒸镀的有机材料，不必再采用溅射工艺制备 ITO 层，使得透明阴极的制备工艺更加简单。

用倒置结构也能实现表面发射 OLED 器件。Bulovic 等人发明的倒置结构为 Si/Mg：Ag/Alq/TPD/PTCDA/ITO。PTCDA 起到空穴注入层的作用，同时能够保护其他不受溅射时辉光的损坏，但器件性能与经典结构的 OLED 器件相比仍有较大的差距。

5. 喷墨打印制备 OLED

聚合物 OLED 器件的制备中，聚合物薄膜制备通常采用旋涂。旋涂的优点是能实现大面积均匀成膜，但缺点是无法控制成膜区域，因此只能制备单色器件，另外旋涂对聚合物溶液的利用率也很低，仅有 1%的溶液沉积于基片上，99%的溶液都被在旋涂过程中浪费了。而采用喷墨打印技术，不仅可以制备彩色器件，而且对溶液的利用率也提高到 98%。这项技术发明的时间并不长，但发展很快。

喷墨打印制备彩色器件示意图如图 4.7 所示。Hebner 等在喷墨打印制备 OLED 器件方面做出了开创性的工作，他们采用普通的喷墨打印机在导电层 ITO 之间喷上聚合物发光层，再蒸镀阴极材料。由于喷墨头喷出的墨点难以形成均匀、连续的膜，器件制备成功率很低，与相同材料采用旋涂工艺成膜制备的器件相比，驱动电压升高，效率低两倍以上。Yang Yang 发明了混合-喷墨打印技术，把旋涂和喷墨打印结合起来，制备多层器件，利用旋涂生成的均匀膜做成缓冲层，减小了针孔等缺陷的影响。

喷墨打印也对打印技术提出了挑战，如喷嘴能喷出更加精细的墨点，喷出墨点能够精确定位，保证墨点的重复性等。在提高喷墨打印机精度的同时，采用 PI 隔离柱进行限位，结合适当的表面处理工艺，使得“墨水”对基片和隔离柱之间表面能有很大差异，实现定位，也能提高喷墨打印的精度。虽然喷墨的绘制精度本身在数微米到数十微米，但高精度制备的亲

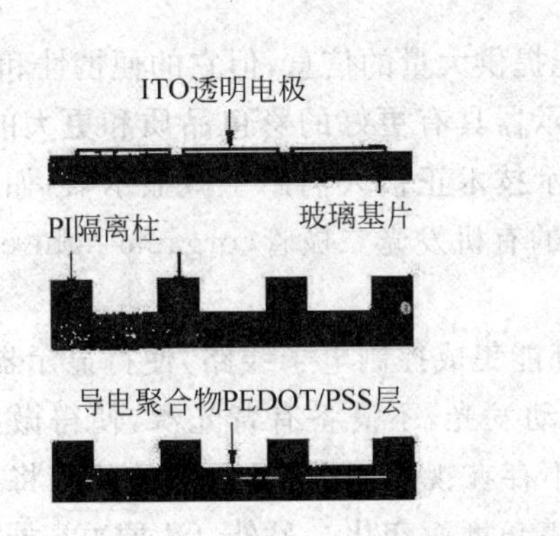

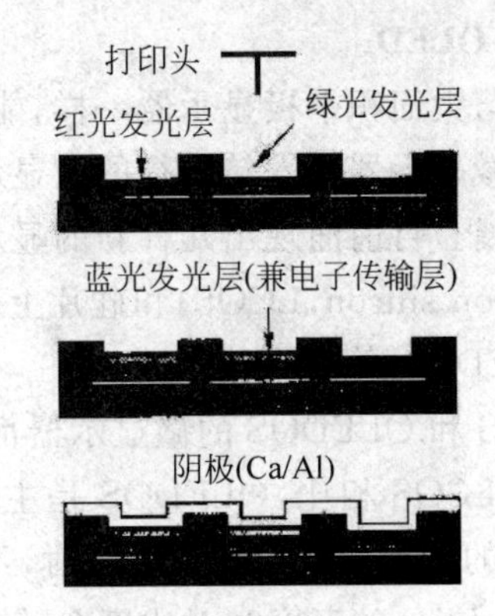

图 4.7 喷墨打印制备彩色器件示意图

水性与疏水性的图形有效地控制了附着有“墨滴”的区域，大大提高了布线精度。

喷墨打印技术被认为是最适合制备大面积 OLED 显示面板的技术，各大公司都纷纷研发喷墨打印制备 OLED 的技术。EPSON 公司利用喷墨打印技术，研制出 40 英寸的 OLED 电视，显示出喷墨打印技术的巨大潜力。喷墨打印还能与 TFT 集成电路制备结合起来，H. Sirringhaus 等人用喷墨打印技术制备了沟道仅为 5μm 的全聚合物 FET。最近，精工爱普生公司利用喷墨技术成功地开发出了新型超微布线技术，利用这种技术可以绘出线宽及线距均为 500nm 的金属布线，充分展现这一技术的发展潜力。如果上述技术进一步发展，半导体元件的生产设备有可能大幅度缩小体积并节约能源，批量生产也有可能实现。

6. 柔性 OLED

作为全固化的显示设备，OLED 的最大优越性在于能够实现柔性显示设备，如与塑料晶体管技术相结合，可以制成人们梦寐以求的电子报刊、墙纸电视、可穿戴的显示器等产品，淋漓尽致地展现出半导体技术的魅力。

柔性 OLED 器件与普通 OLED 器件的不同在于与基片的不同，但对于软屏器件而言，基片是影响其寿命和效率的主要原因。软屏采用的塑料基片与玻璃基片相比，有以下缺点。

(1) 塑料基片的平整性通常比玻璃基片要差，基片表面的突起会给膜层结构带来缺陷，引起器件的损坏。

(2) 塑料基片的水、氧透过率远远高于玻璃基片，而水、氧是造成器件迅速老化的主要原因。

由于塑料基片的玻璃化温度较低，只能采用低温沉积的 ITO 导电膜。而低温 ITO 性能与高温退火处理的 ITO 性能差别很大，电阻率较高，透明度较差，最为严重的是低温 ITO 与 PET 基片之间附着力不好，普通的环氧胶可能造成(玻璃基片器件通常采用环氧胶粘贴封装壳层)ITO 剥落；塑料基片中常用 PET 基片与 ITO 热膨胀系数相反的特性，在温度升高时，PET 基片收缩，而 ITO 导电膜膨胀，导致 ITO 的剥落。电流较大时，器件工作产生的焦耳热就可能导致 ITO 导电层剥落。

为此，人们对塑料基片进行了改进，改善塑料基片的表面平整度，增加其水氧阻隔性能。聚合物交替多层膜(polymer multi layer，PML)技术被认为是行之有效的一项改进技术，并被用于制备软屏 OLED 器件的基片。

7. 微显示 OLED

微显示器与大面积平板显示器一样，能提供大量的信息，但它的便携性和方便性却大为提高。新兴的微显示器技术较现行的微显示器具有更好的彩色品质和更大的视角，应用领域正在不断扩展。目前涌现出几种新的显示技术正被人们用于微显示器，如硅片上的液晶(liquid crystal on silicon,LCOS)和硅片上的有机发光二极管(organic light-emitting diodes on silicon,OLEDOS)等显示技术。

基于 LCOS 和 OLEDOS 的微显示器都能集成控制电子线路，使得显示器的成本降低、体积减小。与 LCOS 相比，OLEDOS 是主动发光，不需备有背光源，使得微显示器能耗降低。OLEDOS 的发光近似于朗伯体发射，不存在视角问题，显示器的状态将与眼睛的位置和转动无关，而 LCD 的亮度和对比度会随着角度而变化。另外，OLEDOS 器件的响应速度为数十微秒，比液晶响应速度高 3 个数量级，更适合实现高速刷新的视频图像。

OLEDOS 的微显示器具有大视角、高响应速度、低成本及低压驱动等特性，使得 OLEDOS 成为理想的微显示技术。

基于硅基板的 OLED 可用于头盔等便携式设备，随着 OLED 亮度和寿命的不断提高，OLEDOS 还可以用于迷你型的投影仪。

OLED 不需背光源、省电、亮度更高、成本更低的特点，使其得到了国内外众多企业的广泛关注。随着 OLED 技术难点不断被攻克，成本和价格也逐年下降，市场需求随之迅速升温，应用 OLED 的终端产品越来越多。可以预见，OLED 必将成为继 LCD 之后最火的显示屏。

目前，OLED 面板的生产厂商主要集中于日本、韩国、中国台湾。随着三星 SDI 推出全球首款主动有机电激发光二极管(AMOLED)面板，以及 Sony 推出 11 英寸 AMOLEDTV 后，日本、韩国、中国台湾等厂商在 OLED 的市场竞争实力越来越强，同时也在 AMOLED 方面取得了更好的竞争地位。虽然 OLED 技术起源于欧美，但因为成本和产业链的关系，最终实现大规模产业化的国家和地区集中于东亚，主要是日本、韩国、中国大陆和台湾地区，而中国目前是全球最大的 OLED 应用市场，产业潜力巨大。然而中国虽具有一定的 OLED 产业基础，但产业链尚不完善，尤其上游产品竞争力不强。关建设备系统化技术大都掌握在日本、韩国和欧洲企业手中，在未来，做好原材料开发，加快产业链完善建设工作和政府大力支持，将是我国 OLED 产业发展的关键。

习题 4

1. 简述发光二极管的结构。发光二极管的驱动有几种方式？
2. 典型 LED 显示系统有哪几个单元组成？说明各单元的作用。
3. LED 显示设备有哪些控制模式？
4. 论述 LED 广告屏的优缺点。
5. 电致发光有几种类型？有机发光显示设备有几种类型？
6. 分析 20 世纪 90 年代大哥大手机没有使用彩色屏的原因。
7. 有机发光二极管平板显示器(OLED)为什么被誉为“梦幻显示器”？它有哪些优点？
8. 某高校计划招标建设一块“××××大学”的室外 LED 广告牌，请帮助该高校给出详细的技术指标，请帮助生产厂家设计出详细的技术方案。

第5章 等离子体显示技术及设备

CHAPTER 5

5.1 等离子体显示设备工作原理

5.1.1 等离子体基本知识

1. 等离子体概述

等离子体(plasma)是由部分电子被剥夺后的原子及原子被电离后产生的正负电子组成的离子化气体状物质，它是除去固、液、气态外，物质存在的第四态。看似“神秘”的等离子体，其实是宇宙中一种常见的物质，在太阳、恒星、闪电中都存在等离子体，它占了整个宇宙的99%。在自然界里，炽热的火焰、光辉夺目的闪电以及绚烂壮丽的极光等都是等离子体作用的结果。用人工方法，如核聚变、核裂变、辉光放电及各种放电都可产生等离子体。等离子体是一种很好的导电体，利用经过巧妙设计的磁场可以捕捉、移动和加速等离子体。现在人们已经掌握利用电场和磁场产生来控制等离子体，如焊工们用高温等离子体焊接金属。

根据等离子体温度，可将等离子体分为高温等离子体和低温等离子体两类。

(1) 高温等离子体：温度相当于$10^8 \sim 10^9$K完全电离的等离子体，如太阳、受控热核聚变等离子体。

(2) 低温等离子体，包括热等离子体和冷等离子体。

① 热等离子体：稠密高压(1个大气压以上)，温度$10^3 \sim 10^5$K，如电弧、高频和燃烧等离子体。

② 冷等离子体：电子温度高($10^3 \sim 10^4$K)、气体温度低，如稀薄低压辉光放电等离子体、电晕放电等离子体等。

根据等离子体中各种粒子的能量分布情况，又可将等离子体分为等温等离子体和非等温等离子体两类。

(1) 等温等离子体：所有的粒子都具有相同的温度，粒子依靠自己的热能作无规则的运动。

(2) 非等温等离子体：又称气体放电等离子体，所有粒子都不具有热运动平衡状态。在组成这种状态的等离子体中，带电粒子要从外电场获得能量，并产生一定数目的碰撞电离子来补充放电空间中带电粒子的消失。

普通气体温度升高时，气体粒子的热运动加剧，使粒子之间发生强烈碰撞，大量原子或分子中的电子被撞掉，当温度高达百万开尔文到1亿开尔文，所有气体原子全部电离。电离出的自由电子总的负电量与正离子总的正电量相等。这种高度电离的、宏观上呈中性的气体叫等离子体。

等离子体和普通气体性质不同,普通气体由分子构成,分子之间相互作用力是短程力,仅当分子碰撞时,分子之间的相互作用力才有明显效果,理论上用分子运动论描述。在等离子体中,带电粒子之间的库仑力是长程力,库仑力的作用效果远远超过带电粒子可能发生的局部短程碰撞效果,等离子体中的带电粒子运动时,能引起正电荷或负电荷局部集中,产生电场;电荷定向运动引起电流,产生磁场。电场和磁场要影响其他带电粒子的运动,并伴随着极强的热辐射和热传导;等离子体能被磁场约束作回旋运动等。等离子体的这些特性使它区别于普通气体被称为物质的第四态。

等离子体主要具有以下特征。

(1) 气体高度电离。在极限情况下,所有中性粒子都被电离了。

(2) 具有很大的带电粒子浓度,一般为 10^{16}～10^{15}/cm^3。由于带正电与带负电的粒子浓度接近相等,因此等离子体具有良导体的特征。

(3) 等离子体具有电振荡的特征。在带电粒子穿过等离子体时,能够产生等离子体激元,等离子体激元的能量是量子化的。

(4) 等离子体具有加热气体的特征。在高气压收缩等离子体内,气体可被加热到数万度。

(5) 在稳定情况下,气体放电等离子体中的电场相当弱,并且电子与气体原子进行着频繁的碰撞,因此气体在等离子体中的运动可看作是热运动。

表征等离子体的主要参量如下。

(1) 电子温度 T_e。在等离子体中,电子碰撞电离是主要的,然而电子碰撞是与电子能量有直接关系的,因此电子温度是等离子体的主要参量,是用来表征电子能量的。

(2) 电离强度。表征等离子体中发生电离的程度。具体地说,就是一个电子在单位时间内所产生的电离次数。

(3) 轴向电场强度 E_L。表征维持等离子体的存在所需要的能量。

(4) 带电粒子浓度。即等离子体中带正电的和带负电的粒子浓度。

(5) 杂乱电子流密度。表征在管壁限制的等离子体内,由于双极性扩散所造成的带电粒子消失的数量。

2. 等离子体显示技术

等离子体显示设备是一种自发光显示设备,不需要背景光源。因此没有 LCD 的视角和亮度均匀性问题,而且实现了较高的亮度和对比度。三基色共同使用一个等离子体管的设计也使其避免了聚焦和汇聚问题,可以实现非常清晰的图像。与 CRT 和 LCD 技术相比,等离子体的屏幕越大,图像的色深和保真度越高。除了亮度、对比度和可视角度优势外,等离子体技术也避免了 LCD 技术中的响应时间问题,而这些特点正是动态视频显示中至关重要的因素。因此,从目前的技术水平看,等离子体显示技术在动态视频显示领域的优势更加明显,更加适合作为家庭影院和大屏幕显示终端使用。

等离子体显示板(plasma display panel,PDP)是一种新型显示设备,其主要特点是整体成扁平状,厚度可以在 10cm 以内,轻而薄,重量只有普通显像管的 1/2。由于它是自发光器件,亮度高、视角宽(达 160°),可以制成纯平面显示器,无几何失真,不受电磁干扰,图像稳定，寿命长。PDP 可以产生亮度均匀、生动逼真的图像。这种器件近年来得到了很快的发展，其性能和质量有了很大的提高，很多高清晰度超薄电视显示器和壁挂式大屏幕彩色电视机采用了这种器件。

PDP 的主要优点可以概括为固有的存储性能，高亮度，高对比度，能随机书写与擦除，长寿命，大视角以及配计算机时优秀的相互作用能力。

3. PDP 显示屏基本结构

PDP 由前玻璃板、后玻璃板和铝基板组成。对于具有 VGA 显示水平的 PDP，其前玻璃板上分别有 480 行扫描和维持透明电极，后玻璃板表面有 2556(852×3)行数据电极，这些电极直接与数据驱动电路板相连。根据显示水平的不同，电极数会有变化。PDP 显示屏的组成和结构特征如图 5.1 所示。

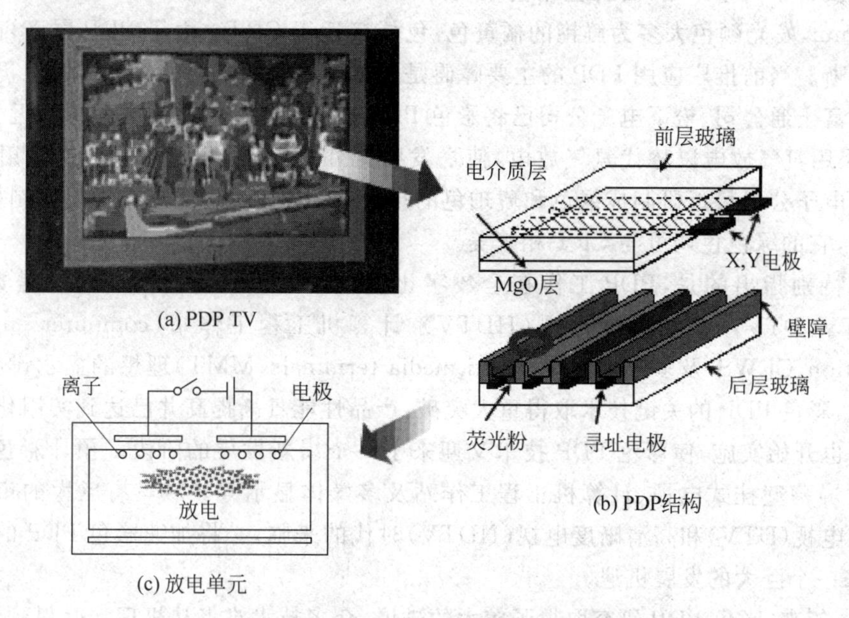

图 5.1 PDP 显示屏基本结构

1）后层玻璃板结构

后层玻璃板结构在后层玻璃板上有寻址电极，其上覆盖一层电介质。红、绿、蓝彩色荧光粉分别排列在不同的寻址电极上，不同荧光粉之间用壁障相间。早期 PDP 器件的 3 种荧光粉的宽度一致，由于红、绿、蓝 3 种荧光粉发光效率各不相同，3 种色光混色产生的彩色范围及亮度与 CRT 相比差别比较大。称为“非对称单元结构”的专利技术根据 3 种荧光粉的发光效率，将荧光粉制作得非等宽，在彩色还原度和亮度方面比以前的产品有了很大的提高，屏幕峰值亮度可以达到 $1000cd/m^2$ 以上，整机峰值亮度可达到 $400cd/m^2$ 以上(带 EMI 滤光玻璃)，对比度可达到 10 000∶1(暗室，无外保护屏)。

2）前玻璃板结构

前玻璃板结构在前玻璃板上，成对地制作有扫描和维持透明电极，其上覆盖一层电介质，MgO 保护层覆盖在电介质上。前、后玻璃板拼装，封口，并充入低压气体，在两玻璃板间放电。

4. PDP 应用领域

PDP 主要应用于办公自动化设备领域，同时在个人计算机领域也有一席之地。从 PDP 的优异显示质量与性能考虑，可以说办公自动化领域是最适宜的市场。从目前的膝上型及掌上型个人计算机应用来看，PDP 有可能向这些方面拓展，因其具有薄、轻、低功耗特点，是可用于笔记本型计算机的。在 PDP 进一步提高清晰度与增大容量后，工作站领域将会是其战胜其他类型平板显示器的最佳领域，将在其实现彩色化并进一步提高显示质量后一显身手。至于工业设备、仪器仪表、公共信息显示屏及售票机等其他领域，固然可利用 PDP 的易于分辨等优点，但市场不会很大。

PDP 已用于销售终端(POS)、银行出纳终端及室外显示屏。新研制成的大容量 PDP 已经在 OA 设备中大量采用，而且应用前景看好。目前日本各厂家制造出的 PDP，其圆点尺寸达 0.2mm，发光颜色大多为鲜艳的橘黄色，色域接近于 CRT。由于 PDP 属于自发光型，故显示清晰。当前推广应用 PDP 的主要障碍是包括驱动电路在内的显示屏售价仍然太高。最近日本富士通公司、松下电子公司已将彩色 PDP 推向商用化。富士通公司新近生产的彩色 PDP 采用氦气放电以替代氖气放电，使之发射紫外线，以激励荧光材料光发射，效果颇佳。松下电子公司最近研制成绿色和琥珀色的单色 PDP，其成功诀窍在于能控制好充填气体的成分，它的绿色色调可与 CRT 相媲美。

值得特别指出的是，PDP 工作在全数字化模式，易于制成大屏幕显示，是数字电视(digital TV，DTV)、高清晰度电视(HDTV)、计算机工程工作站(computer engineering work station，CEWS)及多媒体终端(multi media terminals，MMT)理想的显示设备。尤其是近年来，彩色 PDP 的关键技术取得重大突破，产品性能日渐提高并已达到实用化水平，产业化生产也开始实施，使彩色 PDP 技术又迎来了一个崭新发展的阶段。预计彩色 PDP 未来将在大屏幕壁挂式电视、计算机工程工作站及多媒体显示等领域具有巨大的市场前景。随着数字电视(DTV)和高清晰度电视(HDTV)时代的来临，必将加速彩色 PDP 的进程，为 PDP 迎来一个巨大的发展机遇。

近 20 年来，彩色 PDP 研究取得了较大的进展，众多技术难点从机理上已得到解决。如 PDP 驱动电压原来很高，驱动电路成本约占整机的 75%，而采用寻址显示技术可降低驱动电路的成本。虽然与 LCD 显示屏相比，PDP 的驱动电压仍较高，驱动电路价格贵一些，但显示屏自身制作较为容易。如存储型 AC-PDP，除荧光粉涂覆需用光刻工艺外，像素的精细制作大多采用厚膜印刷技术，这与有源矩阵液晶显示屏(active matrix LCD，AM-LCD)每个像素制作一个薄膜晶体管(TFT)元件相比容易很多，故相对来说成品率较高、成本较低。

LCD 显示屏自身的功耗显然比 PDP 低得多，但为了实现彩色显示的液晶显示设备，需采用荧光灯作背照光源，此时透过彩色滤光膜的光通量仅有百分之几，因此，两种平板显示器的总功耗相差无几。此外，PDP 所用的 RGB 三基色荧光粉具有与彩色 CRT 三基色荧光粉同样良好的发光特性，这确保了彩色 PDP 具有颇佳的色纯，加上兼备良好的灰度显示能力，因此，彩色存储型 PDP 是最佳的实现直视型大屏幕壁挂式彩电的显示设备，同时它也是实现 HDTV 显示最有发展前途的平板显示设备。

由于集成电路技术的迅速发展，PDP 显示设备已达到经久耐用及更高速的水平，并已研制出众多改进型应用产品。PDP 的一个主要优点是易于增大屏幕尺寸。PDP 不仅可挂于居室和酒吧的墙壁上，而且还有多种应用，如公共信息标牌、会议室演示系统、台式计算机监视器、证券交易所金融行情显示终端、医疗诊断、直升机模拟显示及公共娱乐场所游戏机等。此种彩色 PDP 正从 54 cm(21 英寸)起，迅速增大至面向彩电市场的 102 cm (40 英寸)，然后再增大至 152 cm(60 英寸以上)。由此可见，彩色 PDP 最终将作为 HDTV 及多媒体显示而形成新兴的产业。

5.1.2 等离子体显示设备的显示原理

等离子体显示板是由几百万个像素单元构成的，每个像素单元中涂有荧光层并充有惰性气体。它主要利用电极加电压、惰性气体游离产生的紫外光激发荧光粉发光制成显示屏。PDP 显示屏的每个发光单元工作原理类似于霓虹灯，在外加电压的作用下气体呈离子状态，并且放电，放电电子使荧光层发光，每个灯管加电后就可以发光，显示屏由两层玻璃叠合、密封而成。当上下玻璃板之间的电极施加一定电压，电极触电点火后，电极表面会产生放电现象，使显示单元内的气体游离产生紫外光(ultraviolet，UV)，紫外光激发荧光粉产生可见光。一个像素包括红、绿、蓝 3 个发光单元，三基色原理组合形成 256 色光。

等离子体发光单元与荧光灯和显像管的比较如下。

荧光灯内充有微量的氩和水银蒸气，它在交流电场的作用下，发生水银放电发出紫外线，从而激发灯管上的荧光粉，使之发出白色的荧光。显像管是由电子枪发射电子射到屏幕荧光体而发光。等离子体发光单元内也涂有荧光粉，单元内的气体在电场的作用下被电离放电使荧光体发光。等离子体彩色显示单元是将一个像素单元分割为 3 个小的单元，并在单元内分别涂上红、绿、蓝三色荧光粉，每一组所发的光就是红、绿、蓝三色光合成的效果。

1. PDP 像素放电、发光单元结构

PDP 像素放电、发光单元结构如图 5.2 所示。电极加电压，正负极间激发放出电子，电子轰击惰性气体，发出真空紫外线；真空紫外线射在荧光粉上，使荧光粉发光，进而实现 PDP 发光。

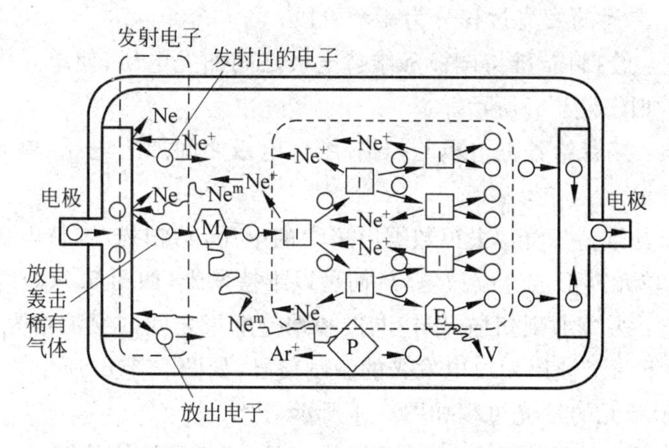

图 5.2 PDP 像素放电、发光单元结构

2. PDP 显示设备的显示原理

等离子体显示板的像素实际上类似于微小的氖灯管，它的基本结构是在两片玻璃之间设有一排一排的点阵式的驱动电极，其间充满惰性气体。像素单元位于水平和垂直电极的交叉点，要使像素单元发光，可在两个电极之间加上足以使气体电离的电压。颜色是单元内

的磷化合物(荧光粉)发出的光产生的,通常等离子体发出的紫外光是不可见光,但涂在显示单元中的红、绿、蓝3种荧光粉受到紫外线轰击就会产生红、绿和蓝的颜色。改变3种颜色光的合成比例就可以得到任意的颜色,这样等离子体显示屏就可以显示彩色图像。图5.3显示了PDP如何发光形成图形。

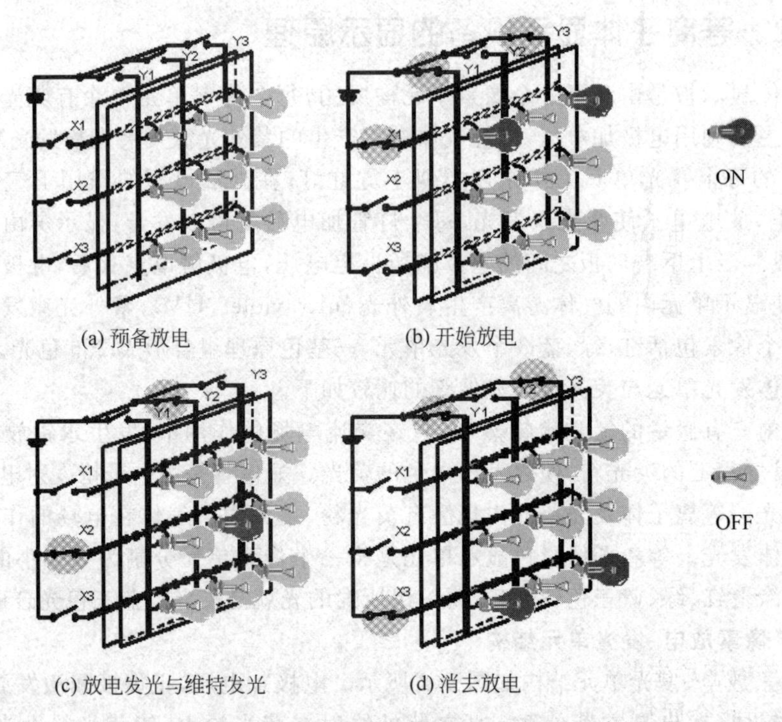

图5.3 PDP发光形成图形过程示意图

等离子体显示单元的发光过程分为4个阶段。

(1) 预备放电:给扫描/维持电极和维持电极之间加上电压,使单元内的气体开始电离形成放电的条件,如图5.3(a)所示。

(2) 开始放电:接着给数据电极与扫描/维持电极之间加上电压,单元内的离子开始放电,如图5.3(b)所示。

(3) 放电发光与维持发光:去掉数据电极上的电压,给扫描/维持电极和维持电极之间加上交流电压,使单元内形成连续放电,从而可以维持发光,如图5.3(c)所示。

(4) 消去放电:去掉加到扫描/维持电极和维持电极之间的交流信号,在单元内变成弱的放电状态,等待下一个帧周期放电发光的激励信号,如图5.3(d)所示。

等离子体显示单元的发光过程如图5.4所示。

在显示单元中,加上高电压使电流流过气体而使其原子核的外层电子溢出,这些带负电的粒子便会飞向电极,途中和其他电子碰撞便会提高其能级。电子回复到正常的低能级时,多余的能量就会以光子的形式释放出来。这些光子是不是在可见的范围,要根据惰性气体的混合物及其压力而定,直接发光的显示器通常发出的是红色和橙色的可见光,只能作单色显示器。

等离子体显示板中的每个单元至少含有两个电极和几种惰性气体(氖、氩或氙)的混合

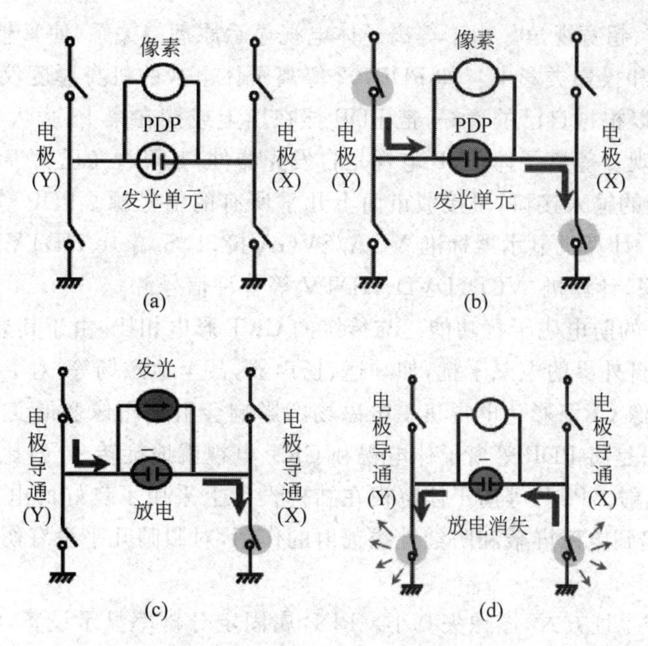

图 5.4 等离子体显示单元的发光过程

物。在电极加上加上几百伏电压之后，由于电极间放电后轰击电离的结果，惰性气体将处于等离子体状态。这种结果是电子和离子的混合物，它根据带电的正负，流向一个或另一个电极。

在像素单元中产生的电子撞击可以提高仍然留在离子中的电子的能级。经过一段时间之后，这些电子将会回复到它们正常的能级，并且把吸收的能量以光的形式发射出来。发出的光是在可见光的波长范围，还是在紫外线的波长范围和惰性气体混合物及气体的压力有关。彩色等离子体显示板多使用紫外线。

电离可由直流电压激励产生，也可以由交流电压激励产生。直流电 PDP 显示单元采用直接触发等离子体的方式。这样只需产生简单类型的信号，并可减少电子装置的成本。另外，这种方式需要高压驱动，由于电极直接暴露在等离子体中，PDP 寿命较短。

如果用氧化镁涂层保护电极，并且装入电介质媒体，那么与气体的耦合是电容性的，所以需要交流电驱动。这时，电极不再暴露在等离子体中，于是就有较长的工作寿命。这样做的缺点是产生信号触发电压的电路比较复杂，不过这种技术还有一个好处：可以利用它来提高触发电压，就降低了外部输入触发电压。利用这种方法可以把触发电压降至大约180V，而直流电显示器却是 360V，于是简化了半导体驱动电路。

5.1.3 等离子体显示设备的特点

等离子体显示设备具有以下特点。

(1) 高亮度和高对比度。亮度达到 330～850cd/m^2，对比度达到 3000：1。

(2) 纯平面图像无扭曲。PDP 的 RGB 发光栅格在平面中呈均匀分布，这样就使得 PDP 的图像即使在边缘也没有扭曲现象出现。而在 CRT 彩电中，由于在边缘的扫描速度不均匀，很难控制到不失真的水平。

(3) 超薄设计、超宽视角。由于等离子体电视显示原理的关系,使其整机厚度大大低于传统的 CRT 彩电和投影类彩电。如 PDP402 等离子体电视的机身厚度仅为 7.8 cm。这样一来,消费者就可以根据自己的喜好,把 PDP 挂在墙上或摆在桌上,大大节省房间的空间,从而显得整洁、美观。等离子体 PDP 电视是自发光器件,其可视角已大于传统彩电 CRT。

(4) 具有齐全的输入接口,可接驳市面上几乎所有的信号源。PDP 等离子体电视具备了 DVD 分量接口、计算机显示器标准 VGA/SVGA 接口、S 端子、HDTV 分量接口(Y、Pr、Pb)等,可接收电视、计算机、VCD、DVD、HDTV 等各种信号源。

(5) 具有良好的防电磁干扰功能。与传统的 CRT 彩电相比,由于其显示原理不需要借助电磁场,所以来自外界的电磁干扰,如马达、扬声器,甚至地磁场等,对 PDP 等离子体的图像没有影响,不会像 CRT 彩色电视机受电磁场的影响会引起图像变形变色或图像的倾斜。最简单的对比办法是将 PDP 等离子体电视和 CRT 电视就地旋转 90°对比观看。

(6) 环保无辐射。PDP 等离子体电视在结构设计上采用了良好的电磁屏蔽措施,其屏幕前置玻璃也能起到电磁屏蔽和防红外线辐射的作用,对眼睛几乎没有伤害,具有良好的环保特性。

(7) 采用电子寻址方式,图像失真小。PDP 属固定分辨率显示设备,清晰度高、色纯一致,没有聚焦、会聚问题。

(8) 采用了帧驱动方式,消除了行间闪烁和图像大面积闪烁。

(9) 图像惰性小,重显高速运动物体不会产生拖尾等缺陷。

等离子体显示设备证明比传统的 CRT 显像管和 LCD 液晶显示器具有更高的技术优势,具体表现为以下几个方面。

(1) PDP 等离子体电视与直视型显像管彩电相比,具有以下技术优势。

PDP 等离子体电视的体积更小、重量更轻,而且无 X 射线辐射。由于 PDP 各个发光单元的结构完全相同,因此不会出现显像管常见的图像几何变形。PDP 屏幕亮度非常均匀——没有亮区和暗区,而传统显像管的屏幕中心总是比四周亮度要高一些。PDP 不会受磁场的影响,具有更好的环境适应能力。PDP 屏幕不存在聚焦的问题。因此,显像管某些区域因聚焦不良或年月已久开始散焦的问题得以解决,不会产生显像管的色彩漂移现象。表面平直使大屏幕边角处的失真和色纯度变化得到彻底改善。高亮度、大视角、全彩色和高对比度,使 PDP 图像更加清晰,色彩更加鲜艳,效果更加理想,令传统电视叹为观止。

(2) PDP 显示设备与 LCD 液晶显示器相比,具有以下技术优势。

PDP 显示亮度高,屏幕亮度高达 150lx,因此可以在明亮的环境之下欣赏大幅画面的视讯节目。色彩还原性好,灰度丰富,能提供格外亮丽、均匀平滑的画面。PDP 视野开阔,PDP 的视角高达 160°,普通电视机的大于 160°的地方观看画面已严重失真,而液晶显示器视角只有 40°左右,更是无法与 PDP 的效果比拟。对迅速变化的画面响应速度快。此外,PDP 平而薄的外形也使其优势更加明显。

等离子体显示设备的缺点如下。

(1) 功耗大,不便于采用电池电源(与 LCD 相比)。

(2) 与 CRT 相比,彩色发光效率低。

(3) 驱动电压高(与 LCD 相比)。

(4) 散热性能不好,有噪声。散热性能不好一直是困扰等离子体电视发展的一个技术难关，市场上等离子体电视的风扇散热系统噪声难题需要彻底解决。

5.1.4　等离子体显示设备的性能指标

PDP 显示设备的性能指标主要指它的空间分辨率、颜色分辨率和扫描频率。空间分辨率用像素点的大小或水平方向像素点数与垂直方向像素点的乘积表示。前两代的点距大约为 1.33mm，42 英寸分辨率一般在 852×480。第三代的点距为 0.89～0.99mm，42 英寸分辨率一般在 1024×768，50 英寸的产品大多为 1366×768。颜色分辨率指每一个像素点可以有多少种颜色，这是由用来表示一个像素点的二进制位数决定的。扫描频率必须达到一定的值时才不会出现闪烁现象。

PDP 的显示效果出众，所以应该使 PDP 成为具有丰富和友好的接口，功能可以像多媒体计算机一样，根据需要不断扩展；既可以连接 DVD、录像机、摄像机等视听设备，又可以连接个人计算机、投影机以及其他多媒体的信号源。

购买成熟 PDP 产品时应该注意以下性能指标。

(1) 分辨率：42 英寸分辨率应达到 1024×768，50 英寸的产品应该更高。

(2) 显示屏亮度不小于 780cd/m^2，灰度达到 1024 级。

(3) 标称对比度应达到 3000：1(即标准测试的 650：1)。

(4) 与个人计算机模式是否兼容(即是否能处理 VGA/SVGA/XGA/SXGA 等模式)。

(5) 功耗：越低越好，目前一些产品耗电可低于 300W。

(6) 寿命：产品的使用期至少在 3 万小时以上，最好能达到 10 万小时。

PDP 显示设备使用时应注意以下事项。

(1) 由于等离子体显示是平面设计，而且显示屏上的玻璃极薄，所以，它的表面不能承受太大或太小的大气压力，更不能承受意外的重压。

(2) 等离子体显示屏的每一颗像素都是独立地自行发光，相比于显像管电视机使用一支电子枪而言，耗电量自然大增，一般等离子体显示屏的耗电量都达到 300W，是家电中不折不扣的耗电大户，由于发热量大，所以很多 PDP 彩电的背板上装有多组风扇用于散热。

(3) 正是大量的发光和发热元件向外产生辐射，目前仍不能有效地在机内较好地解决电视节目接收等高频信号处理问题，同时对输入的视频信号接线也是考验，差一点的色差线会产生花屏现象。

5.2　等离子体显示设备的驱动与控制

5.2.1　等离子体显示设备的电路组成

1. PDP 显示电路

PDP 显示电路的原理方框图如图 5.5 所示。该电路由逻辑控制电路、电压转换电路、驱动电路和显示屏 4 个部分组成。下面详细讲述各部分原理。

(1) 图像数字信号单元。该电路先由 A/D 转换器将模拟电视信号 Y、R-Y、B-Y 变换成所需要的数字信号：数字 R、数字 G 和数字 B。A/D 变换器由同步、比较、触发、基准电压发生和编码电路组成。模拟电视信号经同步器后加到比较电路，与基准电压发生器送来的电平相比较，输出 0 和 1 电平，该数字量电压再经触发器和编码器编成 8b 二进制的数字信号，

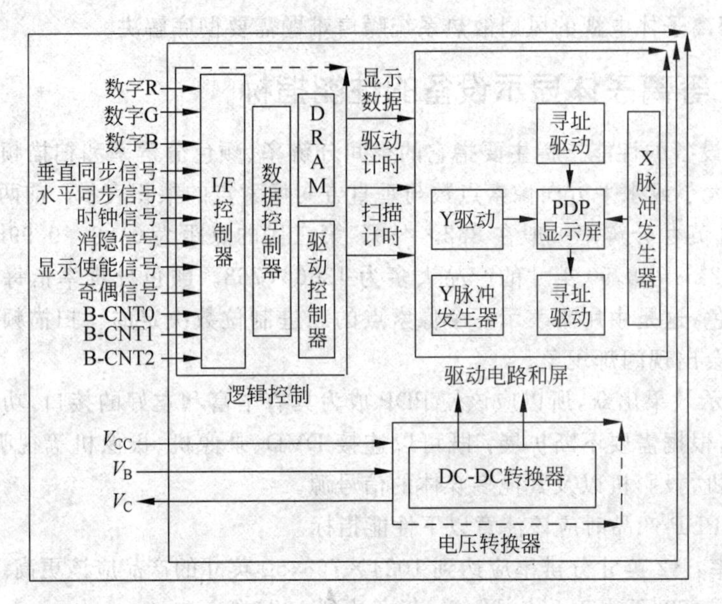

图 5.5　PDP 显示电路的原理

经变换后，数字 R、G、B 信号各有 8 位，其中 R0、G0、B0 为最低位亮度信号，R7、G7、B7 为最高位亮度信号。然后数字图像信号再经过逆 γ 校正电路和增益控制电路进入帧存储器。图像数字信号与 PDP 屏的接口电路如图 5.6 所示。

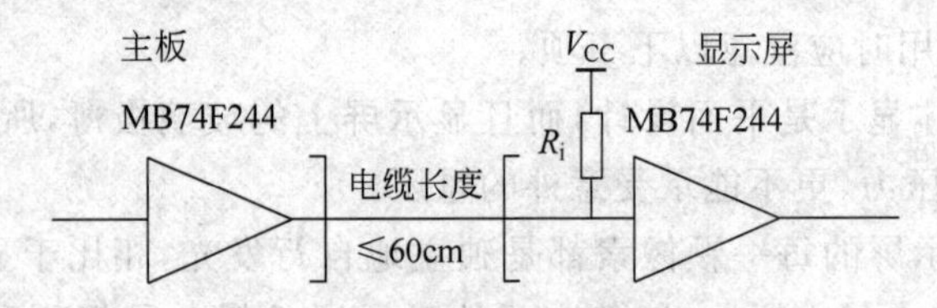

图 5.6　图像数字信号的接口电路

(2) 帧存储单元。图像数字信号由时钟信号、水平同步信号和垂直同步信号共同作用写入帧存储器中。帧存储器具有两幅画面的容量，在将外部输入的图像信号写入存储器时，写入存储器的另一幅画面数据则由存储器控制电路更换后送入驱动电路，在显示屏上显示相应的图像。选址时钟信号是持续输入的，在其关闭时数据被读入。当消隐信号为逻辑高时，数据有效并从屏幕的左上角开始调节；当消隐信号为逻辑低时，数据无效，不被读入。水平同步信号和垂直同步信号分别调节一行和一屏的数据，当其关闭时，开始控制下一行和下一屏。由于帧存储器在短路时间内送出大量数据，故工作电路使用高速 DRAM。相关的接口电路如图 5.7 所示。

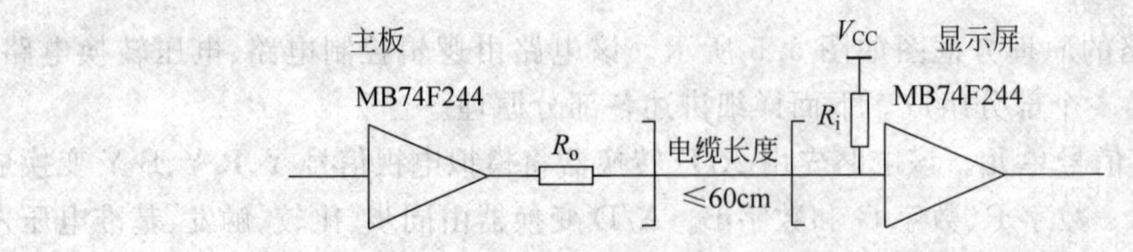

图 5.7　时钟信号、消隐信号、垂直/水平同步信号的接口电路

(3) 亮度控制单元。B-CNT0、B-CNT1、B-CNT2 为全屏显示亮度设置信号，全屏显示亮度由外接可调电阻控制，该电阻与 PDP 屏的 3 个输入端子相连，如图 5.8 所示。

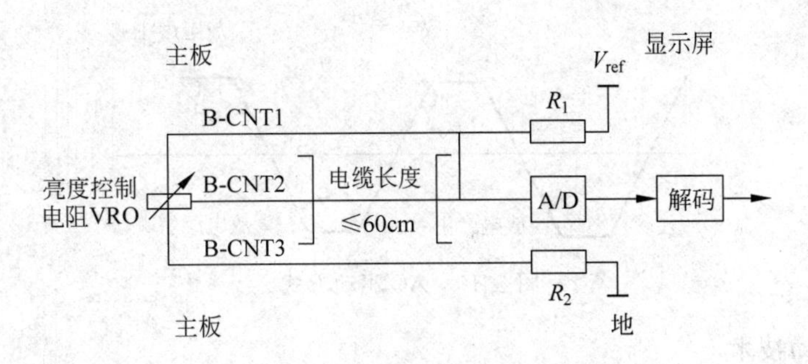

图 5.8　亮度控制电路

B-CNT0、B-CNT1 和 B-CNT2 为模拟信号，经过 A/D 变换和一系列数字处理后，亮度控制信号加至 PDP 屏的驱动电路，以控制维持放电电压(简称维持电压)，亮度信号会随着维持电压的增高而增高，这是因为平均放电电流大，单位时间流过空间的带电粒子数多，则产生电离和碰撞次数较多，使得带电粒子和激发态原子浓度较高，因此辐射出的紫外线强度大，从而激发荧光粉产生的亮度也就高。

该电路具有自动功率控制(automatic power control，APC)功能，当显示屏驱动电源超过 550mA(显示率超过 40%)时，亮度就会逐渐下降。

显示率的定义为：

100%显示率＝每个像素都为最大亮度

PDP 的亮度控制通过改变等离子体放电时间实现，即子场驱动技术。一个子场包括初始化、写入和维持 3 个阶段，如图 5.9 所示。

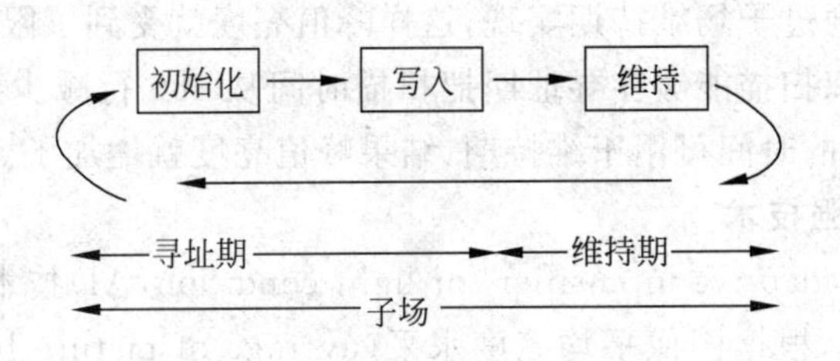

图 5.9　子场的 3 个阶段示意图

(1) 屏初始化：为清除像素里充电产生的残余电荷，在扫描电极和维持电极间加上一个梯形电压，等离子体开始放电，但逐渐减弱，这样就清除了残余电荷。

(2) 数据写入：正极性的数据脉冲加在数据电极上，同时负极性的扫描脉冲加在扫描电极上，这意味着数据脉冲电压和扫描脉冲电压之和加在了两个电极上，这样在两个电极之间开始放电。当放电进入像素单元后，气体放电电离，在气体放电期间，离子被引向扫描电极，电子被引向数据电极。

当写入脉冲停止后，吸附覆盖在电极周围电介质上的电子和离子仍然保留下来，这就是壁电压(即着火电压，扫描电极为正)，上述过程称之为数据写入。

(3) 亮度维持：把维持电压脉冲正负交替变化的驱动方式称为 AC 驱动方式，如图 5.10

所示。如果维持电压脉冲重复周期长，则像素的亮度等级增加。因此，通过控制维持放电时间，像素的亮度得以控制。

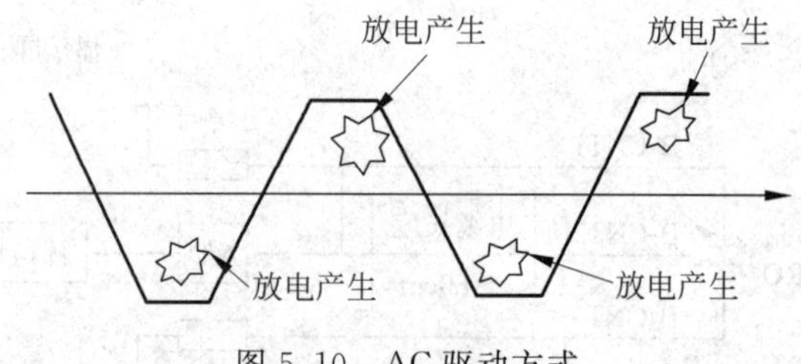

图 5.10 AC 驱动方式

2. 子场驱动技术

子场驱动技术是 PDP 的独特技术系统，如图 5.11 所示。

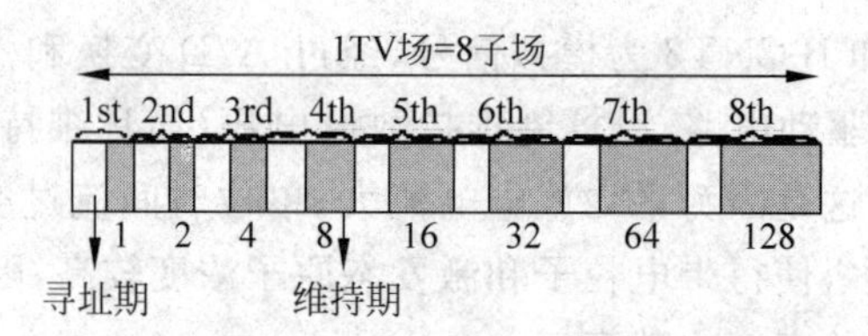

图 5.11 子场驱动技术示意图

一个电视场的 8 位数字视频复合信号通过 8 子场技术再现，每一子场的寻址期的时间相同(一个寻址期包括 1 次初始化和 480 行扫描)，但是每一子场的维持期的时间不同，第一子场(SF1)仅仅再现 1 级亮度，第二子场(SF2)再现 2 级亮度，每一子场的维持期时间逐渐增加，如此总共 256 级亮度等级就能在屏幕上再现。

3. 双扫描技术

系统的亮度驱动通过子场维持期实现，这样峰值亮度就受到了限制，因为有 480 行垂直扫描在寻址期执行。双扫描能够在寻址期把扫描时间从 480 行减少到 240 行，这样通过双扫描驱动，空闲寻址期的时间可用于维持期，结果峰值亮度就增加了。

4. 亮度自适应增强技术

亮度自适应增强(adaptive intensifier for light condition，AI)技术主要用于控制子场驱动操作。在 AI 技术中，根据图像平均亮度水平(average of picture luminance，APL)，子场数由 10～12 变化(即可变子场)；每一子场的维持期时间格式从以二进制方式增加变成重新按照线性编码方式增加(线性编码子场)；之后 AI 技术为 PDP 选择最适合的显示条件以达到图像显示的自然和鲜艳。AI 技术改变了过去 PDP 子场驱动一般为 8 个子场的固定模式，使白场和暗场景峰值亮度自动调整，一方面能够保护屏幕，另一方面能够降低整机功耗。

对于标准的子场驱动技术，每一子场都要执行一次初始化放电。这样在一个电视场期间，即使要显示黑色信号，也有与子场数一样的初始化放电数执行，因此在黑色区域将有少量光激发。而 Real Black 驱动技术保证了黑色的重现，在这种方式下，初始放电仅在第 1 子场执行，而其余子场通过 Real Black 驱动电路应用初始化电场剩余脉冲，所以不再需要放电。

5.2.2　等离子体显示设备的驱动电路

彩色 PDP 显示系统是目前大型壁挂式电视、HDTV 和大型多媒体显示技术的发展趋势，下面从 PDP 显示屏的特点出发，讲述彩色 PDP 驱动集成电路的基本结构和性能特点，并给出了 PDP 显示屏的两种接口电路。

自 1995 年以来，世界各大厂商相继建线投产各种类型的彩色 PDP。这些成绩的取得，不仅仅在于彩色 PDP 显示屏本身的开发成功及生产技术的建立，更重要的是驱动集成电路技术的发展。对于一个性能良好的 PDP 彩色电视机来说，其驱动集成电路系统占总成本的 70%～80%。

彩色 PDP 显示屏按其结构的不同可分为两种类型：即交流型彩色 PDP 和直流型彩色 PDP(AC 型和 DC 型)；按驱动方式又可分为行顺序制驱动方式和存储驱动方式两种。存储驱动方式基本上由写入、发光维持和擦除 3 个周期组成，驱动集成电路的作用是给彩色 PDP 施加定时的、周期性的脉冲电压和电流。

1. 彩色 PDP 驱动集成电路结构及性能

彩色 PDP 驱动集成电路结构如图 5.12 所示。通常将驱动器内部结构分为两部分：一是逻辑电路，用于控制显示屏信号和处理显示数据；二是驱动电路，用于将信号电平移位和对显示屏施加发光所需的脉冲。尤其是驱动部分，要使彩色 PDP 进行气体放电，必须提供高电压，所以这种结构需要特殊的集成电路工艺技术，这一点和一般的逻辑集成电路不同。

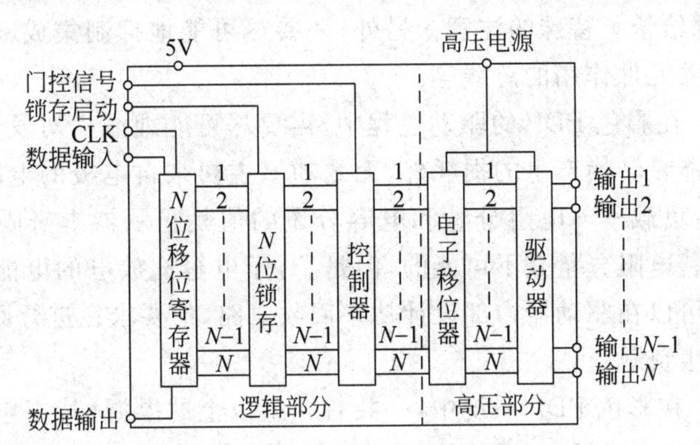

图 5.12　彩色 PDP 驱动集成电路的基本结构

彩色 PDP 驱动集成电路特点如下。

(1) 高耐压输出：彩色 PDP 驱动器的耐高压输出能力是其最重要而且是最基本的性能，这完全是由彩色 PDP 本身的结构特性所决定的。因此，要求彩色 PDP 的制造者和半导体集成电路的制造者必须建立紧密合作的关系，以便共同开发彩色 PDP 的驱动集成电路。目前的驱动器已能确保彩色 PDP 的需求，随着彩色 PDP 本身结构的改善，所需的驱动电压会下降，同时，驱动器的开发也在向着最优化的方向发展。以 AC-PDP 为例，寻址驱动的输出耐压为 60～100V，输出电路同步源和漏电流都在 10～30mA 之间，扫描驱动器的输出耐压为 150～200V，输出源、漏电流均为 200～400mA，其输出电流大都取决于所采用的显示屏的尺寸以及所驱动的显示屏电极上施加的切换脉冲。

(2) 逻辑部分：驱动器的逻辑部分的性能通常用移位寄存器(将串行信号变换为并行

信号的电路)的最大时钟工作频率 f_{max} 来表示。在 CMOS 逻辑电路中,栅极长度越小,f_{max} 越大,因此,集成电路芯片的面积和电路的功耗越小越有利。目前,实用的驱动器逻辑部分的栅极长度 L 为 1.0~2.5μm,f_{max} 为 20~36MHz。这样的速度,对于 HDTV 和高精度的数据显示所必要的寻址驱动器而言,完全可以满足其数据移位的要求。

(3) 彩色 PDP 驱动集成电路的功耗：为了有效地发挥平面显示彩色 PDP 的特性,设计时应将与显示无关的其他电子元器件的功耗设计得尽可能小。因为驱动器本身的功耗会给整个彩色 PDP 的显示性能带来影响。

彩色 PDP 的电流部分的功耗大致分为 3 部分：逻辑部分、电平移位寄存器和高压驱动部分。正常情况下,逻辑部分功耗在 20 mW 以下(高耐压 64 路输出启动显示板),电平移位寄存器部分应在 200 mW 以下。至于因显示屏电容部分的充、放电而产生的高压驱动电路的无效功耗,目前利用功率分散驱动方式(采用电流开关电路等),已经能够在 100 脚塑料封装的自然散热条件下满足彩色 PDP 的显示需求。

(4) 串扰现象：高耐压 CMOS 驱动集成电路在系统中常常会出现相互串扰的现象。彩色 PDP 屏包括高压在内一共有 4 组以上的电源系统,只要驱动电路使它们工作,就会产生很大的串扰噪声,在系统间造成相互影响。此外,作为驱动区负载的彩色 PDP 显示屏,在放电时和非放电时的状态也截然不同,这也助长了串扰现象的发生。为了克服串扰现象,彩色 PDP 的驱动集成电路在设计和工艺上比普通的集成电路采取了更为严格的控制措施。例如,在开发集成驱动电路的同时开发特殊的耐高压工艺,对于集成电路上的元器件结构设计和电路布局等,也都给予了特殊的注意。另外,还要尽可能地抑制集成电路内的电容,切断可能产生半导体开关元件作用的总线等。

(5) 功率回收：在彩色 PDP 的驱动过程中,需要尽可能地减少对发光无用的功耗。除了放电能量向发光能量转换产生的损耗外,无效功率主要来自电极的电阻部分和电容的充放电,上述两种寄生负载——电阻分量和电容分量的值是显示器本身固有结构所决定的。从驱动器方面来改善电阻分量是不可能的,但是,对于电容充放电的电能,驱动器可以设法回收一部分,这样,可以在驱动器内部设计功率回收电路,但要求在进行回收时,驱动集成电路本身不能产生寄生负载。

(6) 电源顺序：在彩色 PDP 系统中,一共有 4 组以上的电源(其中包括高压电源)共处在一个系统之中,电源依照规定时刻同步工作。在系统设计时,对于电源接通的顺序以及发生错误工作时的保护等问题都要予以仔细考虑。尤其是直接与彩色 PDP 显示屏相连接的驱动器,如果发生错误动作,则不仅会破坏集成电路本身,甚至会毁坏显示屏以致整个系统,因此,驱动器应当具备故障保护功能以及顺序断开电源的功能。

2. 等离子体显示板的驱动方法

等离子体显示板是由水平和垂直交叉的阵列驱动电极组成的,与显像管的显示方法不同,它可以按像点的顺序驱动发光,也可以按线(相当于行)的顺序驱动显示,还可以按整个画面的顺序显示,如图 5.13 所示。而显像管由于由一组有 R、G、B 组成的电子枪,它只能采用逐行扫描的方式驱动显示。

图 5.13(a)是点顺序驱动方式,即水平驱动信号和垂直驱动信号经开关顺次接通各电极的引线,水平电极和垂直电极的交叉点就形成对等离子体显示单元的控制电压,使水平驱动开关和垂直驱动开关顺次变化就可以形成对整个画面的扫描。每个点在一场周期中的显

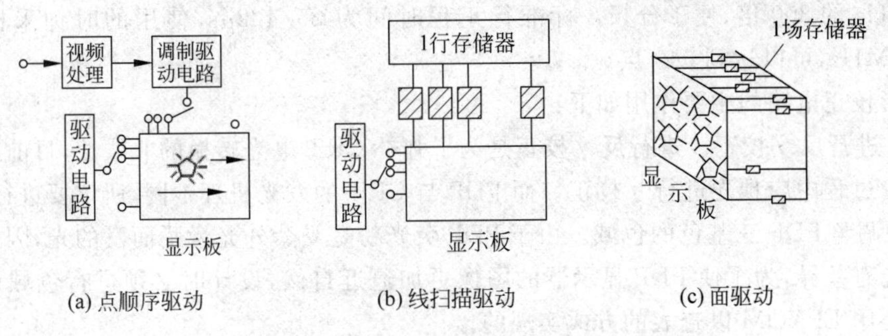

(a) 点顺序驱动 (b) 线扫描驱动 (c) 面驱动

图 5.13 等离子体显示板的显示驱动方式

示时间约为 0.1 μs,因此,必须有很高的放射强度才能有足够的亮度。

图 5.14(b)是线扫描驱动方式,垂直扫描方式与上述相同,水平扫描驱动是由排列在水平方向的一排驱动信号线同时驱动的,一次将驱动信号送到水平方向的一排像点上。视频信号经处理后送到 1 行存储器上存储一个电视行的信号,这样配合垂直方向的驱动扫描一次就可以显示一行图像。一场中一行的显示时间等于电视信号的行扫描周期。

图 5.14(c)是面驱动方式,视频信号经处理后送到存储器形成整个画面的驱动信号,一次将驱动信号送到显示板上所有的像素单元上,它所需要的电路比较复杂。但由于每个像素单元的发光时间长,一场中的显示时间等于一个场周期 25ms,因而亮度也非常高,特别适合室外的大型显示屏。

3. 接口电路

1) VGA 接口电路

如图 5.14 所示是由视频放大器、高速 A/D 变换器、数字锁相环、中央控制器、色彩校正电路和输出缓冲器等组成的 VGA 接口电路,它的主要功能是对模拟信号进行数字化,并提供同步和消隐等控制信号。视频放大器的主要功能是将输入的模拟 RGB 信号放大到 A/D 变换器所需的电平 2V(p-p[①]),同时将放大后的 RGB 信号的电平钳位到 3.0V。实际上是采用了计算机彩色显示器中常用的视频放大器 LM1203,它的通带宽度为 70MHz。

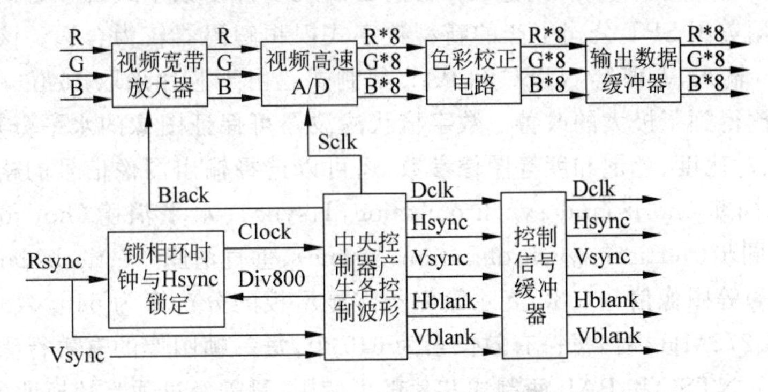

图 5.14 彩色 PDP 的标准 VGA 接口电路

该接口电路采用了富士通视频放大器和高速变换器 MB40558,其最大转换速度为 40Mbps,线性误差为 1.5%。实际使用的时钟频率为 25.1752MHz,正好是 VGA 行频

① p-p: peak-to-peak 从最大值到最小值,即正负峰间值。

31.469kHz 的 800 倍，便于分频。标准行正程时间为 25.422μs，使用的时钟采样频率为 25.1752MHz，可以达到 640 点。

色彩校正电路的主要作用如下：

(1) 进行反 γ 校正。进行反 γ 校正是为了弥补 CRT 电光转换的非线性，目前的图像信号在传输过程中应预先进行 γ 校正。而 PDP 与 CRT 的发光机理不同，所以要进行反校正。

(2) 调整 PDP 三基色的色域。由于 PDP 荧光粉是受紫外光激励而发的光，因此其色域与自然光有差异，为了使 PDP 显示器的图像更加逼近自然，设计时必须进行色域调整。具体电路是用 EPROM 以查表的方式实现的。

接口电路所有的控制信号均由中央处理器产生，该电路采用 Altera 公司的产品。设计中使用 AHDL 语言，不仅缩短了研制周期，还节约了逻辑部分。实际电路中使用 74F574 对 24 路 RGB 信号进行锁存，对同步控制信号则用 74F541 进行缓冲。

2) 视频接口

视频接口电路主要由视频解码器、中央控制器、行存储器和单片机等组成，实际电路如图 5.15 所示。

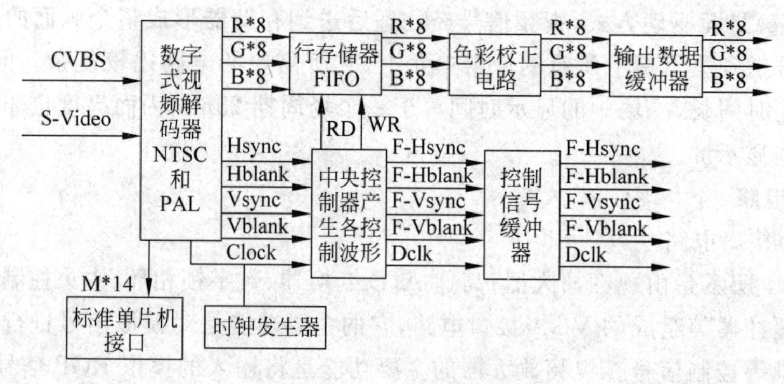

图 5.15 视频接口电路

随着数字信号处理技术的不断发展，目前已出现了许多数字式视频解码器。彩色等离子体显示板采用美国 SPT 公司生产的新型数字式视频解码器较为合适。该芯片可接收复合视频 S-Video 输入，并兼容 NTSC 和 PAL 等制式。由于芯片采取 16 位 A/D 转换器，因而图像的信噪比得到了极大的改善。数字梳状滤波器可保证图像的水平分辨率，利用单片机可控制亮度、对比度、色饱和度等图像参数，还可以选择输出图像信号的格式。解码器则用来输出水平同步(horizontal synchronization，Hsync)、水平消隐(horizontal blanking，Hblank)、垂直同步(vertical synchronization，Vsync)、垂直消隐(vertical blanking，Vblank)和奇数行(ODD)等图像信号。32 英寸等离子体显示板的分辨率为 640×480 线，在 NTSC 采样频率为 12.272MHz 时，每一有效像素为 640 个，每一帧图像的有效行为 480 行，奇、偶场各 240 行。对 NTSC 和 PAL 两制式芯片都可使用，只需经过适当转换即可。

5.2.3 等离子体显示设备的产业现状

1. PDP 的发展历史

等离子体显示器于 1964 年由美国的伊利诺伊大学的两位教授发明，20 世纪 70 年代初实现了 10 英寸 515×512 线单色 PDP 的批量生产，80 年代中期，美国的 Photonisc 公司研制了60英寸显示容量为2048×2048线单色PDP。但直到90年代才突破彩色化、亮度和寿命等关键技术，进入彩色实用化阶段。1993年日本富士通公司首先进行21英寸640×480像素的彩色PDP生产，接着日本的三菱、松下、NEC、先锋和WHK等公司先后推出了各自研制的彩色PDP，其分辨率达到实用化阶段。富士通公司开发的55英寸彩色PDP的分辨率达到了1920×1080像素，完全适合高清晰度电视的显示要求。近年来，韩国的LG、三星、现代，我国台湾的明基、中华映管等公司都已走出了研制开发阶段，建立了40英寸的中试生产线，美国的Plasmaco公司、荷兰的飞利浦公司和法国的汤姆逊公司等都开发了各自的PDP产品。

2. 等离子体显示设备的现状及发展前景

全球新型显示设备产业起步于20世纪90年代，随后，PDP、LCD就逐步引领全球市场步入平板显示时代。时至今日，各种新兴平板显示器更是百花齐放，有表面传导电子发射显示(surface-conduction electron-emitter display，SED)、OLED、LED、FED、软性显示器等，都占有不可忽视的地位。

从目前全球新型显示设备产业发展状况看，随着数字化技术、多媒体技术和高清晰度电视的发展，引发全球显示产品的一场变革，这场变革使长期占据市场主导地位的CRT显示器逐渐退出，出现了以液晶、等离子体、有机发光等平板显示(FPD)和CRT显示等多种产品互相补充、互相竞争、共同发展的局面。在短期内任何一个显示技术想完全取代另一个显示技术都是不现实的，将来一定是显示产品多元化并存的局面。CRT显示技术已经发展到了一个很成熟的阶段，未来FPD将成为显示技术的主流。在FPD中，LCD的产业化最为成熟，市场应用最为广泛，现已成为最大的新型显示器产业，而PDP也已形成较大产业，VFD和DLP也形成了一定的规模，OLED正处于产业化的前期阶段，而SED、FED和EPD正处于研究开发阶段。

等离子体显示是近年迅速发展并进入实用化的平板显示器，它主要应用于大屏幕壁挂电视、高清晰度数字电视、计算机工作站和多媒体显示。从新型显示设备产业近几年的构成来看，传统的TN/STN-LCD产值则由2004年的63亿美元下降到2006年的58亿美元，其所占的比例也降至6.8%；而代表着新型显示设备的TFT-LCD面板产值由2004年的490亿美元增长到2006年的704亿美元，年增长率为19.9%，达到了全球平板显示产业产值的82.6%；等离子体显示面板产值由2004年的42.6亿美元增长至2006年的64.2亿美元，比例上升至7.5%，但相对于2005年所占7.8%的比例，其在平板产业的地位有所下降。此外，OLED面板产值由2004年的3.31亿美元增长至2006年的8.4亿美元，世界新型显示设备产值构成如表5.1所示。

表5.1　2004—2006年世界新型显示设备产值构成及所占比例

年　份	2004年		2005年		2006年	
显示设备	产值(亿美元)	百分比(%)	产值(亿美元)	百分比(%)	产值(亿美元)	百分比(%)
TFT-LCD	490	79.1	599.8	81.1	704	82.6
TN/STN-LCD	63	10.1	60	8.1	58	6.8
PDP	42.6	6.9	57.5	7.8	64.2	7.5
OLED	3.31	0.5	5.23	0.7	8.4	1.0
其他	20.9	3.4	17.47	2.4	18.2	2.1
合计	619	100	740	100	852.8	100

中国已成为新型显示设备转移的首选地。继欧美向日本转移、日本向韩国与中国台湾地区转移后，目前全球信息产业，尤其是包括显示器在内的IT制造业正加速从韩国、中国台湾地区向中国内地转移，2006年中国内地显示器产量占全球显示器制造量的比率超过80%。除了生产制造外，部分显示器的研发力量也开始向中国内地转移。种种迹象表明，从上游原材料供应、面板，到下游终端产品生产，从制造、研发、渠道到服务，中国正全方位向世界的“显示中心”挺进。

我国在新型平板显示技术方面主要依靠从国外引进技术，尤其是高价进口液晶材料、设备等产品，我国LCD、PDP等大屏幕彩色电视机所需要的面板主要依靠进口，而这部分价值达到整机产品的80%以上，导致我国平板彩色电视机产业的利润大部分被拥有核心技术的跨国公司攫取，造成本土彩色电视机企业利润率不断下降。同时，跨国公司利用获得的高额利润进行未来核心技术研发，进一步拉大与本土企业的差距。可以说，等离子体彩色显示在中国还处于市场成长初期，距完全成熟的市场还有相当一段距离。问题主要表现在以下几个方面。

(1) 技术障碍。大多数技术还掌握在外国企业手中，技术仍然是中国企业最大的短处。但是，随着中国企业研发力度的加大，技术的劣势会逐渐淡化。

(2) 认知障碍。作为一种全新的电视产品，等离子体彩色电视机对于相当多的人仍然是陌生的。接受这一产品，需要企业和社会共同进行市场培育和消费引导。

(3) 价格障碍。等离子体彩色电视机价格长期以来高高在上，对进入家庭消费十分不利。

不可否认，等离子体显示器的显示效果出众，功能可以像多媒体计算机一样根据需要不断扩展，可以像现在的彩色电视机一样正常收看电视、VCD、DVD影碟，又可以在将来收看数字电视、上网、接收卫星电视。另外，PDP显示器具有丰富和友好的接口，除了可以连接DVD、录像机、摄像机等视听设备外，还可以连接个人计算机、电子游戏机，并通过外置的机顶盒和调谐器连接有线电视、卫星电视和数字高清晰度电视等不断扩展的多媒体信号源，成为最优秀的高清晰度多媒体显示终端。可以预见，PDP将成为一种开放的高清晰度显示设备，比目前的数字高清晰度电视先期进入家庭，成为现行彩色电视机的首选换代产品。

随着LCD 7代线、8代线的陆续建成投产，PDP在40英寸领域的优势受到很大的挑战。但是随着PDP发光效率的不断提高，成本也日益下降，PDP将进入千家万户，在40英寸以上家用电视方面获得广泛的应用，在50英寸以上大屏幕电视方面具有很明显的优势。

尽管等离子在技术上一直被认为有非常好的表现，在动态清晰度、视觉舒适度、色彩还原度、对比度、可视角度等方面都有较好表现，业内也一直有“外行看液晶，内行看等离子”的说法，但是技术堡垒一直掌握在少数厂商手中，十分封闭，没有形成完善的生态链条，限制了等离子电视的发展。

在等离子发展的初期，松下、三星、LG、日立、先锋等厂商牢牢把握技术优势以及上游的等离子面板制造资源，并且为了获取更高的利润，完全不向其他厂商开放整个产业链，这直接导致了等离子阵营的败北。之后，日系品牌陆续撤离等离子阵营，2005年，索尼、东芝放弃等离子业务；2008年，日立、先锋相继宣布退出等离子面板生产，2013年11月等离子“大户”松下宣布停止生产等离子面板，三星和LG也于2014年停止生产等离子电视，而最后的“孤军”长虹撤离等离子市场，意味着等离子电视最终失去了市场中的一席之地。

习题 5

1. 简述等离子体显示设备的基本结构。
2. 为什么说整个宇宙大部分是由等离子体构成的？
3. 简要分析等离子显示器件没有大规模流行的原因。
4. 简要分析“等离子体”飞机的优缺点。

第6章 激光显示技术及设备

CHAPTER 6

6.1 激光基本知识

6.1.1 激光技术简介

激光译自英语Laser。它是英语词组light amplification by stimulated emission of radiation(通过受激发射的放大光)的缩写,该词确切地描述了激光的作用原理。激光辐射具有一系列与普通光不同的特点,直观地观察,激光具有高定向性、高单色性或高相干性特点。用辐射光度学的术语描述,激光具有高亮度特点;用统计物理学的术语描述,激光则具有高光子简并度特点;从电磁波谱的角度来描述,激光是极强的紫外线、可见光或红外线相干辐射,且具有波长可调谐(连续变频)等特点。下面讲述与激光有关的技术。

1. 光波的调制

所谓光波的调制,是指改变载波(光波)的振幅、强度、频率、相位、偏振等参数使之携带信息的过程。光频载波调制和无线电载波调制在本质上是一样的,但在调制与解调方式上有所不同。在光频区域多用于强度调制和解调,而在无线电频段则很少使用这种调制和解调方式。此外,在光频段还常使用偏振调制,并且很容易实现,而在无线电频段,这种调制几乎不可能实现,因此,光频调制有其特殊性。它在光通信、光信息处理、光学测量以及光脉冲发生与控制等许多方面有越来越多的应用。

实现光调制的方法很多,按其调制机理的不同可划分为激励功率调制、吸收调制、声光调制和电光调制等,如表6.1所示。

表6.1 光调制分类

调制方式	调制方法	调制机理
内腔调制	电光调制	电光效应(普科尔、克尔效应)
外腔调制	声光调制	声光效应(拉曼、布拉格衍射效应)
	磁光调制	磁光效应(法拉第、电磁场移位效应)
	其他调制	机械振子、运动(调制盘)等
直接调制	电源调制	用激励功率改变激光输出功率

2. 电光调制

电光调制的物理基础是电光效应。电光效应是指物质的折射率因外加电场而发生变化的一种效应，常用的电光效应有线性电光效应和二次电光效应两种。线性电光效应又称普克尔(Pockel)效应，它表现为折射率随外加电场呈线性变化；二次电光效应又称科尔(Kerr)效应，它表现为折射率随外加电场平方成比例变化。

3. 声光调制

超声波是一种弹性波，超声波在介质中传播时，将引起介质密度呈疏密交替地变化，其折射率也将发生相应的变化。这样对于入射光波来讲，存在超声波场的介质可以视作一个超声光栅，光栅常数等于声波波长。入射光将被光栅衍射，衍射光的强度、频率和方向都随超声场而变化，声光调制器就是利用衍射光的这些性质来实现光的调制和偏转的。

声波在介质中传播分为行波和驻波两种形式。行波所形成的超声光栅在空间是移动的，介质折射率的增大和减小是交替变化的，并以声速向前推进。折射率的瞬时空间变化可以用式(6-1)表示，即

$$\Delta\eta(z,t) = \Delta\eta\sin(\omega_s t - k_s z) \tag{6-1}$$

式中，ω_s 为声波的角频率；k_s 为声波的波数，$k_s=\frac{2\pi}{\lambda_s}$；$\lambda_s$ 为声波波长。

驻波形成的位相光栅是固定在空间的，可以认为是两个相向行波叠加的结果，介质折射率随时间变化的规律为

$$\Delta\eta = 2\Delta\eta\sin\omega_s t \cdot \sin k_s z \tag{6-2}$$

在一个声波周期内，介质出现两次疏密层结构。在波节处介质密度保持不变，在波腹处折射率每半个声波周期变化一次。作为超声光栅，它将以频率 $2f_s$，即声波频率的 2 倍交替出现。

4. 调 Q 技术

大量固体激光器的实验证明，在毫秒量级的脉冲光泵激励下，激光振荡输出不是单一的平滑脉冲，而是由宽度为微秒量级的强度不等的小尖峰组成的脉冲序列，称之为“弛豫振荡”。输出激光的这种尖峰结构严重地限制了它的应用范围。在激光测距、激光雷达、激光制导、高速摄影、激光加工和激光核聚变等应用领域中，都要求激光器能输出高峰值功率的光脉冲。但单纯增加泵浦能量对激光峰值功率的提高影响并不大，只会使小尖峰脉冲的个数增加，相应地尖峰脉冲序列分布的时间范围更宽了。欲使输出峰值功率达到 MW 级以上，必须使分散在数百个小尖峰序列脉冲中辐射出来的能量集中在很短的一个时间间隔内释放。调 Q 技术就是为适应这种需要而发展起来的。

5. 锁模技术

调 Q 技术所能获得的最窄脉宽约为 10^{-9} s 量级，而在非线性光学、受控核聚变、等离子体诊断、高精度测量等领域中，往往需要宽度更窄的脉冲($10^{-15} \sim 10^{-12}$ s)。锁模技术就是获得超短脉冲的一种技术。

6. 选模技术

激光器通常是多模振荡，包括多纵模和多横模。前者按频率区分模数，后者按空间区分模数。尽管谐振腔对纵模和横模都有限制作用，但是在有些场合，如要求提高相干长度时，仍然是不够的。这就需要进一步选模，即选择特定的模式允许振荡，按频率和空间区分的模数同时尽可能减小。极限情况下，则要求单波型，即单一频率、单一空间波型振荡。

7. 稳频技术

激光器经过选模，实现了单模输出，维持频率稳定就显得很重要。单模特性最好的是气

体激光器,因此稳频的主要对象是气体激光器。虽然激光线宽要比其他单色光的线宽窄得多,但是毕竟还有一定的频率宽度,若对激光器的频率进行测量,把测量的时间 t 分成很多小段 $\Delta t_1, \Delta t_2, \cdots, \Delta t_n$。那么在时间 Δt_i 和 Δt_{i+j} 内所测量出来的数值并不相同。同样,选取时间间隔 Δt_i 的大小不同,测量的结果也会有差别。

在测量时间 t 内,激光频率的稳定度 $s_v(t)$ 定义为

$$s_v(t) = \frac{1}{t}\int_0^t \frac{v(t)\,dt}{v_{max} - v_{min}} = \frac{\overline{v}}{\Delta v(t)} \tag{6-3}$$

式中,v_{max}、v_{min} 为在 t 时间内测得的频率 v 的极大值和极小值。v_{max} 与 v_{min} 的差值 $\Delta v(t)$ 是在时间 t 内频率起伏的数值。$\overline{v} = \frac{1}{t}\int_0^t v(t)\,dt$ 表示在同一时间内频率的平均值。故频率稳定度的定义为在测量时间内频率 v 的平均值与它的起伏值之比。显然,$\Delta v(t)$ 越小,$s_v(t)$ 越大,表示频率的稳定性越好。习惯上,通常把 $s_v(t)$ 的倒数作稳定度的量度,即式(6-3)改写为

$$\frac{1}{s_v(t)} = \frac{\Delta v(t)}{\overline{v}} \tag{6-4}$$

例如,常说稳定度 10^{-8}、10^{-9}、10^{-10} 等,就是由此式而得。

6.1.2 激光的特性

1. 高方向性(高定向性)和空间相干性

激光方向性好是由其产生的物理过程决定的。在激光诞生前,所有各类光源发出的光都是非定向性的,向空间四面八方辐射,不能集中在确定的方向上发射到较远的地方。采用定向聚光反射镜的探照灯,其发射口径为 1m 左右,由其会聚的光束的平面发散角约为 10rad(弧度),即光束传输到 1km 外,光斑直径已扩至 10m 左右,激光器发出光束的定向性在数量级上大为提高。输出单横模的激光器所发出的光束经过发射望远镜的光束口径同样为 1m,由衍射极限角所决定的平面发散角只有 6~10rad,即光束传输至 10^3km 外,光斑直径仅仅扩至几米。定向性好是激光的重要优点,表示光能集中在很小的空间传播,能在远距离获得强度很大的光束,从而可以进行远距离激光通信、测距、导航等。在实际应用中,通常是根据激光束沿光传播路径上,光束横截面内的功率或者能量在空间二维方向上的分布曲线的宽度来确定平面发散角的大小。在近似情况下,激光器输出的平面发散角等于光束的衍射角,则有

$$\theta = \theta_{衍} \approx 1.22\,\frac{\lambda}{D} \tag{6-5}$$

式中,λ 为波长;D 为光束直径。θ 取值单位一般以弧度或毫弧度表示,一般情况下,$\theta > \theta_{衍}$。

立体发散角为 $\Omega = \Omega_{衍} = \left(\frac{\lambda}{D}\right)^2$,其取值单位为球面度。

设激光束平面发散角为 θ,在光源处的光束直径为 D,波长为 λ,则光束传输 L 距离后,光束直径将增加为(当 $L >> D$ 时)

$$W_L = L \cdot \theta \approx 1.22\,\frac{L\lambda}{D} \tag{6-6}$$

研究表明,光的相干特性可区分为空间相干性和时间相干性。空间相干性又可称为横

向相干性，由所谓横向相干长度 $D_{相干}$ 来表征，其大小由光束的平面发散角 θ 决定，即

$$D_{相干}=\frac{\lambda}{\theta}D_{相干}^{2} \tag{6-7}$$

定义相干截面为 $S_{相干}$，即

$$S_{相干}=D_{相干}^{2} \tag{6-8}$$

式(6-8)的物理意义是：在光束整个截面内的任意两点间具有完全确定的相位关系的光场振动是完全相干的。

测量激光定向性的最简单方法是打靶法。该方法的具体步骤是，在激光传输的光路上，放一个长焦距透镜 L，并在其焦平面上放一个定标的靶(单位烧蚀质量上所需能量的多少是已知的)，根据靶材的破坏程度，如烧蚀的质量、孔径和穿透深度来估算激光的定向性，如图 6.1 所示。假设当发散角为 θ(rad)时烧蚀孔直径为 D(mm)，则 $\theta=\frac{D}{f}$，其中 f 是透镜焦距，单位是 mm。由图 6.1 可知，$\tan\frac{\theta}{2}\approx\frac{D}{2f}$时，当 θ 很小时，$\frac{\theta}{2}\approx\frac{D}{2f}$。打靶法较为直观，但较粗糙。

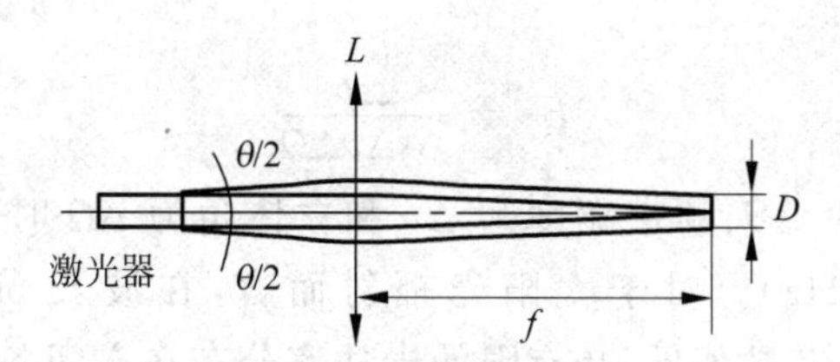

图 6.1 打靶法测量定向性示意图

测量激光定向性除了打靶法外，还有套孔法、光楔法和圆环法。它们均能获得较高的精度，并能较正确地反映激光强度随发散角分布的情况，但是，这些方法不够直观，操作复杂，实验室很少采用。

2. 单色性和时间相干性

以激光辐射的谱线宽度表征辐射的单色性和激光的相干时间。设单一自发辐射谱线宽度为 Δv 或 $\Delta\lambda$，中心频率和波长分别为 v 和 λ，则单色性量度用比值$\frac{\Delta v}{v}$或$\frac{\Delta\lambda}{\lambda}$来表征。单色性和相干时间 $\tau_{相干}$ 之间存在简单关系，即

$$\tau_{相干}=\frac{1}{\Delta v} \tag{6-9}$$

即单色性越高，相干时间越长。有时还用所谓纵向相干长度 $L_{相干}$ 来表示相干时间，则有

$$L_{相干}=\tau_{相干}\cdot c=\frac{c}{\Delta v} \tag{6-10}$$

式中，c 为光速；$L_{相干}$ 为光波在相干时间 $\tau_{相干}$ 内传播的最大光程。

式(6-10)的物理意义是：在不大于此值的空间延时范围内，被延时的光波和后续光波应完全相干。

在普通光源中，单色性最好的光源是氪同位素 86(Kr^{86})灯发出的波长 $\lambda=0.6057\mu m$ (605.7nm)的光谱线。在低温下，其谱线半宽度 $\Delta\lambda=0.47\times10^{-6}\mu m$，单色性程度为$\frac{\Delta\lambda}{\lambda}=$

10^{-6}量级。这表明用这种光去进行精密干涉测长，最大量程不超过1m，测量误差为1μm左右，这与激光的单色性相比相差甚远。例如，单模稳频的氦氖激光器发出的波长$\lambda=0.6328\mu$m的光谱线，其谱线半宽度$\Delta\lambda<10^{-12}\mu$m，输出的激光单色性可达$\Delta\lambda/\lambda=10^{-10}\sim10^{-13}$量级。用这种激光去进行干涉测长，量程可扩展到1000km，其测量误差小于$10^{-2}\sim10^{-1}\mu$m量级。利用激光的高单色性，不仅能极大地提高各种光学干涉测量方法的精度和量限，而且还提供了建立以激光为标准的新的长度、时间和频率标准的稳定性。以高单色性的激光作为光频相干电磁波，可同时传送地球上所有电视台、广播电台的节目及所有电话间的对话信息。此外，还可对各种物理、化学、生物学等过程进行高选择性的光学激发，达到对有关过程进行深入研究和控制的目的。测量波长，在毫米波段上利用微波测量技术，在红外线和可见光波段上应用光谱测量技术，尤其是干涉光谱测量技术，也可用差拍和外差的射频测量技术。

3. 高亮度和光子简并度

对激光辐射而言，由于发光的高定向性、高单色性等特点，决定了它具有极高的单色定向亮度值。光源的单色亮度B_v定义为单位截面、单位频带宽度和单位立体角内发射的功率，即

$$B_v=\frac{\Delta p}{\Delta s\Delta v\Delta\Omega} \tag{6-11}$$

式中，ΔP为光源的面元为ΔS、频带宽度为Δv和立体角为$\Delta\Omega$时所发射的光功率；B_v的量纲为$W/(cm^2\cdot sr\cdot Hz)$。对于太阳光辐射而言，在波长500nm附近$B_v\approx2.6\times10^{-12}W/(cm^2\cdot sr\cdot Hz)$，其数值低，是有限的光功率分布在空间各个方向以及极其广阔的光谱范围内的结果。对于激光辐射来讲，一般气体激光器定向亮度$B_v=10^{-2}\sim10^2W/(cm^2\cdot sr\cdot Hz)$，一般固体激光器$B_v=10\sim10^3W/(cm^2\cdot sr\cdot Hz)$，调$Q$大功率激光器$B_v=10^4\sim10^7W/(cm^2\cdot sr\cdot Hz)$。

对于激光辐射而言，尤其重要的是激光功率或能量可以集中在少数的波形（单一或少数模式）之内，因而具有极高的光子简并度。这是激光区别于普通光源的重要特点，也就是说高的光子简并度是激光的本质，它表示有多少个性质完全相同的光子（具有相同的能量、动量与偏振）共处于一个波形（或模式）之内，这种处于同一光子态的光子数称为光子简并度。从对相干性的光子描述出发，相干光强决定于相干性光子的数目或同态光子的数目。因此，光子简并度具有以下几种相同的含义：同态光子数，同一模式内的光子数，处于相干体积内的光子数，处于同一相格内的光子数。

设激光单色辐射的光功率为ΔP，中心波长为λ，光源的面元为ΔS，立体发散角为$\Delta\Omega$，激光振荡的总频率范围为Δv，则光子简并度$\bar{n}$为

$$\bar{n}=\frac{\Delta p}{(2hv/\lambda^2)\cdot\Delta S\cdot\Delta\Omega\cdot v} \tag{6-12}$$

将式(6-11)代入式(6-12)可得

$$\bar{n}=\frac{B_v}{2hv/\lambda^2} \tag{6-13}$$

或

$$B_v=\frac{2hv}{\lambda^2}\bar{n} \tag{6-14}$$

从以上几式相比较可看出，单色定向亮度与光子简并度是两个彼此相当的物理量，都是同时综合地表示光源辐射的定向性(Ω)、单色性(Δv)和功率密度(P/S)的重要参量，但从激光物理过程来说，无疑光子简并度是更本质、更直接的物理量。根据式(6-7)可算出几种类型激光器在 $\lambda=500$nm 时的光子简并度为：一般气体激光器$\bar{n}=10^8\sim10^{12}$，一般固体激光器$\bar{n}=10^{11}\sim10^{13}$，调 Q 大功率激光器$\bar{n}=10^{14}\sim10^{17}$。

6.1.3　常用激光器

1960 年，美国人梅曼(Maiman)首次在实验室用红宝石晶体获得了激光输出，开创了激光发展的先河。此后，激光器件和技术获得了突飞猛进的发展，相继出现了种类繁多的激光器。

激光按其产生的工作物质的不同可分为气体激光器、固体激光器、半导体激光器、液体激光器、化学激光器和自由电子激光器等。

1. 气体激光器

气体激光器又可分为原子、分子、离子气体激光器 3 大类。原子气体激光器中，产生激光作用的是没有电离的气体原子，其典型代表是氦氖激光器。分子气体激光器中，产生激光作用的是没有电离的气体分子，分子激光器的典型代表是 CO_2 激光器、氮分子(N_2)激光器和准分子激光器。离子激光器的典型代表是氩离子(Ar+)和氦镉(He-Cd)离子激光器。

气体激光器具有以下特点。

(1) 发射的谱线分布在一个很宽的波长范围内，已经观测到的激光谱线不下万余条，波长几乎遍布了从紫外到远红外整个光谱区。

(2) 气体工作物质均匀性较好，使得输出光束的质量较高。

(3) 气体激光器很容易实现大功率连续输出，如 CO_2 激光器目前可达万瓦级。

(4) 气体激光器还具有转换效率高、工作物质丰富、结构简单和器件成本低等特点。由于气体原子(分子)的浓度低，一般不利于做成小尺寸大能量的脉冲激光器。

由于气体激光器具有以上优点，已经被广泛应用于准直、导向、计量、材料加工、全息照相以及医学、育种等领域。

2. 固体激光器

固体激光器是将产生激光的粒子掺于固体基质中。工作物质的物理、化学性能主要取决于基质材料，而它的光谱特性则主要由发光粒子的能级结构决定，但发光粒子受基质材料的影响，其光谱特性将有所变化。固体工作物质中，发光粒子(激活离子)都是金属离子。可作为激活离子的元素有 4 大类。

(1) 过渡族金属离子，如铬(Cr^{3+})、镍(Ni^{2+})、钴(Co^{2+})等。

(2) 3 价稀土金属离子，如钕(Nd^{3+})、镨(Nd^{3+})、钐(Sm^{3+})、铕(Eu^{3+})、镝(Dy^{3+})、钬(Ho^{3+})、铒(Er^{3+})、镱(Yb^{3+})等。

(3) 2 价稀土金属离子，如钐(Sm^{2+})、铒(Er^{2+})、铥(Tm^{2+})、镝(Dy^{2+})等。

(4) 锕系离子，这类离子大部分为人工放射元素，不易制备，其中只有铀(U^{3+})曾有所应用。

工作物质的基质材料应能为激活离子提供合适的配位场，并应具有优良的力学性能、热性能和光学质量，基质材料分为玻璃和晶体两大类。

最常用的基质玻璃有硅酸盐、硼酸盐和磷酸盐玻璃等。用作基质的主要晶体如下。

(1) 金属氧化物晶体,如白宝石(Al_2O_3)、氧化钇(Y_2O_3)、钇铝石榴石[$Y_3Al_5O_{12}$(YAG)]、钇镓石榴石[$Y_3Ga_5O_{12}$(YGaG)]、钆镓石榴石[$Gd_3Ca_5O_{12}$(GdGaG)]和钆钪钜石榴石(GdSAG)等。

(2) 铝酸盐、磷酸盐、硅酸盐、钨酸盐等晶体,如铝酸钇[$YAlO_3$(YAP)]、氟磷酸钙[$Ca(PO_4)_3F$]、五磷酸钕(NdP_5O_{14})、硅酸氧磷灰石(CaLaSOAP)、钨酸钙($CaWO_4$)等。

(3) 氟化物晶体如氟化钙(CaF_2)、氟化钡(BaF)、氟化镁(MgF_2)等,能实现激光振荡的固体工作物质多达百余种,激光谱线多达数千条。其中典型的代表是Nb^{3+}-YAG、红宝石、钕玻璃激光器。

固体激光器的突出特点是:产生激光的粒子掺于固体物质中,浓度比气体大,因而可获得大的激光能量输出,单个脉冲输出能量可达上万焦耳,脉冲峰值功率可达$10^{13}\sim10^{14}$ W/cm^2,因固体热效应严重,连续输出功率不如气体高。但是固体激光器具有能量大、峰值功率高、结构紧凑、牢固耐用等优点,已广泛应用于工业、国防、医疗、科研等方面。

3. 半导体激光器

半导体激光器是以半导体为工作物质的激光器。常用的半导体激光器材料有CaAs(砷化镓)、CdS(硫化镉)、PbSnTe(碲锡铅)等。半导体激光器有超小型、高效率、结构简单、价格便宜等一系列特点。在光纤通信、激光唱片、光盘、数显等领域有广泛应用。

4. 液体激光器

液体激光器可分为两类:有机化合物液体(染料)激光器(简称染料激光器)和无机化合物液体激光器(简称无机液体激光器)。虽然都是液体,但它们的受激发光机理和应用场合却有着很大的差别。染料激光器已获得了广泛的应用,已发现的有实用价值的染料约有上百种,最常用的有若丹明6G、隐花青、豆花素等。

染料激光器的特点如下。

(1) 激光波长可调谐且调谐范围宽广,它的辐射波长已覆盖了从紫外321nm至近红外1.3μm谱线范围,一些染料激光波长连续可调范围达上百纳米。

(2) 可产生极短的超短脉冲,脉冲宽度可压缩到3×10^{-15}s。

(3) 可获得窄的谱线宽度,线宽可达6×10^{-5}nm,连续染料激光可达10^{-6}nm。

5. 化学激光器

化学激光器是基于化学反应来建立粒子反转的,如氟化氢(HF)、氟化氘(DF)等化学激光器。化学激光器的主要优点是能把化学能直接转换成激光能,不需要外加电源或光源作为泵浦源,在缺乏电源的地方能发挥其特长。在某些化学反应中可获得很大的能量,因此可得到高功率的激光输出。这种激光器可以作为激光武器用于军事领域。

6. 自由电子激光器

自由电子激光器不是利用原子或分子受激辐射,而是利用电子运动的动能转换为激光辐射的,因此它的辐射波长可以在很宽的范围内(从毫米波直到X光)连续调谐,而且转换效率可达50%。

如图6.2所示为各类激光器的波长覆盖范围。

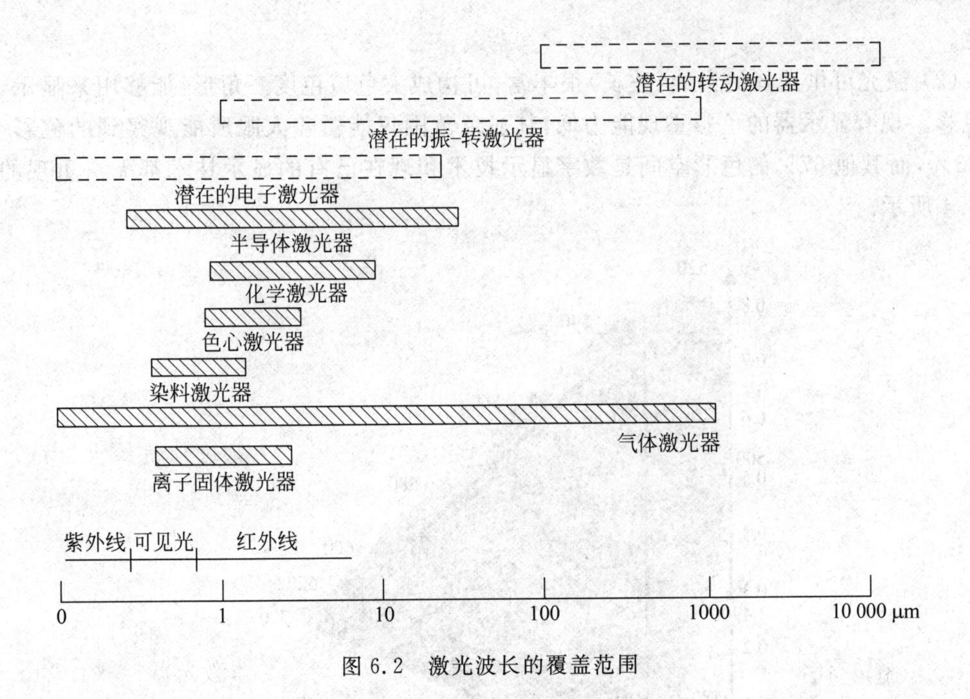

图 6.2　激光波长的覆盖范围

6.2　激光显示设备

6.2.1　激光显示原理

科技日益进步，显示技术亦日新月异。正当很多消费者还在考虑是否需要购买一部液晶电视或等离子电视来欣赏高清视频节目之际，其实已有多种新一代显示技术蓄势待发，即将为平板显示领域注入新活力。被喻为是“液晶和等离子杀手”的激光电视机(laser TV)便是一种全新的激光显示器件(laser projection display，LPD)。

显示技术在经历了黑白、彩色和数字显示时代之后，将迎来以激光显示技术(laser display technology，LDT)为主流技术的全色显示时代，如图 6.3 所示。

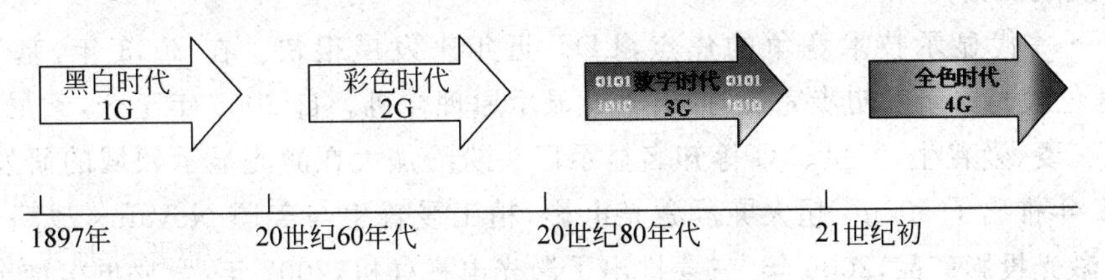

图 6.3　显示技术的 4 个发展时代

在北京第 29 届奥林匹克运动会开幕式中，有一段激光背景表演，以蓝色为主色调，并有红、黄色激光穿插其间，激光还在背景台上打出了游动的鲸鱼，缶声阵阵加上闪烁的激光，瞬间将鸟巢变为璀璨的银河……，激光显示技术向中国和世界呈现了一场美轮美奂的激光舞台艺术魅力。

激光具有单色性好、方向性好和亮度高等优点，用于显示具有以下优势。

(1) 激光发射光谱为线谱，色彩分辨率高，色饱和度高，能够显示非常鲜艳而且清晰的颜色。

（2）激光可供选择的谱线（波长）很丰富，可构成大色域色度三角形，能够用来显示丰富的色彩。现有显示器的色彩重现能力低，其显色范围仅能覆盖人眼所能观察到的色彩空间的33%，而其他67%的色彩空间是数字显示技术和现在已有的显示技术都无法重现的，如图6.4所示。

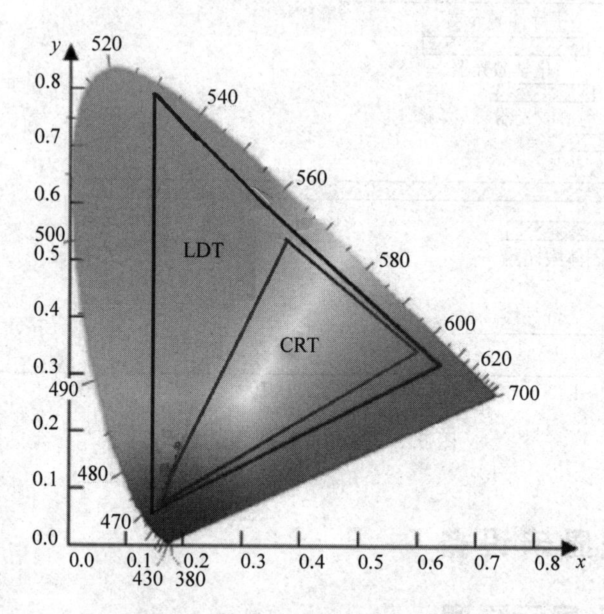

图6.4 显示技术可以显示的色彩空间

（3）激光方向性好，易实现高分辨显示。

（4）激光强度高，可实现高亮度、大屏幕显示。

可以说激光显示是当今保真度最高的显示技术，可显示色彩最丰富、最鲜艳、清晰度最高的视频图像。LDT除了吸收前一代高清晰度数字信号等方面优点同时在色域表现、寿命、成本方面均有所提高。因此能够同时实现高清晰、大色域的LDT势必成为今后显示技术研究和发展的方向。

作为下一代显示技术竞争的焦点，LDT近年来发展很快。在2003年，基于全固态RGB三基色激光器研发初步完成，推出激光显示原理样机。自2005年至今，索尼、松下、日立、东芝、三菱、爱普生、三星、LG等知名显示巨头纷纷加大在激光显示领域的研发力度，索尼在2005年推出了500m^{2}超大屏幕激光电影，精工爱普生与美国Novalux战略合作开发了3LCD激光投影产品，2006年，三菱推出了激光电视样机，2007年，索尼再次推出了55英寸激光电视样机。在英国、德国都有一批激光显示的企业在研究激光显示和激光电视。最近，更有三星公司推出了采用激光投影技术的手提式数字投影机，获得了美国工业设计协会（IDA）和BusinessWeek联合颁发的设计银奖。另外，Kopin微显示技术公司与Explay投资公司展示了最新研制的微型投影机产品，并将其命名为Nano-Projector。我国中视中科公司2005年推出60英寸、80英寸、140英寸激光电视样机，2006年推出200英寸前投影样机，2007年完成40平方米投影屏幕激光数字电影放映机样机，在激光显示领域具有世界先进水平。根据美国专业媒体《激光世界》预测，2010年前后，激光显示技术将在全球形成每年570亿美元的产业规模。

相比LCD或DLP等技术来说，LDT运用于投影机显示方面的研究与应用还非常短。严格来说，目前还没有真正意义上的激光投影机成品，更不用说产量。高精尖的激光技术与庞大的电视、电影、投影等显示市场结合时，会使上述产业在原有基础上更大幅度、更迅猛地发展，比如小到55英寸的背投式激光电视机、大到100m^{2}的前投式激光电影放映机及可在水、建筑物表面、山岩、云层等空间成像式的激光投影机，为人们带来全新的视觉震撼。

激光投影显示原理如图6.5所示，激光投影显示系统包含红、绿、蓝三色的激光光源、照明系统、光阀、投影物镜和投影屏。由激光出射的光束，经照明系统，均匀照明光阀。被均匀照明的光阀经投影物镜，将光阀上的图像，成像至投影屏上供人们观赏。人眼接收投影屏上散射后的光束，并在视网膜上形成投影屏的图像，这个图像才是观众观察到的图像。

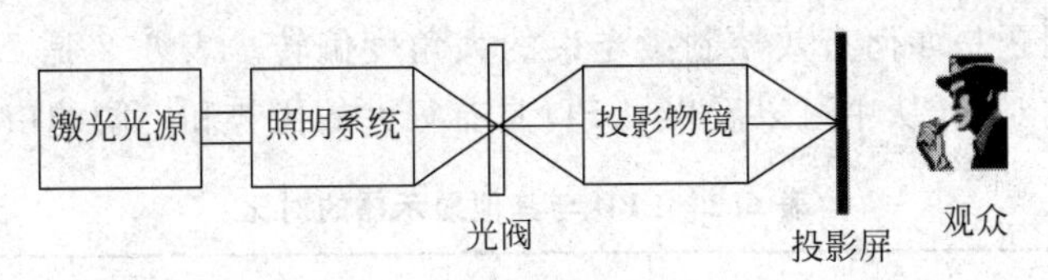

图6.5　激光投影显示原理

实现显示三基色激光的方案有多种，如每个激光显示器件采用3种波长的激光二极管(laser diodes，LD)以发出红、绿和蓝色波长的激光，采用非线性频率变换技术的LD全固态激光器通过腔内倍频、腔外倍频或自倍频等方案获得红、绿、蓝激光。如图6.6所示即为一个实现RGB激光输出的方案，532nm绿光泵浦KTP-OPO光参量振荡器，选择适当的泵浦方向，可以输出1257nm和922nm两种红外光，再分别用KTP(磷酸氧钛钾)和BBO(偏硼酸钡)晶体对这两红外光倍频(SHG)，即可得到628nm红光和461nm蓝光输出。

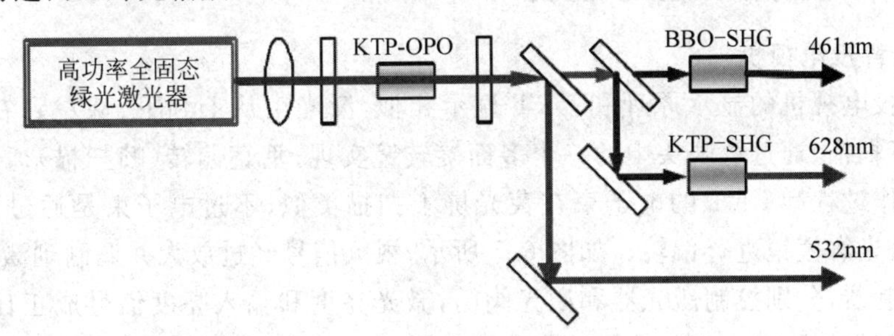

图6.6　实现RGB激光输出的激光显示系统方案

激光显示器件都不需要镜头，这大大降低了系统的成本，而且没有高发热量的灯泡，所以设计上更为方便自由。最重要的是，激光发生器的100%功率寿命可以达到2×10^5h，而灯泡的50%功率寿命大概在2000h，即便是经济模式也只有8000h。因此，LPD已经可以当电视机使用了，特别是激光投影机没有紫外线的困扰，对用户更为安全。这两个问题解决之后，投影机不仅会大幅度降价，还有可能使得生产投影机的技术门槛大幅度降低，从而带动投影机真正走入家庭。综上所述，LPD有以下一些特点。

(1) 体积小。可以做到烟盒般大，携带非常方便。

(2) 亮度高，颜色鲜艳。因为LPD采用的投射介质是激光，所以在亮度和色饱和度方面表现很突出。

(3) 制造工艺简单。因为它的原理非常简单，所以所需元器件较少，成本也低，很容易建成一条生产线。

(4) 功耗低。它与传统的投影仪有所不同，只需要产生小功率的激光即可。

(5) 显示速度快，视角范围广。

(6) 显示颜色丰富。它的色彩采用三基色调制方法，显示颜色数与 CRT 相当。

(7) 造型灵活。它可以做成前投型和背投型或背投一体化型。根据具体应用，可做成大型机(形成超大尺寸画面)，也可做成微型机(形成一般尺寸画面)。

影响 LPD 显示质量的因素主要有以下两点。

(1) 激光束的纯度和波长。

(2) 激光控制阀门和控制激光偏转的效率与速度。

设计的关键问题是如何有效控制激光束的大角度偏转。表 6.2 是 LPD 与目前市场上各种流行显示器的对比，从中可以看出，LPD 具有很大的优势和广阔的市场前景。

表 6.2 LPD 与其他显示器的对比

种类＼参数	显示效果	体积	显示尺寸	功耗	工艺复杂度	制造成本	价格
CRT	好	庞大	较小	大	较简单	较高	一般
等离子	较差	轻薄	大	大	复杂	高	昂贵
液晶	较差	轻薄	大	小	复杂	高	昂贵
LPD	好	很小	大	小	简单	较低	一般

6.2.2 常用激光显示器件

1. 激光背投电视机

激光背投电视机的显示原理和 CRT 显示相似，激光束从上到下、从左到右进行扫描，水平偏转(行扫描)通过放映头中的一个多面旋转镜实现，垂直偏转(帧扫描)通过一个倾斜镜实现。工作过程和 CRT 的电子束在荧光屏上扫描类似，不过电子束是通过磁场偏转完成扫描，而激光靠棱镜进行偏转。如图 6.7 所示，视频信号经过放大并调制到激光发生器和激光阀门控制器，分别控制激光器和激光阀门，激光亮度和输入亮度信号成正比，进行同步变化。激光阀门按照输入视频信号的变化控制激光束的水平偏转和垂直偏转，然后投射到屏障上，形成图像。在此期间，整幅画面的呈现也用到了人的视觉暂留原理，这跟 CRT 是一致的。要想呈现彩色，只要加上绿色、蓝色相同构造的激光投影系统并进行同步即可实现。

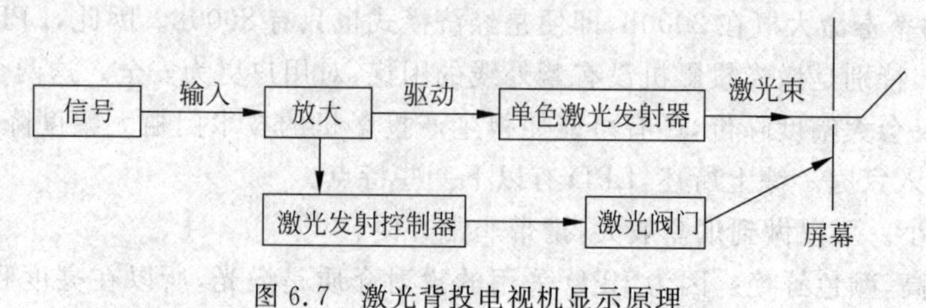

图 6.7 激光背投电视机显示原理

从图 6.7 可看出，激光电视机的结构简单，容易建立生产线。只要激光功率足够大，亮度就可以很高；当激光束足够细，显示分辨率就可以非常高；提高控制阀门的控制速度，就可以得到很高的刷新率，避免闪烁。

现在，激光电视机有 3 种光线处理方式。一种是激光扫描技术，扫描技术需要很精细的镜片加工和装配；另外两种是阵列激光技术和激光光纤导入技术，它们都需要使用成像设备，不过不是控制激光本身，而是改进激光光源的利用方式。通过使用阵列激光技术，把 RGB 三色激光分别做成大规模的阵列，通过硅片加工技术实现成本的大幅度降低，既保证了单个激光头满足公开环境下的使用，又提高了整体的光效输出。由于要使用成像芯片，体积无法做到很小，而且需要保证激光模块与成像模块的角度，否则无法呈现大尺寸的画面。把激光通过光纤导入一个扩散器，使得激光的面积成百倍放大，并且重新适当聚焦之后，投射到成像元件上成像输出。

美国 Novalux 公司宣称，和液晶以及等离子电视比较，激光电视机可以把成本降低一半，同时将显示色彩范围增加一倍，电力消耗降低 75%。激光电视的最大问题在于背投的厚度问题，可能无法和轻松实现壁挂的液晶、等离子相比，而目前使用越来越多的 DLP 技术可解决这一问题，索尼展示的激光背投厚度就在 25cm 以内，也可实现壁挂。

2. 激光前投电影放映机

激光电影放映机、激光投影机基本上基于普通的投影技术，将原有的 UHP(ultra high performance，超高压)汞灯泡换成了激光器(见图 6.8)，在前投显示中方便应用。

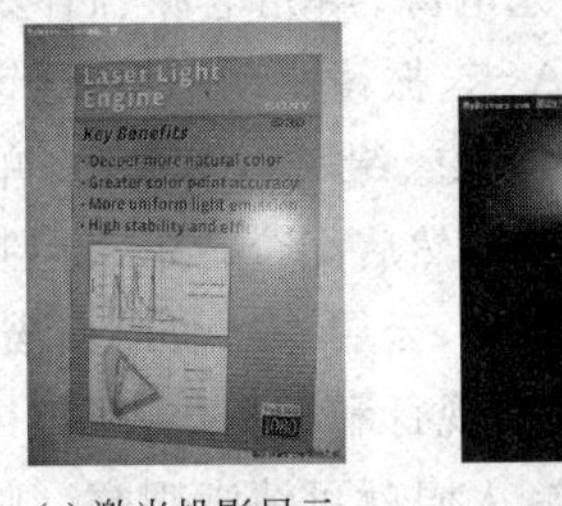

(a) 激光投影显示

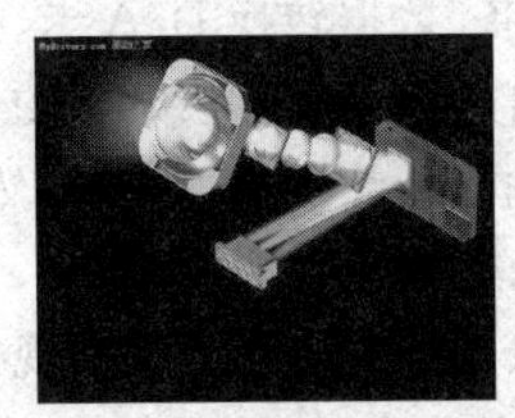

(b) 三枪式

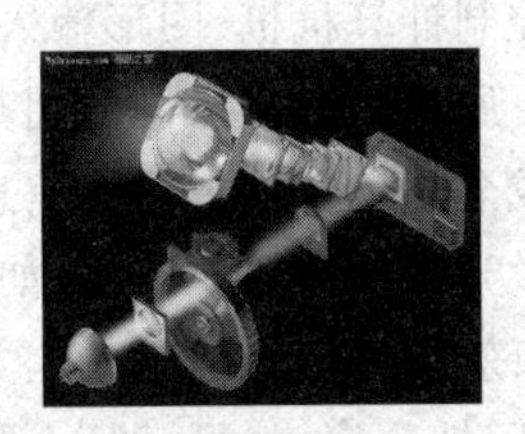

(c) 色轮式

图 6.8　激光电影放映机、激光投影机

全色激光放映机、投影机是一种体积小(可以做到烟盒般大小)、画面大，与 CRT 色彩还原能力相当的前投型显示器，它用红、绿、蓝三束波长极短的激光束分别打到屏幕上，并进行色彩调制，从而达到还原真彩图像的目的，如图 6.9 所示。

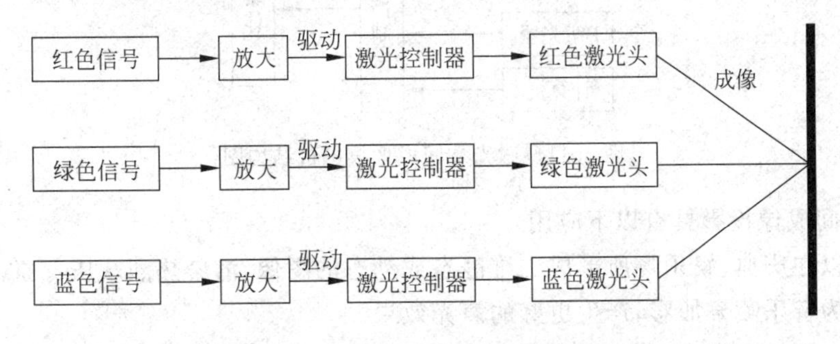

图 6.9　全色激光放映机、投影机显示原理

从图6.9可以看出，全色激光放映机、投影机原理简单，只要激光的功率足够大，激光束足够细，那么其投影图像尺寸将会非常大，画面将会非常细腻，亮度足够亮。所以，用户只要带着笔记本电脑，带着激光显示器，就能在任何地方挂起一张白布看露天电影，欣赏数码相片。

3. 激光空间成像投影机

空间成像显示具有高现场感，是观看在空间形成的像，因为图像具有纵深而大大提高了真实感和现场感。从原理上说，图像大小与显示器无关，可以很大。要实现远距离超大屏幕显示必须具有高亮度光源(如激光器)和高速扫描器件，激光空间成像投影机将计算机技术、激光技术和图像处理技术运用于娱乐，融光、机电、计算机技术于一体(见图6.10)。

(a) (b)

图6.10 激光空间成像显示

激光空间成像投影机由激光器(包括光学系统、激光电源、声光电源、制冷系统)和扫描系统(包括控制计算机机、图形输入设备、数据转换D/A卡、振镜驱动电源、透镜)组成，其结构如图6.11所示。激光投影使用具有较高功率(瓦级)的红、绿、蓝(三基色)单色激光器为光源，混合成全彩色。它把用户信息输入计算机加以编辑，然后配合音乐来控制高速振镜的偏转，反射激光投向空间或屏幕(如水幕、建筑物表面、山岩、云层等)，快速扫描形成文字、图形动画、光束效果等特殊的激光艺术景观。有多种方法实现行和场扫描，当扫描速度高于所成像的临界闪烁频率，就可满足人眼"视觉残留"的要求，人眼就可清晰观察。临界闪烁频率是观察周期性目标时恰好不能感觉出其闪烁的频率。在激光投影系统中，临界闪烁频率应不低于50Hz。

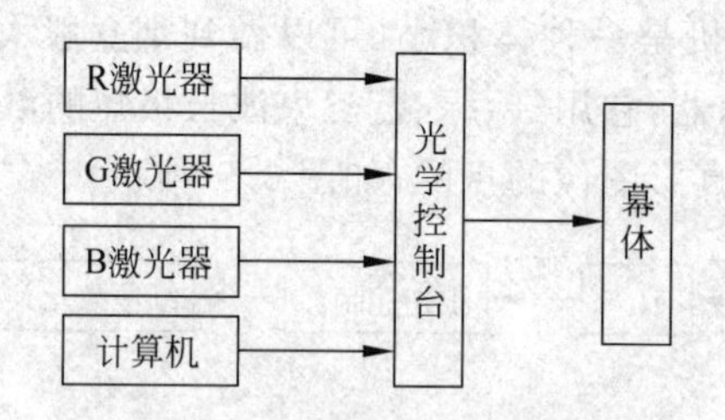

图6.11 激光空间成像投影机结构图

激光空间成像投影具有以下应用。

(1) 可以在庆典、娱乐场所形成二维静态或动态的图像，渲染热烈欢庆气氛。

(2) 可为音乐喷泉加彩，产生更好的声光效果。

(3) 可以在报告厅、展览会造成引人入胜的激光显示效果。

(4) 可在靶道测量中模拟形成一个具有逼真形态和动态的虚拟靶标，来测量靶标弹着点位置。

由于激光具有亮度高、方向性好等特点，使激光空间成像投影所具有的远距离超大屏幕显示的优点是其他方法无可比拟的。

(1) 投影表面可以是平面也可以是曲面，可以是雾幕(烟雾和气雾)、水帘，也可以是墙面、布幕或平板毛玻璃，只要是光散射物质就行。

(2) 由三基色混合成的彩色色调丰富饱和。

(3) 无余辉磷光，背景干净，对比度高。

(4) 因为不需要庞大笨重的屏幕，因此整个系统小巧轻便，便于携带。

6.2.3 激光显示技术展望

激光显示技术的开发是显示技术的一次革命，它的显示原理和内部结构完全不同于传统显示技术，它具有更稳定的运行性和更方便的应用性，且采用激光显示技术的产品体积比目前任何一种技术的产品都小，因此激光显示器可内嵌于手机、PDA、游戏机，甚至是车载设备。激光显示技术可能改变目前显示设备，尤其是投影显示设备的市场格局，打破目前的技术垄断。因为该显示技术从原理、材料和制造上都没有特殊的要求，从理论上来说大大降低了电子市场的门槛。

自 2006 年开始，很多公司的激光投影机迈开了走向市场的步伐。Novalux 于 2006 年中发布了使用 DLP 实现激光投影的技术；Vanadate 用于剧院的激光投影机输出光效已经达到 5000lm；Light B1ue 的 PVPro 早就名声在外；激光扫描技术的先锋 Symbol 2008 年宣布该公司的激光投影机将批量进入市场。在美国 2007CTIA 展会上，手机配件厂商德州仪器(texas instruments)展示了其在手机激光显示 DLP 方面的技术，展出的超微型投影机，整套组件包括电池、背光及 DLP 芯片的尺寸仅为 1.5 英寸，投影机就装在手机模型中。德州仪器的 DLP 投影技术，没有使用便携投影机中常用的 LED 背光，而是采用了 3 束激光。

制约激光显示器件广泛应用的除了厚度外，还有功率无法大幅度提高等问题。尤其是功率超过一定数值就无法在开放空间使用，并且有可能带来安全隐患。比如用于剧院的 Vanadate 的激光，功率最大可以达到 20W，光通量达到 5000lm，属于四类激光。如果有一个透镜，就有可能把一定距离的东西烧坏。一个 150mW 的激光在 1m 以外可以很容易烧坏塑料薄膜，一些工业用的切割机床激光功率也是这一数量级。要解决这一问题，可能采用的办法是提高激光的发光效率。日亚光电已经公布了能够达到 90lm/W 的固体激光技术，这就意味着激光完全可以作为照明的设备来用，这样可以大大降低同亮度下的激光危险程度，但这也限制了激光在大尺寸上的应用。Symbol 的激光投影机不仅不需要成像设备，甚至连本身的发热量也比较低，仅有的一个很小的风扇也主要是给投影机的声光模块准备的。

激光显示技术是继黑白显示、彩色显示和数字显示之后的第四代显示技术，目前，国际激光显示技术已发展到产业化前期阶段，核心材料与器件的工业化生产和配套产业的完善以及争夺先期市场成为当前的发展重点，未来 3～5 年将是全球激光显示技术产业化发展的关键时期。

我国激光显示产业正处于蓄势待发阶段，在激光显示技术的研究方面具有十分坚实的基础，已经建立了从核心光学材料与器件、半导体与全固态激光器至整机集成的完整技术链，为我国自主发展下一代显示技术奠定了技术基础和良好的发展环境。

激光大屏幕显示产业是典型的技术密集型产业，可带动相关关键技术领域的跨越式发展，形成新的高新技术产业群，并可能产生辐射放大效应，取得更显著的经济效益。不过激光电视离大规模普及还有较长时间，待良率提升、成本下降、形成规模化后有望开始逐渐放量，即使在电视接近万亿市场中只占1%，也有超过百亿元的市场空间。前瞻性地进行激光大屏幕产业发展规划和布局，并在产品研发和导入期对激光大屏幕显示产品的实用化研究给予重点支持，我国就有希望在国际上率先进入产业化阶段。

虽然激光显示技术代表了投影机未来的发展方向，但如果光源技术没有本质的改变，有可能使得激光投影机本身无法摆脱现有竞争的格局。其原因在于，激光光源并不是尽善尽美的。单就"光"的利用来说，激光一定要比通常的光源好，尤其是相干特性优良，能够到达屏幕的光线比率要比通常的光源高得多。因为光线的波长是固定的3种，所以实现的颜色层次更好、颜色饱和度更高，这是其他光源所无法相比的。但是，固态激光光源尚存在发光效率太低的问题，无法与现在的一些发光技术相提并论，而且因为安全问题无法把功率无限制提高，这在一定程度上限制了它的应用范围。另外，激光的频率是固定的，在光线到达屏幕时，反射回来的光线会改变相位，因而可能导致射入与射出光线之间的干扰，可能加强也可能减弱。这可能让敏感的用户看到亮点或者暗点，这是激光无法改变的现实状态，也是激光作为光源的最大弱点之一。

习题 6

1. 激光的主要特性有哪些？
2. 简述并画图说明激光的显示原理。
3. 名词解释：大色域色度三角形。
4. 典型激光显示器件有哪些？说明其显示原理。
5. 介绍世界上第一台激光器发明者美国人梅曼生平。
6. 简要分析制约激光显示设备大规模普及的原因。

第7章 新型光电显示技术及设备

CHAPTER 7

7.1 电致变色显示技术及设备

7.1.1 电致变色现象

有许多物质在受到外界各种刺激，例如受热、光照、流过电流时，其颜色发生变化，即产生着色现象。所谓电致变色(eletro chromism，EC)，从显示的角度看则是专门指施加电压后物质发生氧化还原反应使颜色发生可逆性的变色现象。自从20世纪60年代国外学者Plant首先提出电致变色概念以来，电致变色现象就引起了人们广泛关注。电致变色显示器件(electro chromism device，ECD)在诸多领域的巨大应用潜力吸引了世界上许多国家不仅在应用基础研究，而且更在实用器件的研究上投入了大量的人员和资金，以求在这方面取得突破。

电致变色主要有以下3种形式。

(1) 离子通过电解液进入材料引起变色。

(2) 金属薄膜电沉积在观察电极上。

(3) 彩色不溶性有机物析出在观察电极上。

与同样是被动显示器的液晶显示相比，电致变色有以下突出的优点。

(1) 显示鲜明、清晰，优于液晶显示板。

(2) 视角大，无论从什么角度看都有较好的对比度。

(3) 具有存储性能，如写电压去掉且电路断开后，显示信号仍可保持几小时到几天，甚至一个月以上，存储功能不影响寿命。

(4) 在存储状态下不消耗功率。

(5) 工作电压低，仅为0.5～20V，可与集成电路匹配。

(6) 器件可做成全固体化。

电致变色显示也有一些不容忽视的缺点，如响应慢，响应速度(约500ms)接近秒的数量级，对频繁改变的显示，功耗大致是液晶功耗的数百倍，往复显示的寿命不高(只有10^6～10^7次)。

许多液态或固态的有机物或无机物都有电致变色功能，其中三氧化钨研究较多，因为在三氧化钨中离子的迁移率高，电子注入会产生对可见光的强烈吸收。

7.1.2 电致变色显示器件

近来随着材料，主要是纳米材料的发展，以及电致变色技术成功应用于汽车行业的商业演示，现在解决其性能和稳定性问题有了新的信心，电致变色显示器的广泛商业化应用是可能的。这种可能特别令人兴奋，因为电致变色器件本质上比其他竞争技术更容易制造，使用的分立元件少，并且光学性能优于低成本的扭曲向列相液晶显示器（TN-LCD），为了使这项技术更有吸引力，电致变色制造工艺在很大程度上向 LCD 工艺靠拢，包括制造电致变色器件所需要的主要基础已经存在于 LCD 工业之中。

电致变色器件是一种典型的光学薄膜和电子学薄膜相结合的光电子薄膜器件，能够在外加低压驱动的作用下实现可逆的色彩变化，可以应用在被动显示、灵巧变色窗等领域。目前在光电子薄膜器件领域，柔性塑料器件成为一种发展趋势。以平板显示器件为例，随着 ITO 塑料制备技术的成熟，多种显示器件已经或正在实现塑料柔性化，其中交流无机电致发光屏在液晶背照明等领域得到广泛的应用，可实用的塑料基板 LCD 样机已经出现。而有机电致发光显示具有可制备在塑料柔性衬底上的特点，有望实现柔性显示而备受人们的关注。因此，将电致变色材料制备在塑料衬底上，将极大地推动电致变色器件的应用。电致变色器件一般由 5 层结构组成，包括两层透明导电层、电致变色层、离子导电层、离子存储层的夹层，如图 7.1(a)所示，其显示原理如图 7.2(b)所示。根据电致变色层材料的不同，ECD 又可分为以下两种类型。

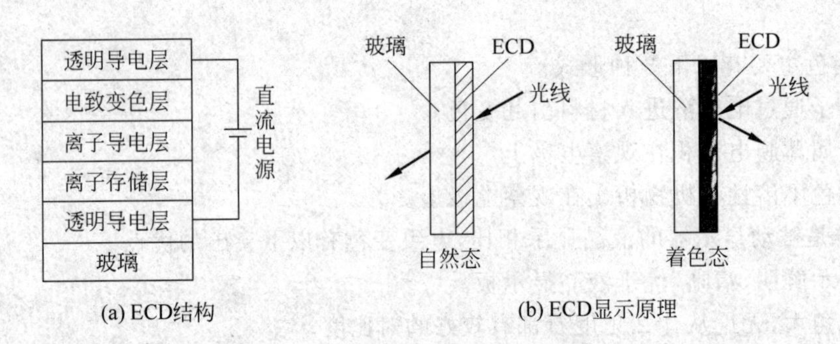

图 7.1 ECD 结构及显示原理

1. 全固态塑料电致变色器件

全固态塑料电致变色器件采用低压反应离子镀工艺在，ITO 塑料衬底上制备 WO_3 和 NiO 电致变色薄膜，采用 MPEO-$LiClO_4$ 高分子聚合物作电解质，制备透射型全固态塑料电致变色器件，变色调制范围达到 30%左右。

2. 混合氧化物电致变色器件

混合氧化物可以改善单一氧化物电致变色的性能，引起人们的关注。TiO_2 具有适宜的离子输运的微观结构、高的力学性能和化学稳定性，它与 WO_3 混合制作电致变色器件，加快了响应时间及延长了器件的寿命。

7.2　场致发射显示技术及设备

7.2.1　场致发射显示器件的构成及工作原理

1. 场致发射显示技术

场致发射显示(field emission display,FED)是一种具有较长历史却发展相对缓慢的显示技术,早在1928年场发射电极理论就被提出,直到1991年第一款FED显示器产品由法国的一家公司展出。

FED与真空荧光显示(VFD)和CRT有许多相似之处,它们都以高能电子轰击荧光粉。与VFD不同的是,它用冷阴极微尖阵列场发射代替了热阴极的电子源,用光刻的栅极代替了金属栅网,这种新型的自发光型平板显示器件实际是CRT的平板化,兼有CRT和固体平板显示器件的优点,不需要传统偏转系统,可平板化,无X射线,工作电压低,比TFT-LCD更节能,可靠性高。它的发展引起了各国科技工作者的关注和兴趣,是一项很有发展前途的平板显示技术。

2. 场致发射显示器件的构成

场致发射显示器件,即场致发射阵列平板显示器,或称为真空微尖平板显示器(mini flat panel,MFP),是一种新型的自发光平板显示器件,它实际上是一种很薄的CRT显示器,其单元结构是一个微型真空三极管(见图7.2),包括一个作为阴极的金属发射尖锥、孔状的金属栅极以及有透明导电层形成的阳极,阳极表面涂有荧光粉。由于栅极和阳极间距离很小,但在栅极和阴极间加上不高的电压(小于100V)时,在阴极的尖端会产生很强的电场,当电场强度大于5×10^7V/cm时,电子由于隧道效应从金属内部穿出进入真空中,并受阳极正电压加速,轰击荧光粉层实现发光显示。

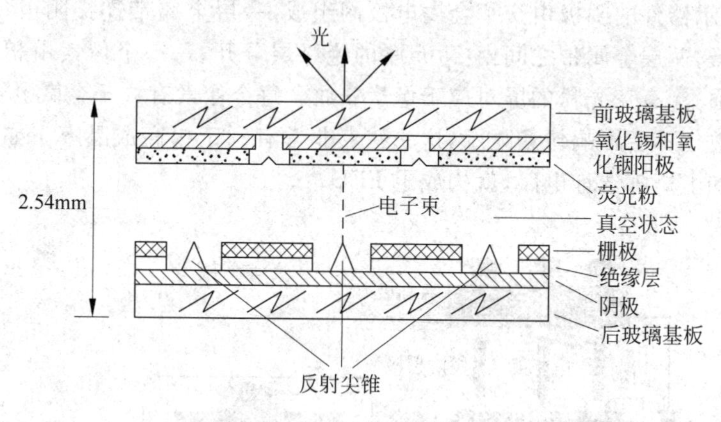

图7.2　微型真空三极管结构

FED的制造过程与LCD很类似,采用的玻璃平板相同,薄膜沉积和光刻技术也很相似。制作阵列状的微尖锥结构时,采用两步光刻工艺,首先对微孔阵列光刻,这一步有很高的光刻精度(小于1.5μm),可用紫外光步进曝光来实现,然后用蒸发和刻蚀制造微尖。用上述方法制造的阴极必须满足以下3点要求。

(1) 在整个表面上具有均匀的电子发射。

(2) 提供充分的电流，以便在低电压下获得高亮度。

(3) 在微尖和栅极之间没有短路。

为了满足以上要求，采用了下面两项技术。

(1) 在导通的阴极和选通的微尖之间利用一个电阻层来控制电流，使每一选通的像素含有大量的微尖，可保证发射的均匀性。

(2) 高发射密度(10^4 微尖/mm^2)和小尺寸(直径小于 1.5μm)，使得在 100V 激励电压下获得 1mA/mm^2 的电流密度，从而实现高亮度。

采用上述方法制造的一种 15cm FED 单色显示器的性能如下。

- 激励面积(mm^2) 110×90
- 行列数 256×256
- 光点尺寸(mm^2) 0.12
- 微尖密度(mm^{-2}) 10^4
- 阳极-阴极空间(μm) 200
- 阴极-栅极电压(V) 80
- 阴极-阳极电压(V) 400
- 辉度(cd/m^2) 150～300
- 对比度 大于 100∶1
- 响应时间(μs) 小于 2
- 寿命(h) 大于 5000
- 平均功率耗散(屏)(W/cm^2) 1

3. FED 的工作原理

FED 的工作原理如图 7.3 所示，两块平板玻璃之间有 200μm 的间隙，底板上有一个排气管可抽气，显示器件的阴极由交叉金属电极网组成，一层金属带连接阴极，另一层正交的金属带连接栅极，两层金属带之间由 1μm 厚的绝缘层分开，每一个像素由相交的金属带行列交叉点所选通，涂有荧光粉的屏对应于像素安放。每个像素有数千个微电子管，即使有一些发射尖锥失效也不会影响像素显示，这一特点非常有利于提高成品率。如果在这些微尖锥发射阵列上加上矩阵选址电路，就构成了 FED。

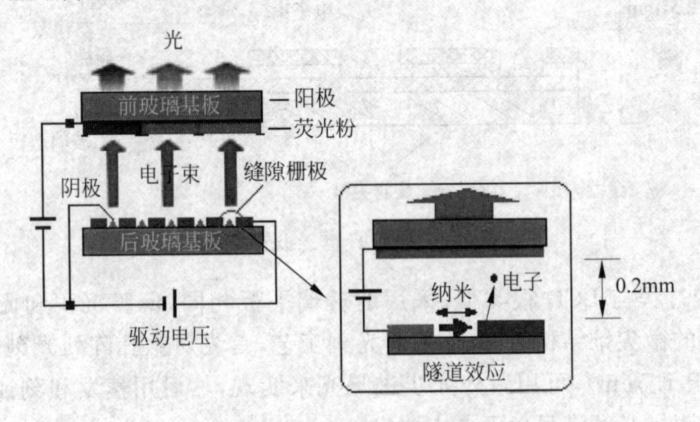

图 7.3 FED 的工作原理

7.2.2 FED发展状况

FED是20世纪80年代末问世的真空微电子学的产物，兼有有源矩阵液晶显示器(AM-LCD)和传统CRT的主要优点，显示出强大的市场潜力。其工作方式与CRT类似，但厚度仅为几毫米，亮度、灰度、色彩、分辨率和响应速度可与CRT相媲美；且工作电压低、功耗小、无X射线辐射，成为CRT的理想替代品。另外，FED不需背光、视角大、工作温度范围宽等优点也对目前平板显示器的主流产品AM-LCD提出了严峻的挑战。

制作FED的关键是如何形成阵列状的微尖锥结构，一般需要采用薄膜技术和微加工技术。制作FED所需的薄膜技术和微加工技术类似于其他平板显示(如薄膜型ELD)和超大规模集成电路(VLSI)技术，工艺上已经趋于成熟，易于大规模生产以降低成本。加上其CRT和AM-LCD的优点兼备，所以它刚一出现就引起了世界各大公司的极大重视，并迅速投入FED的研制和开发，目前已有13～15cm的FED商品面市，并且已经彩色化，不久将会有25cm或更大尺寸的FED显示器出现。总地来说，FED本质上是由许多微型CRT组成的平板显示器，其具备下列优点。

(1) 冷阴极发射。

(2) 低工作电压。

(3) 自发光和高亮度。

(4) 宽视角和高速响应。

(5) 很宽的环境温度变化范围。

由于这些优点，FED已经被认为是未来起重要作用的一种平板显示器件和技术，甚至有可能在办公设备和家用显示器件方面取代CRT显示器，当然，从商品化角度考虑，FED还需要一定的时间对工艺和制造技术进一步完善。

7.3 电致发光显示技术及设备

7.3.1 电致发光现象的发展历程

在4.3节已经简要地说明了电致发光(EL)是在半导体、荧光粉为主体的材料上施加电而发光的一种现象。电致发光可分为本征型电致发光(本征EL)和电荷注入型电致发光(注入EL)两大类。本征型EL是把ZnS等类型的荧光粉混入纤维素之类的电介质中，直接地或间接地夹在两电极之间，施加电压后使之发光；注入型EL的典型器件是发光二极管(LED)，在外加电场作用下使PN结产生电荷注入而发光。本节主要讲述本征型电致发光显示器件，简称电致发光显示器件(ELD)。

早在1936年，法国的Destriau就发现，将ZnS荧光体粉末浸入油性溶液中，使其封于两块电极之间，施加交流电压就会产生发光现象。这是EL最早的发现，但当时未发明透明电极，因此在相当长的一段时间内在实用上并无进展。到1950年，发明了以SnO_2为主要成分的透明导电膜，Sylvania公司利用这种电极成功开发了分散型EL元件，作为平面型发光源，分散型EL元件引起了人们的极大兴趣，人们期待将其用于平板显示器，并开始了实质性的研究。但在当时还没有解决这种元件度低和寿命短的问题，更没有达到实用化，一般称其为第一代ELD。

1968年,Vecth等人发表了一篇文章,阐明分散型EL元件荧光体表面通过Cu的处理可以实现直流驱动; Kahng等人发表了另一篇文章,阐明在薄膜型EL中导入作为发光中心的稀土氟化物,可实现高辉度。这两篇文章为EL的研究开发注入了活力,并认为是第二代ELD开始的标志。在此基础上,Inoguchi等人于1974年发表了关于高辉度、长寿命的二层绝缘膜结构的薄膜型EL元件的文章,并通过实验验证了EL用于电视面显示的可能性。在此期间,由于彩电及计算机的迅速普及,信息显示成为人们注目的中心。希望在CRT的基础上开发出薄型、轻量、高画质、大容量的平板型显示器。在这种背景下,ELD成为热门研究课题之一,与LCD、PDP、LED等一起列为研究开发的重点。1983年,日本开始了薄膜ELD的批量生产。目前橙红色的ELD可由Sharp(日)、Planer International(美、芬兰)等公司供应。

近年来,对ELD的研究更集中于全彩色显示和更大容量的显示方面。实现全彩色显示,高质量的红、绿、蓝三基色荧光体必不可少,因此主要是从材料的角度进行研究,利用研制的材料已经完成多色EL元件原型的制作。最近,采用由发光层及电子输送层,空穴输送层构成有机薄膜电致放光(OLED)器件研制成功,它可以在低电压下获得高辉度发光,并有可能实现蓝色发光,因此引起人们的广泛注意。

7.3.2 ELD的分类及其特征

电致发光显示器件从发光层的材料可分为有无机电敛发光和有机电致发光两大类; 从结构上又可分为薄膜型和分散型两种,薄膜型的发光层以致密的荧光体薄膜构成,而分散型的发光层以粉末荧光体的形式构成; 从驱动方式上,又有交流驱动型EL和直流驱动型EL。由此,无机和有机电致发光均可组合出4种EL显示器件。对于无机EL已经达到实用化的有薄膜型交流EL和分散型交流EL,其荧光体母体都是以硫化锌为主体的无机材料。薄膜型交流EL具有高辉度、高可靠性等特点,主要用于发橙黄色光的平板显示器; 分散型交流EL价格低,容易实现多彩色显示,常用作平面光源,如液晶显示器的背光源。对于有机EL主要是薄膜型交流驱动电致发光元件,其他类型还没有达到实用化。电致发光显示器与其他电子显示器件相比,具有下述突出的特点。

(1) 图像显示质量高。ELD为主动发光型器件,具有显示精度高(8条/mm以上),精细柔和,对眼睛刺激小等优点。特别因其自发光、视角大,对于显示精度要求高的汉字显示十分有利。

(2) 受温度变化的影响小。工作温度范围在$-40\sim+85$℃之间。EL的发光阈值特性决定于隧道效应,因此,对温度变化不敏感。这一点在温度变化剧烈的车辆中应用有明显的优势。

(3) EL是目前所知唯一的全固体显示元件,耐振动冲击的特性极好,适合坦克、装甲车等军事应用。

(4) 具有小功耗、薄型、质量轻等特征。在发光型显示器件中,ELD功耗最小,厚度一般在25mm以下。对于微机用ELD,质量一般为500g。

(5) 快速显示响应时间小于1ms。

(6) 低电磁泄漏(electro magnetic interference,EMI)。

相对来说,ELD的工作电压较高,彩色化进展缓慢并且价格昂贵,因此以往的ELD,主要使用在其他显示技术不能适应的特殊要求场合，而今装备和系统设计者可以在更加广泛的领域应用 ELD。由于 ELD 改进了图像质量，具有更长的寿命和更高的可靠性，可以完全满足用户日益增长的要求。

作为一种新技术，ELD 显示创新的步伐非常迅速，在发光膜亮度方面的改进、驱动电路的开发扩展了显示器寿命；亮度、对比度的重大改善；功耗的减小；专门的灰度算法；改进包装以缩小尺寸；增强抗振动冲击及彩色开发，所有这些使 ELD 应用领域不断拓展。

7.3.3 ELD 的基本结构及工作原理

1. 分散型交流电致发光结构原理

这一类型的 EL 元件由 Sylvania 公司最早开发，为第一代 EL 结构形式的代表，广泛应用于液晶显示器的背光源。

分散型交流 EL 元件的基本结构如图 7.4 所示，基板为玻璃或柔性塑料板。透明电极采用 ITO 膜，发光层由荧光体粉末分散在有机黏接剂中做成。荧光体粉末的母体材料是 ZnS，其中添加了作为发光中心的活化剂和 Cu、Cl、I、Mn 原子等，由此可得到不同的发光颜色。黏接剂中采用介电常数较高的有机物，如氰乙基纤维素等。发光层与背电极间设有介电体层以防止绝缘层被破坏，背电极用 Al 膜做成。

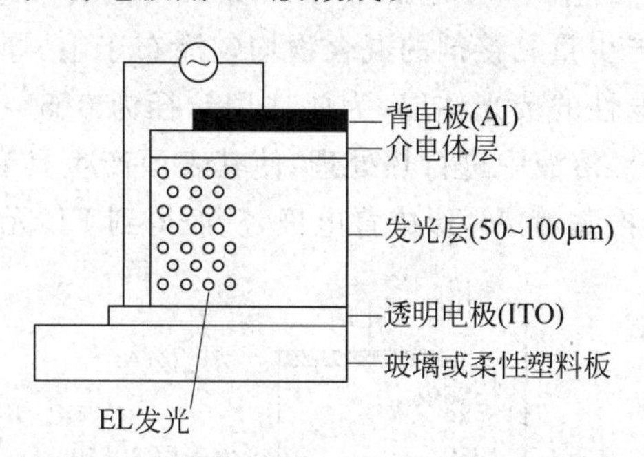

图 7.4 分散型交流 EL 元件的基本原理

分散型交流 EL 元件的发光机理简述如下。

ZnS 荧光体粉末的粒径为 5～30μm，通常在一个 ZnS 颗粒中会存在点缺陷及线缺陷。电场在 ZnS 颗粒内会呈非均匀分布，造成发光状态变化。在 ZnS 颗粒内沿线缺陷会有 Cu 析出，形成电导率较大的 CuxS，CuxS 与 ZnS 形成异质结。可以认为，这样就形成了导电率非常高的 P 型或金属电导状态。当施加电压时，在上述 CuxS/ZnS 界面上会产生高于平均电场的电场强度（10^5～10^6V/cm）。在这种高场强作用下，位于界面能级的电子会通过隧道效应向 ZnS 内注入，与发光中心捕获的空穴发生复合，产生发光。当发光中心为 Mn 时，如上所述发生的电子与这些发光中心碰撞使其激发，引起发光。

如图 7.5 所示为 EL 的辉度-电压（L-V）及发光效率-电压（η-V）特性。由此图可以看出，在工作电压为 300V、频率为 400Hz 时，可获得约 100cd/m^2 的辉度。此外，辉度与频率有关，在低于 100kHz 的范围内，辉度与频率成正比变化。发光效率随电压的增加，先是增加后是减小，其最大值一般可以从辉度出现饱和趋势的电压区域得到。发光效率正在不断地得到改善，目前可以达到 1～5lm/W。

分散型交流 EL 元件的最大问题是稳定性差，即寿命短。稳定性与使用环境和驱动条

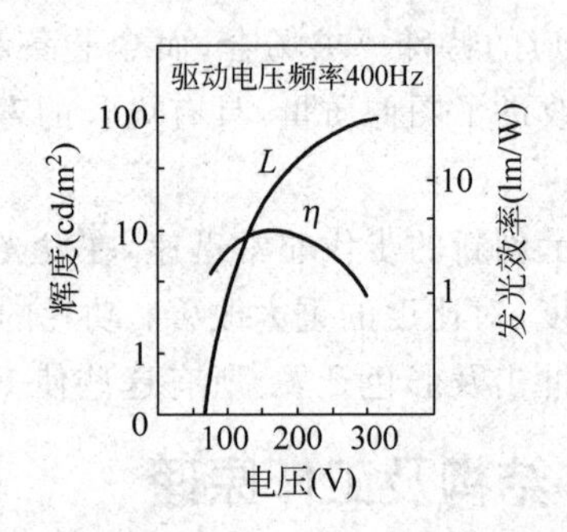

图 7.5 分散型交流 EL 元件辉度-电压(*L*-*V*)和发光效率-电压(*η*-*V*)特性

件都有关系，对于环境来说，这种元件的耐湿性很弱，需要钝化保护；对于驱动条件来说，当电压一定时，随工作时间加长，发光亮度下降，尤其是驱动频率较高时，在高辉度下工作会更快地劣化。可定义亮度降到初期值一半的时间为寿命，或称为半衰期，第一代 EL 的开发初期最长寿命仅 100h。随着荧光体粉末材料处理条件的改善，防湿材料树脂膜注入以及改良驱动条件等，在驱动参数为 200V、400Hz 的条件下，其寿命已能达到 2500h。

2. 分散型直流电致发光结构原理

分散型直流 EL 元件的基本结构如图 7.6 所示。在玻璃基板上形成透明电极，将 ZnS：Cu、M 荧光体粉末与少量黏接剂的混合物均匀涂布于上，厚度为 30～50μm。由于是直流驱动，应选择具有导电性的荧光体层，为此选用粒径为 0.5～1μm 的较细的荧光粉末。将 ZnS 荧光体浸在 Cu_2SO_4 溶液中进行热处理，使其表面产生具有导电性的 CuxS 层，这种工艺称为包铜处理。最后再蒸镀 Al，形成背电极，从而得到 EL 元件。

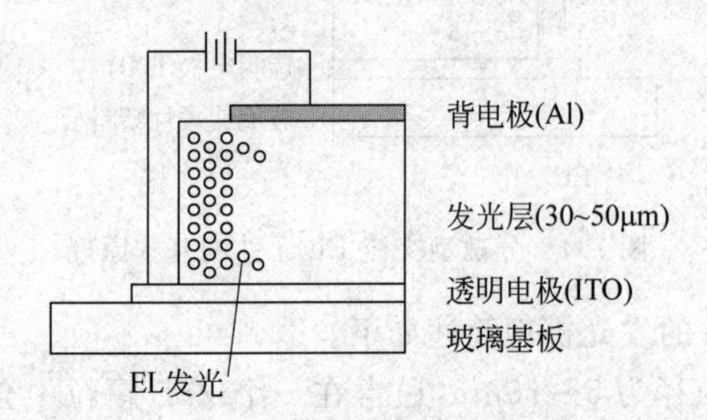

图 7.6 分散型直流 EL 元件的基本结构

分散型直流 EL 元件制成之后，先不让它马上发光，而是在透明电极一侧接电源正极，Al 背电极一侧接电源负极，在一定的电压下经长时间放置后，再让其正式发光。在这个定形化(forming)处理过程中，Cu^{2+} 离子会从透明电极附近的荧光体粒子向 Al 电极一侧迁移，结果在透明电极一侧会出现没有 CuxS 包覆的、电阻率高的 ZnS 层(脱铜层)。这样，外加电压的大部分会作用在脱铜层上，使该层中形成 10^6 V/cm 的强电场，在此电场的作用下，会使电子注入 ZnS 层中，经加速成为发光中心。例如，直接碰撞 Mn^{2+} 会使其激发，引发 EL 发光。分散型直流 EL 的辉度-电压(*L*-*V*)及发光效率-电压(*η*-*V*)特性如图 7.7 所示。

由图 7.7 可以看出，在 100V 左右的电压下可获得大于 500cd/m² 的辉度。即使采用占空比为 1%左右的脉冲波形来驱动，也能得到与交流驱动相同程度的辉度。此时元件发光效率一般在 0.5～1lm/W 的范围内，且经严格防湿处理后可延长其寿命。直流驱动的寿命

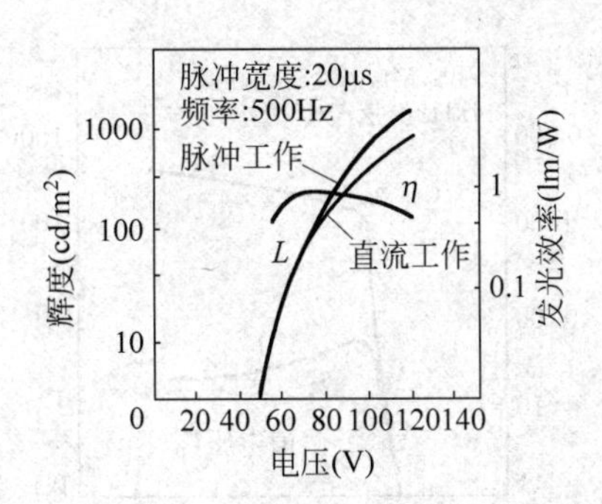

图 7.7　分散型直流 EL 元件辉度-电压(L-V)和发光效率-电压(η-V)特性

大约为 1000h,脉冲驱动可达 5000h。

3. 薄膜型交流电致发光

薄膜型交流 EL 元件是将发光层薄膜夹于两层绝缘膜之间组成三明治结构形式,其基本结构如图 7.8 所示。在玻璃基板上依次沉积透明电极、第一绝缘层、发光层、第二绝缘层、背电极(Al)等。发光层厚为 0.5～1μm,绝缘层厚 0.3～0.5μm,全膜厚只有 2μm 左右。在 EL 元件电极间施加 200V 左右的电压,即可使 EL 发光。由于发光层夹在两绝缘层之间,可防止元件的绝缘层被破坏,故在发光层中可以形成稳定的 10^6 V/cm 以上的强电场。并且,由于致密的绝缘层保护,故可防止杂质及湿气对发光层的损害。

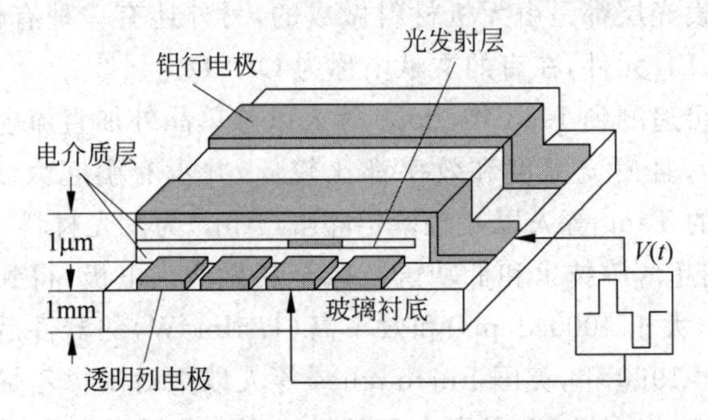

图 7.8　二层绝缘膜结构薄膜型交流 EL 元件

从发光机制来说,可用 ZnS∶Mn 系荧光体的碰撞激发来解释。即当施加的电压大于阈值电压 V_{th}时,由于隧道效应,从绝缘层与发光层间的界面能级飞出的电子被 10^6 V/cm 的强电场加速,使其热电子化,并碰撞激发 Mn 等发光中心。被激发的内壳层电子从激发能级向原始能级返回时,产生 EL 发光,激发发光中心的热电子,在发光层与绝缘层的界面上停止移动,即产生极化作用。这种极化电场与外加电场相重叠,在交流驱动施加反极性脉冲电压时,会使发光层中的电场强度加强。

ZnS∶Mn 系的辉度-电压(L-V)及其发光效率-电压(η-V)特性如图 7.9 所示。辉度在 V_{th}处急速上升,此后出现饱和倾向,发光效率在辉度急速上升的电压范围内达到最大值。EL 发光的上升沿约数微秒,下降沿约数毫秒量级,辉度在千赫兹范围内与电压频率成正比增加。两层绝缘膜结构的 ZnS∶Mn 在制成之后开始工作的一段时间内,辉度-电压特性会发生变化,然后渐渐达到稳定状态。这是制作时导入的各种变形、不稳定因素及电荷分布不均匀性等逐渐趋于稳定的过程,该过程就是老化,并非元件性能的恶化。老化充分的元件,

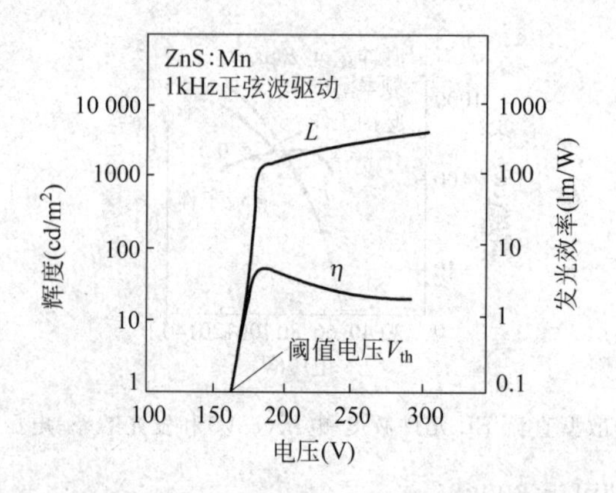

图 7.9 ZnS：Mn 薄膜型交流 EL 元件辉度-电压(L-V)和发光效率-电压(η-V)特性

其性能极为稳定，工作 20 000h 以上，辉度不会明显降低。

4. 薄膜型直流电致发光

这种电致发光元件结构简单，在薄膜发光层的两侧直接形成电极即可。迄今为止已试做过各种各样的元件，由于没有绝缘膜保护，很难维持稳定的强电场，故至今未能达到实用化。

5. 有机薄膜电致发光

上述 EL 元件的发光层都是由无机材料做成的，另外还有一种有机薄膜发光层及空穴输送层的注入型薄膜 EL 元件，在有的文献中称为 OLED。

有机 EL 的起源可追溯到 1963 年，Pope 等人以蒽单晶外加直流电压而使之发光，但当时驱动电压高(100V)，且发光亮度和效率都比较低，并没有引起太多的重视。直到 1987 年，美国 Kodak 公司的 Tang 等人以 8-羟基铝喹啉(Alq_3)为发光材料，把载流子传输层引入有机 EL 器件，并采用超薄膜技术和低功函数碱金属做注入电极，得到直流驱动电压低(小于 10V)、发光亮度高(大于 1000cd/m^2)和效率高(1.5lm/W)的器件后，才重新引起人们对有机 EL 的极大兴趣。1990 年，英国 Burroughes 等人以聚对苯撑乙烯(PPV)为发光材料，制成了聚合物 EL 器件，将有机 EL 的研究开发推广到大分子聚合物领域。在过去的十几年里，有机 EL 作为一种新的显示技术已得到长足的发展。日本先锋公司于 1997 年已将用于汽车的低信息容量的有机 ELD 投放市场。

近几年来，进入这个领域的学术界研究小组日益增多，努力开发和研究物理性能优良的有机材料，探索新的制膜工艺，改进器件结构，发展有机 EL 显示技术，研究相关的发光机理等是这一研究的主要目标。目前有机 EL 的研究重点是：研制高稳定性的 R、G、B 三基色和白色器件已向实用化迈进，并在此基础上研究用于动态显示的矩阵屏及实现高质量动态显示的驱动电路。

有机薄膜型电致发光之所以成为国际上的研究重点，是因为 OLED 能提供真正像纸一样薄的显示器，它又薄(总厚度不到 1μm)又轻，具有低功耗(驱动电压 5～10V)，广视角，响应速度快(亚微秒级)，工作稳定范围宽，成本低，易实现全彩色大面积显示等一系列优点。目前，在用于大信息量彩色显示时，有机 EL 与无机 EL 各有优、缺点。表 7.1 为两者的比较。

表 7.1 有机 EL 和无机 EL 比较

性能特点	有机 EL	无机 EL
电极	低逸出功材料	Al、Mn、ITO 膜
制造方法	低温真空沉积	高温真空沉积
效率	高	低
对比度	低	高
电压	低(DC)	高(AC)
电流	大	小
稳定性		很好
显示面积	小	大

有机 EL 的发光层由铝喹啉络合物(Alq_3)形成，空穴输送层由二胺系化合物真空蒸镀形成，将两者夹在 ITO 电极与 MgAg 电极之间就构成了 OEL 元件，如图 7.10 所示。这种元件的发光色为绿色。若施加 10V 左右的直流脉冲电压，其辉度可达 $1000cd/m^2$ 以上，发光效率可达 1.5lm/W。后来又出现了将发光层与电子输送层相分离，从而具有 3 层结构的有机薄膜 EL 元件。这种元件的电子输送层采用二萘嵌苯，空穴输送层采用二胺系化合物，以提高载流子输送功能以及从电极向载流子的注入效应。有机材料的荧光体本身即是其发光色，因此可通过材料化学结构的变化很方便地选择发光色，从而获得从蓝色到红色的 EL 发光。

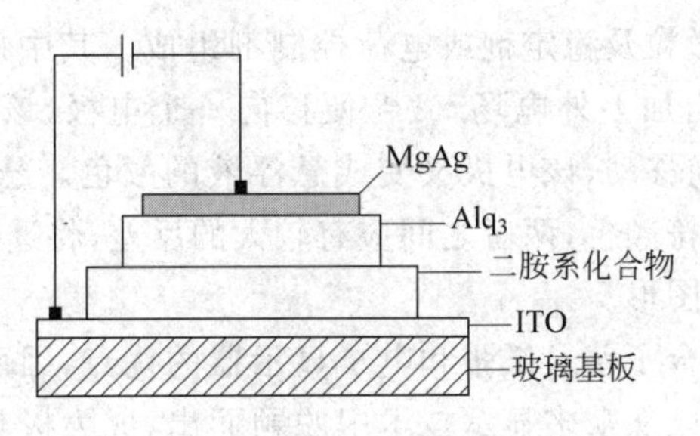

图 7.10 OEL 元件的结构

前面已经提到，有机 EL 比无机 EL 易于彩色化，主要是有机 EL 比较容易解决蓝色发光问题，从而更容易实现全彩色显示。实现全彩色显示的方式主要有以下几种。

(1) 红、绿、蓝三色各点分别采用三色发光材料独立发光。

(2) 将蓝色显示作为色变换层，使其一部分转变为红色和绿色，从而形成红、绿、蓝三基色。

(3) 使用白色有机 EL 为背光，采用类似 LCD 所用的彩色滤光片来达到全彩色的效果。

(4) 使用特殊材料，在不同的驱动电压下显示不同的颜色。

(5) 激光共振方式。

(6) 将红、绿、蓝三色发光膜重叠起来构成彩色像素。

OLED 是光电化学及材料科学领域内一个热门的研究课题，被认为是 LCD 最强有力的竞争者，预计在未来 3～5 年内将成为一种重要的电子显示器。

7.4 电泳显示和铁电陶瓷显示技术及设备

7.4.1 电泳显示技术

1. 电泳显示技术和电泳显示设备

电泳(electro phoretic)是指悬浮于液体中的电荷粒子在外电场作用下定向移动并附着在电极上的现象。1972年发现应用可逆的电泳现象可作被动显示。

电泳显示(electro phoretic display,EPD)的工作原理是靠浸在透明或彩色液体之中的电离子移动,即通过翻转或流动的微粒子来使像素变亮或变暗,并可以被制作在玻璃、金属或塑料衬底上。

电泳显示的主要优点如下。

(1) 在大视角和环境光强变化大时仍有较高的对比度。

(2) 具有较高的响应速度,且显示电流低(约$1\mu A/cm^2$)。

(3) 具有存储能力,撤出外电压后仍能使图像保持几个月以上。

(4) 工作寿命长,在电源被关闭之后,仍能在显示器上将图像保留几天或几个月。

(5) 采用控制技术可实现矩阵选址,可与集成电路配合。

(6) 价格低,工艺简单。

电泳显示的基本原理描述如下。

在两块玻璃间夹一层厚约$50\mu m$的胶质悬浮体,两块玻璃上都涂有透明导电层,胶质悬浮体由悬浮液、悬浮色素微粒及稳定剂或电荷控制剂组成。其中色素微粒由于吸附液体中杂质离子而带同号电荷,当加上外电场,微粒便移向一个电极,该电极就呈色素粒子颜色;一旦电场反向,微粒也反向移动,该电极又变成悬浮液的颜色。悬浮颜色相当于背景颜色,微粒颜色就是欲显示的字符颜色,两者之间应有较大的反差,将透明电极制成需要的电极形状就可以显示出较复杂的图形。

电泳显示技术由于结合了普通纸张和电子显示器的优点,因而是最有可能实现电子纸张产业化的技术。目前它已从众多显示技术中脱颖而出,成为极具发展潜力的柔性电子显示技术之一。据iSuppli预测,电泳显示全球市场2006年仅900万美元,2013年增至2.47亿美元,年均增长率高达60.5%。该增长的大部分市场份额在指示标牌和新颖的直接驱动显示器,另外电子显示卡、柔性电子阅读器、电子纸张和数字签字等产品也将获得应用。

2. 我国电泳显示技术发展现状

EPD面临的技术难题如下。

(1) 响应速度比较慢。因为电泳技术依赖于粒子的运动,用于显示的开关时间非常长,达几百毫秒,这个速度对视频应用是不够的。目前用于电泳显示的使开关时间达到几十毫秒的材料正在开发之中。

(2) 显示的双稳态及转换速度慢,也影响了其连续显示色彩的性能。一些电泳显示器在两种色彩之间切换,如果彩色显示还需要一个彩色滤光片。该技术的驱动器正因双稳定性问题而面临挑战,双稳定性对显示有利,但它也给驱动器带来了新的挑战,因为它需要采用一种独立的驱动器架构,从而导致显示器的成本上升。

(3) 制造工艺复杂,对材料要求高,成本较高。我国电泳显示研究起步晚,但进步很快,在材料研究及其应用研究方面有基础，并已有企业在积极开拓相关产品的研发。例如，中山大学研制出黑白、红绿蓝彩色三原色电子墨水，并研制出了柔性显示屏，制作出了彩色三原色的显示屏。目前，国内与国外的技术差距主要在显示屏、材料和功能产品方面。我国企业从发展自主知识产权的平板显示屏制作技术和产品出发，利用自主开发的微胶囊电泳显示材料和超薄平板显示器件结构，开展电子墨水超薄平板显示器件产业化关键技术攻关，研制出了类纸式信息显示屏，实现电泳平板显示器件产品化。

7.4.2 铁电陶瓷显示技术

1. 铁电陶瓷

铁电陶瓷(ferroelectric ceramics)指主晶相为铁电体的陶瓷材料，其主要特性如下。

(1) 在一定温度范围内存在自发极化，当高于某一居里温度时，自发极化消失，铁电相变为顺电相。

(2) 存在电畴。

(3) 发生极化状态改变时，其介电常数-温度特性发生显著变化，出现峰值，并服从Curie-Weiss定律。

(4) 极化强度随外加电场强度而变化，形成电滞回线。

(5) 介电常数随外加电场呈非线性变化。

(6) 在电场作用下产生电致伸缩或电致应变。

铁电陶瓷电性能如下。

(1) 高抗电压强度和介电常数。

(2) 低老化率。

(3) 在一定温度范围内(－55～＋85℃)介电常数变化率较小。介电常数或介质的电容量随交流电场或直流电场的变化率小。

常见的铁电陶瓷多属钙钛矿型结构，如钛酸钡陶瓷($BaTiO_3$)及其固溶体，也有钨青铜型、含铋层状化合物和烧绿石型等结构。

利用铁电陶瓷的高介电常数可制作大容量的陶瓷电容器；利用其压电性可制作各种压电器件；利用其热释电性可制作红外探测器；通过适当工艺制成的透明铁电陶瓷具有电控光特性，利用它可制作存储、显示或开关用的电控光特性。通过物理或化学方法制备的PZT、PLZT等铁电薄膜，在电光器件、非挥发性铁电存储器件等方面有重要用途。

2. 铁电陶瓷显示技术

近年来，欧美及日本等国科学界都在日益关注和研究铁电陶瓷平板显示器(PLZT)。铁电陶瓷平板显示技术即利用一些铁电陶瓷材料所拥有的铁电发射性能制成电子发射阴极，代替场致发射平板显示器中的微尖阵列，较好地解决了FED技术中的阴极制作工艺复杂的问题，同时，在许多性能上也有所改善。

铁电陶瓷平板显示技术与其他一些平板显示技术相比，具有以下优点。

(1) 铁电陶瓷板和铁电薄膜制备工艺较为简单，成本较低，可有效降低平板显示器的制造成本。同时可以根据需要制作出各种尺寸和形状的陶瓷板或薄膜，易于制作大尺寸的平板显示器，满足市场需要。

(2) 现代陶瓷制备技术和薄膜制备技术可以保证制造出高度均匀的铁电陶瓷板和铁电

薄膜，使得其在铁电发射时能均匀地发射电子，保证显示器亮度的均匀性。用铁电陶瓷或薄膜代替场致发射显示器中的微尖场发射阵列，可以避免因微尖场发射阵列制备不均匀而带来的显示器亮度不均问题。

(3) 铁电陶瓷在变化的诱导电场下可以产生显著的脉冲发射电流，足以使荧光粉发光并保证足够的亮度，脉冲发射电流的大小可以通过外加电场方便而迅速地加以控制。

(4) 铁电陶瓷具有陶瓷材料所特有的高稳定性、良好的耐久性、无衰变等特点，保证了显示器的长时间正常使用。

(5) 铁电发射是一个自发射过程。从理论上讲，低于5V的电压就可改变铁电材料的极化状态，在铁电薄膜上施加很小的脉冲电压就可获得高达100A/cm^2 的发射电流密度，因此应用在一些手持显示设备中只需要几到几十伏脉冲电压就可显像，大大降低了能耗。

(6) 场致发射平板显示器等传统的平板显示技术需要一个较高的真空环境，微尖场发射阵列需要1.3×10^{-3}Pa以下的高真空度，有时需要达到$1.3\times10^{-6}\sim1.3\times10^{-7}$Pa的真空环境下才能发射电子。而铁电发射只需在一个低真空环境(0.13～13Pa)，利用PZT陶瓷薄膜在1.3～13Pa的低真空环境下即可获得高达100A/cm^2 的铁电发射，使得制造平板显示器更为容易。

3. 铁电陶瓷在其他显示技术中的应用

铁电陶瓷材料还可用在液晶显示技术上。液晶在一定的电场作用下可改变其透明度，利用这种光阀作用控制背光的透过而显示各种图像。在显示过程中，作用在液晶上的电荷因漏电等各种原因而迅速衰减，导致图像对比度的下降。如果液晶显示器中增加一种铁电功能梯度材料(FGM)薄膜，利用铁电陶瓷的残余极化性能，将由此产生的电场施加在液晶显示单元上，就可获得高清晰度、高对比度的图像。

此外，一些铁电陶瓷材料还具有良好的电光效应。PLZT陶瓷的双折射率随外加电场而发生变化，利用这种现象可以做成PLZT光阀。通过电场变化改变不同陶瓷薄膜位置的透光率，可以制成高质量的彩色投影显示器，具有响应时间短、对比度高、亮度高等优点，获得较传统投影电视更为优越的性能。因此，PLZT铁电陶瓷薄膜电光效应在彩色投影技术上也有着广泛的应用前景。

习题7

1. 什么是电致变色现象？
2. 电致变色有几种形式？分别说明这几种形式。
3. 简述场致发射显示器件的构成及工作原理。
4. 什么是电泳？电泳显示的主要优点有哪些？
5. 简述电泳显示的基本原理。
6. 名词解释：真空微尖平板显示器。
7. 有哪些显示技术适合于野外等取电不方便的场合？

第8章 三维显示技术及系统

CHAPTER 8

8.1 三维显示技术

8.1.1 三维显示技术概述

1. 三维显示技术的发展历史

早在5000多年前的古埃及，人们就已经有了对三维成像技术的追求。当时对人物形象的画法造型，大部分都把脸表达成侧面的姿态，而眼睛和躯体的位置都是正面的，整个人物从头到脚有两次90°的转向。真人或站或坐都无法保持这种姿势，但这种奇特的造型却可使人物具有立体感和厚重感。

到了15世纪初的欧洲的文艺复兴时期，意大利建筑师Bruneselleschi对"绘画透视"进行了首次论证。在16世纪，人们就已经开始用不同的颜色为左右眼绘制有一定规律差异的图像，然后通过滤光镜观察来产生立体视觉。17世纪末18世纪初出现的"立体镜"，为每只眼睛提供独立的视觉通道，这种"立体镜"至今仍然是观察立体图像的有效手段。19世纪有科学家曾尝试构造一种不借助辅助装置就能观察到立体画面的方法，但以失败告终。直到1838年英国科学家查尔斯·惠斯通发明了一种名为反光式立体镜(reflecting mirror stereoscope)的装置，用来观看3D立体画。

19世纪末，电影发明后，科学家尝试用电影来表现运动的立体视觉图像。首先采用两部摄影机模拟人类双眼进行拍摄，然后将制好的影片用放映机通过偏光滤光镜投射到电影荧幕上，观众通过佩戴偏振光眼镜观察运动的立体图像。这种立体电影技术一直沿用至今。与此同时，也诞生了立体眼镜。

20世纪初电视技术出现后，人们就开始着手研制立体电视，传统的用于观察静止图像或电影图像的立体显示方法几乎全部被应用到立体电视技术中。在早期黑白电视时代，比较成功的立体电视是由两部电视摄像机拍摄影像并用两个独立的视频信道传输到两部电视机，每部电视机的屏幕上安置一块偏光板，然后用偏光眼镜去观察，这样的立体电视系统可以获得较好的立体图像。这种双信道偏光分像立体电视技术至今仍然是公认的一种质量较好的立体电视系统。

20世纪50年代，彩色电视技术发展到接近实用的阶段，"互补色立体分像电视技术"开始应用于立体电视。基本方法是用两部镜头前端加装滤光镜的摄像机去拍摄同一场景图像，在彩色电视机的屏幕上观众看到的是两副不同颜色的图像相互叠加在一起，当观众通过相应的滤光镜观察时就可以看到立体电视图像。

20 世纪 70 年代末由于陶瓷光开关新材料的出现,人们可以制成光开关眼镜,此时就出现了时分式的立体电视技术。时分式的立体电视技术采用彩色电视信号的奇场和偶场进行立体电视信号的编码。20 世纪 80 年代初,东芝公司研制出时分式立体电视投影机,戴偏光镜观看。1985 年,松下公司首推时分式液晶眼镜立体电视样机获得成功。现在,具有双屏显示器的头盔观看设备有很理想的立体观看效果。在国内,清华大学已研制出高透光率的新型液晶光阀眼镜,并于 2001 年研制成功时分式液晶眼镜立体电视机。

2000 年国内出现了第一个实时三维显示系统。用一张普通的 VCD 碟片播放出重影画面,戴上无线红外眼镜观看,即可获得具有强烈立体感的画面。这种立体显示系统能够实时将现有信号源的二维图像在显示器上转换成三维图像。但是从技术上讲,这种立体影像效果还停留在利用光学或信号处理的办法进行画面转换的层面上。

目前正在加紧研制新型立体摄像机和立体显示装置。新型立体摄像机具有双镜头,综合计算机、测控、图像处理技术,拍摄过程符合人的视觉机理。新型立体显示装置分时或同时输入左右图像,采用光学技术,实现左右图像以正确的视差投射到人的双眼,不用戴眼镜,即可在屏幕前直接看到立体图像。

自 20 世纪 90 年代以来,随着液晶显示技术的成熟,以液晶、等离子为代表的新一代显示设备以其全彩色精致影像画质、节省能源、无辐射、无闪烁等优点获得了快速发展。立体显示技术的研究方向也已经集中于基于液晶平板显示器的裸眼立体显示技术。2004 年,经过多年研发的 SuperD 立体影像工作站正式问世,实现商用。它成功地实现了液晶显示器和裸眼立体显示技术的巧妙结合,具有近乎完美的自由立体图像显示功能,给人们带来一场全新的视觉盛宴。

进入 21 世纪,三维显示技术已成为当前最受欢迎的显示技术,这已成不争的事实。科技的本质就是把好的东西带给人类,并使之一切更加容易、更加简单、更加便捷,因此,裸眼三维显示技术是未来显示技术发展的必然趋势。

2. 三维显示技术简介

众所周知,现实世界是一个立体空间,由于物体都存在三维尺寸和空间位置关系,因此只有通过三维立体显示才能够真实的重现客观世界的景象,即表现出图像的深度感、层次感、真实感以及图像的现实分布状况。绝大多数人看到的世界都使三维的,而几乎人们所接触的所有介质,无论是印刷的、照片或者影像都是二维的。

三维显示是把物体的三维信息或数据进行记录、处理和再现的过程。人们熟悉的立体电影就是一种三维显示技术。立体电影比二维显示的普通电影更形象、更生动。观看立体电影时,画面中的人物和景象栩栩如生,有强烈的立体感和真实感。三维显示有广泛的应用领域,如医疗图片显示、飞行模拟,汽车、建筑设计,物理中各种场的三维分布、分子结构模型,地理、地质图,立体电影,甚至立体商业广告等。

三维立体显示是一个复杂的问题。归纳起来主要是客观模拟和主观感觉这两个问题,即三维结构的物理参数的空间关系重建和人类本身的三维感觉。对物体结构的物理参数的空间关系进行判断和重建,这对一个边缘不清晰的物体来说,是一个困难的问题。首先需要对三维图像或图像数据进行预处理,然后要将大量数据传送到显示器上,同时显示器本身也需要研究。

人类的三维感觉是一个十分复杂的生理过程。人的眼睛是一个光学传感器，而大脑则是一个复杂的处理器。三维感觉的过程基本上可以包括以下3个主要过程。

(1) 人眼对物体探测，并在脑中把像转变成由边缘和亮暗变化组成的初步图形。

(2) 确定物的大概形状。

(3) 把初步感觉到的物的形状和熟悉物体的形状比较，得到最后的感觉。立体观察的过程是双眼从不同角度察看一个物体的过程，也就是察觉物体的存在和分辨物体的细节。

物体在左眼中的视觉与其在右眼中的视觉所产生的视差，能产生立体感；大视野范围的平面画面通过物体的大小、透视、遮挡等深度的变化，以及不同角度序列像在大脑中的时间暂留，所有这些信息经过大脑的综合，也能产生立体效果，如近年出现的全景电影，就是一个很好的例子。

三维显示可以用以下几个概念来描述。

(1) 自体视：不用任何辅助工具，直接获得三维图像。

(2) 可调节性：对物体的不同深度进行调节显示的能力。

(3) 视场：物体对人眼所张的立体角。

(4) 观察范围：观察者能看到立体效果的范围。

(5) 可干预性：观察者对显示图像进行修正的能力。

(6) 实时性：显示实时图像的能力。

(7) 信息容量：通常用空间带宽积来表示，表达眼睛接收到的信息量的大小。

一个完善的三维显示技术应该是自体视，可调，大视场，大视察范围，可干预，实时，在同样三维效果情况下信息容量小，便于数据处理。

8.1.2 三维显示技术的分类

目前，从技术上可以将三维显示技术分为3大类：传统2D模拟显示技术、双目视差立体显示技术和真三维立体显示技术，其具体分类体系如图8.1所示。

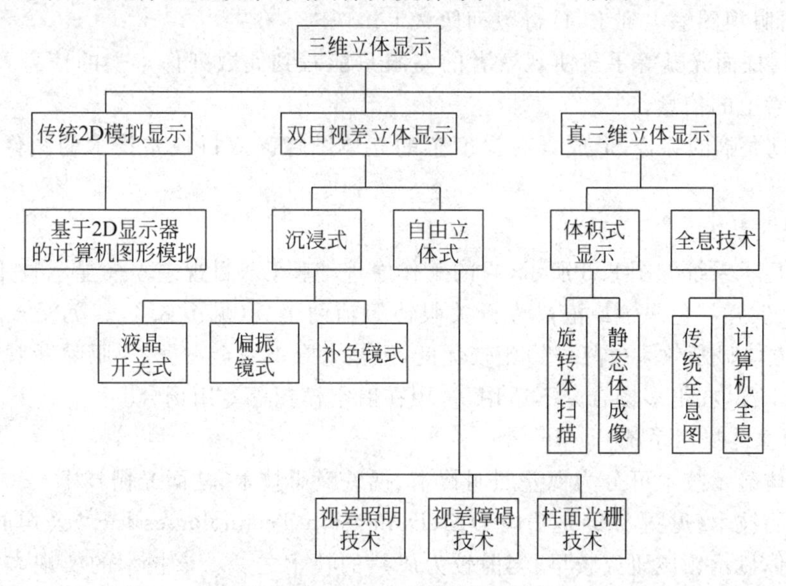

图8.1　三维显示技术分类图

1. 传统2D显示器模拟技术

基于2D显示器的计算机图形模拟技术的原理是采用二维的计算机屏幕来显示旋转的2D图像,从而产生3D的显示效果(见图8.2)。3D效果=2D图像+旋转变换。其特点是:此种显示方式基于传统的计算机图形学和图像处理技术,是基于像素的。只产生心理景深,而不产生物理景深。

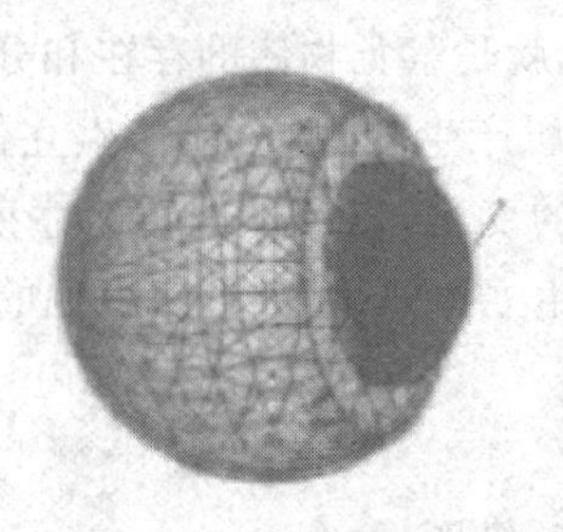

图8.2 2D显示器技术

2. 双目视差立体显示

人具有立体视觉能力,这是由于人有两只眼睛(成人眼睛瞳孔平均间距为65mm),它们从不同的方位获取同一景物的信息,各自得到关于景物的二维图像,左右两幅图像有着微小的区别,这种区别就称为视差。人的大脑通过对左右两幅图像以及两幅图像的视差进行分析和处理后,可以得到关于景物的光亮度、形状、色彩、空间分布等信息。

所谓人眼的立体感,就是它们能将视场(即眼睛所观看到的景物区域)中的物体区别出远近。视场中远近不同的物点之所以在左、右眼中形成微小的差别,是因为各物点相对于双眼的视差角不同。大脑根据景物空间各物点在视网膜上的影像相对于黄斑点的线视差就可以决定物点在空间中的位置。可见,视差是立体视觉中十分重要的参数。

双目视差技术的本质如下。

(1) 首先通过软件和电路功能使某一时刻的一对视差图像,左眼视图输出到LCD偶数列像素上,右眼视图输出到LCD奇数列像素上。

(2) 使用柱面光栅等手段使观察者的左眼只能看到偶数列像素上的信息,右眼只能看到奇数列像素上的信息。

(3) 通过大脑的综合,形成具有深度感的立体图像。双目视差技术的图像源如图8.4所示。

1) 沉浸式系统

沉浸式显示系统如图8.3所示,它的工作原理:基于双目视差立体显示技术,需要佩带诸如偏振眼镜、互补色眼镜或液晶光开关眼镜等辅助工具(见图8.4)。沉浸式显示系统的特点:尽管立体显示效果(深度感)比较优良,但是人眼被完全占据,人眼除了观看屏幕外无法进行其他工作,在很多场合并不适用,常用在航空模拟等专用场合。

2) 自由立体显示系统

自由立体显示技术可分为视差照明技术、视差障碍技术、柱面光栅技术。

视差照明技术(见图8.5)是美国DTI(Dimension Technologies Inc.)公司的专利技术,也是自动立体显示领域研究较早、当前较为成熟的技术之一。该技术的实现方法是在普通平面液晶显示器的基础上增加可控式狭缝光栅(位于LCD屏之后)、可接收与处理立体图像

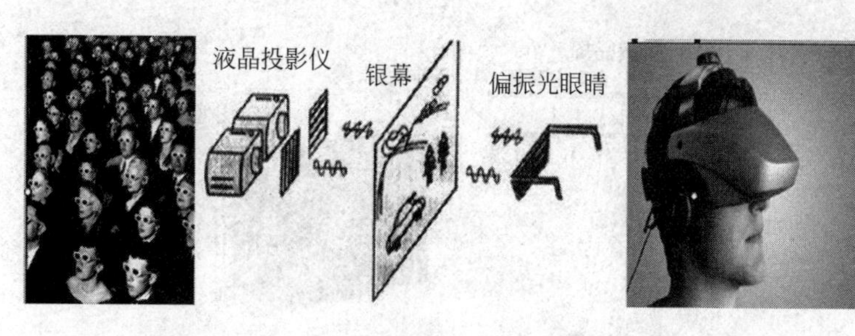

图 8.3 沉浸式显示系统

图 8.4 双目视差技术图像源

信息的视频电路。将 LCD 置于某特定照明板前的一定距离内，照明板产生大量窄亮的，中间以黑带平均间隔排列的竖直线光源。每个线光源照亮两列像素，由于线光源间有间隙，因此位于显示器前的平均视觉距离的观察者的左右眼分别透过偶、奇列像素能够观察到所有的线光源。

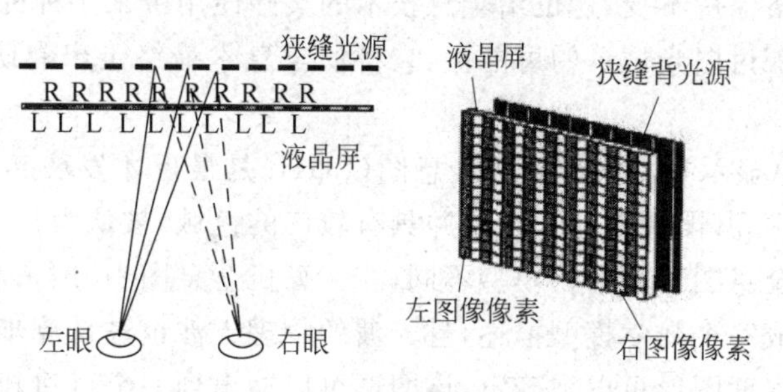

图 8.5 视差照明技术原理

视差障碍技术的实现方法是在普通平面液晶显示屏前增加一个开关液晶屏(实现 2D 和 3D 显示之间的切换)。这种开关液晶屏在通电情况下形成具有竖直条纹的光栅板，通过对光栅栅距及光栅到像素平面距离等参数的精确控制，使通过像素平面偶(奇)像素列的光线进入观察者的左(右)眼，即左右眼将分别看到两幅不同的视差图像，从而产生立体效果，其原理如图 8.6 所示。

柱面光栅技术在普通液晶显示器前面加上一块透明柱面光栅板，液晶像素平面恰好位

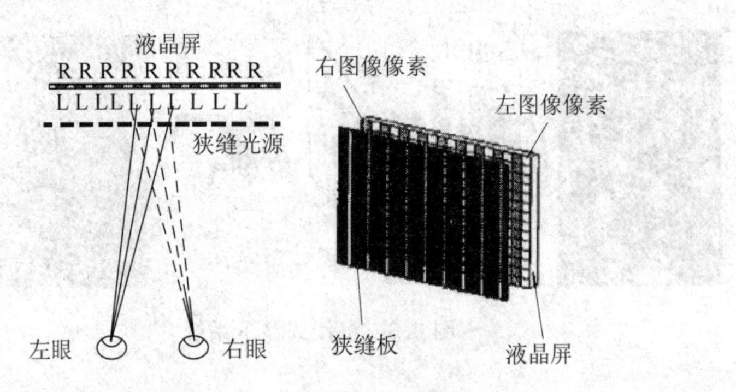

图 8.6 视差障碍技术原理

于柱面光栅的焦平面上。经过子像素发出的光线通过柱面光栅平行射出，向各个方向投影子像素，将会在显示器前方形成一排分离的左右眼的视域，从不同方向观察平面就会看到具有视差的子像素，从而产生立体感，其原理如图 8.7 所示。

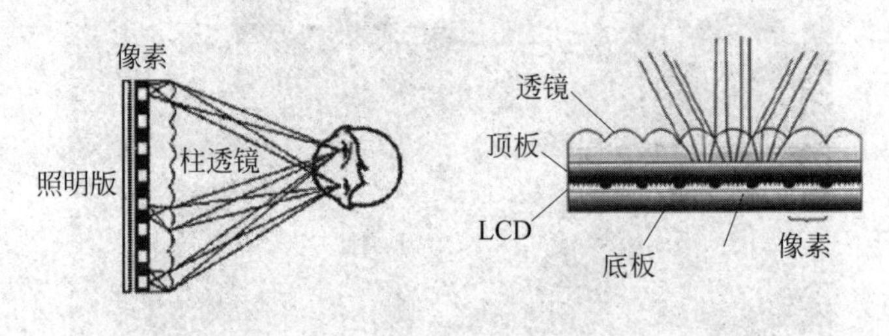

图 8.7 柱面光栅技术原理

3. 真三维立体显示

1）全息显示技术

（1）传统全息显示技术。传统全息图只能再现一个静态实际物体图像，不能处理计算机产生的图像(虚物)；而且激光的高度相干性，要求全息拍摄过程中各个元件、光源和记录介质的相对位置严格保持不变，这也给全息技术的实际使用带来了种种不便。于是，科学家们又回过头来继续探讨白光记录的可能性，它将使全息术最终走出有防震工作台的黑暗实验室。

（2）计算机全息显示技术。计算机全息图(CGH)是最近才发展起来的技术，其分辨率超过了人眼的分辨率，其图像漂浮于空中并具有较广的色域，被认为是三维立体显示的最终解决方案。与传统全息图需要实物模型不同，在计算机全息图中，用来产生全息图的物体只需要在计算机中生成一个数学模型描述，且光波的物理干涉也被计算步骤所代替，在每一步中，CGH 模型中的强度图形可以被确定，该图形可以输出到一个可重新配置的设备中，该设备对光波信息进行重新调制并重构输出。

通俗地讲，CGH 就是通过计算机的运算来获得一个计算机图形(虚物)的干涉图样，替代传统全息图物体光波记录的干涉过程；而全息图重构的衍射过程并没有原理上的改变，只是增加了对光波信息可重新配置的设备，从而实现不同的计算机静态、动态图形的全息显示。

2）体积式显示技术

根据成像空间构成方式的不同，可以把真三维立体显示技术分为静态成像技术和动态体扫描技术两种，静态体成像技术的成像空间是一个静止不动的立体空间，而动态体扫描技术的成像空间是一个依靠显示设备的周期性运动构成的。

（1）静态成像技术。在一个由特殊材料制造的透明立体空间里，一个激励源把两束激光照到成像空间上，经过折射，两束光相交到一点，便形成了组成立体图像的具有自身物理景深的最小单位——体素，每个体素点对应构成真实物体的一个实际的点，当这两束激光束快速移动时，在成像空间中就形成了无数交叉点，这样，无数个体素点就构成了具有真正物理景深的真三维立体图像。这就是真三维立体显示的静态成像技术原理。

（2）动态体扫描技术。动态体扫描技术是依靠显示设备的周期性运动构成成像空间，例如屏幕的平移、旋转等运动来形成立体的成像空间。在改技术中，通过一定方式把显示的立体图像用二维切片的方式投影到一个屏幕上，该屏幕同时做高速的平移或旋转运动，由于人眼的视觉暂留，人眼观察到的不是离散的二维图片，而是由它们组成的三维立体图像。因此，使用这种技术的立体系统可以实现图像的真三维显示。根据屏幕的运动方式可以将动态扫描显示分为平移体扫描显示技术和旋转体扫描显示技术。

本节只对真三维立体显示的原理做简单介绍，真三维立体显示系统将在后面详细叙述。

8.2 全息显示系统

8.2.1 声光调制器全息显示系统

声光调制技术（AOM）的物理基础是声光效应。声光调制器是由声光介质、电声换能器、吸声（或反射）装置及驱动电源四部分组成的。驱动电源产生的射频电压，通过电声转换形成与输入电信号相对应的超声波在介质中传播，从而形成超声光栅。入射光被超声光栅所衍射，衍射光的强度调制与输入电信号的幅度调制相对应，因而得到调制的输出光。

AOM SLM（空间光调制技术）的时域多路技术已经用于全息显示。这项技术已经被MIT的图像实验室在20世纪90年代初运用到了第一台实时的真三维全息显示系统中。计算条纹首先通过射频处理，形成超声光栅，入射光通过AOM孔径，对激光束进行相位调制，利用双透镜成像，水平扫描系统由角度的对调制光进行多元处理，在全息成像平面上，垂直扫描镜可以将衍射光反射到适当的位置。声光调制器全息显示系统的原理如图8.8所示。

AOM全息显示系统参数如下。

（1）调制器：AOM。

（2）显示区域：150×75×75mm。

（3）显示色彩：单色。

（4）帧频：2.5Hz。

（5）可视角度：30°。

AOM系统的一个缺点是它要按比例产生大的图像，要根据条纹的数量来制作全息图。另一个缺点是需要进行光学处理过程。时域多路技术依赖扫描镜的发展技术，通过扫描镜来获取水平和垂直视差信息。克服这些缺点后AOM才可以产生更大的全息图像。由于AOM是一维装置，必须通过扫描镜来获取水平和垂直视差信息，且需要将数字全息条纹转

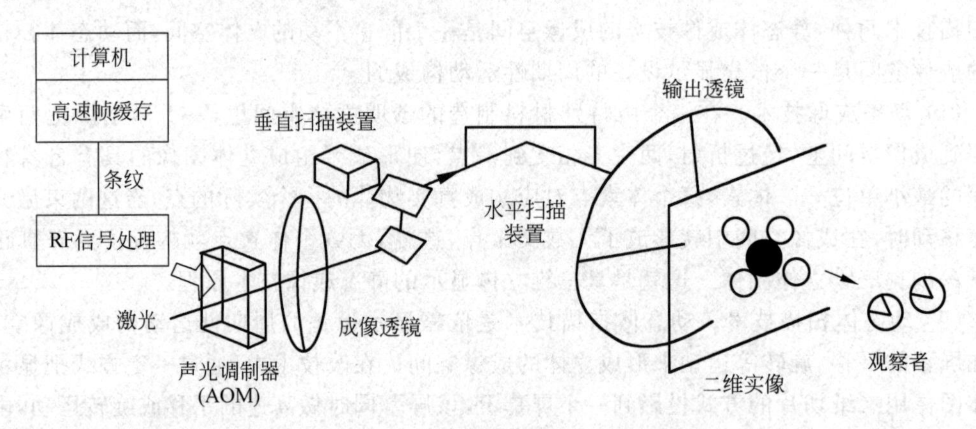

图 8.8 声光调制器全息显示系统原理

化成高频模拟信号，因而在实际应用中受到限制。近来，一些单位和研究者开始转向利用LCD、DMD等新型SLM作为成像元件，取得了较好的效果。

8.2.2 LCD、DMD全息显示系统

中国海洋大学研究并设计出使用薄膜屏、体管液屏、显示器（TFT-LCD）和数字微反射镜（DMD）做空间光调制器的两种数字合成全息系统。其中第一种方案做了实验验证，得到了合成动态全息图。用电寻址的有源矩阵驱动TFT-LCD作为空间光调制器进行系统设计。TFT-LCD利用寻址电信号改变其每一个液晶像素的透过率，从而把电信号转换成为空间的光强度分布。

使用TFT-LCD的数字合成全息系统的原理如图8.9所示。系统使用背投式透射TFT液晶屏，通过SVGA接口直接和计算机相连，接受其调制信号；在全息干版前有一自动分区记录机构，采用步进电机控制两个卷轴自动卷动不透光材料，材料上留出狭缝；步进电机和曝光快门通过RS-232接口与计算机相连，接受计算机程序控制。DMD全息显示系统的分辨率可达到1024×768。为了在长时间的曝光过程中监测是否有光偏移现象，在曝光过程中每隔一定时间自动测定光功率。

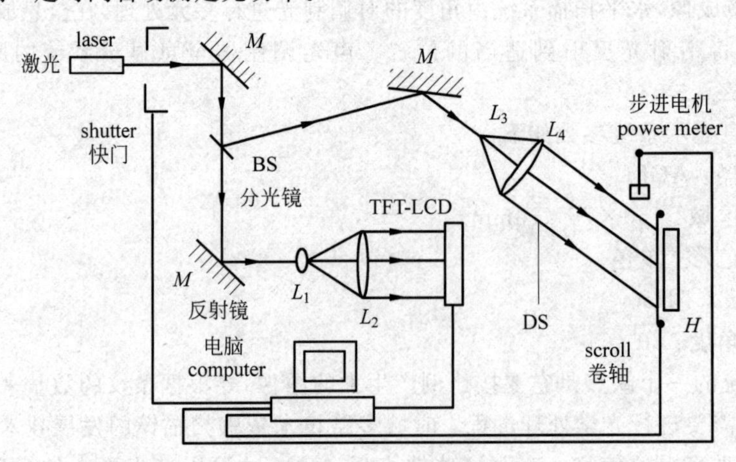

图 8.9 TFT-LCD的数字合成全息系统原理图

LCD 全息显示系统仍然存在以下问题。

(1) LCD 的开口率为 0.3 左右，严重影响了 LCD 的光透过率，因此需要较大功率的激光器作光源并适当提高物光波的功率。

(2) 偏振光在加上电压的 TFT-LCD 中的传播规律是混合场效应，除了偏振方向的旋转之外，还有双折射效应和光的吸收散射等。这些效应的结果是降低了全息图的信噪比。

(3) 自动曝光、自动分区和功率测量机构的机械稳定性，它们的动作会影响到系统的稳定性。

数字微反射镜(DMD)是最近出现的一种新型光电器件，微反射镜由固定在两根支撑柱上 12fμm 量级的反射镜像素元组成，只有以特定的角度(与光轴的夹角为 10°)入射到这些微反射镜上的入射光才能够被投影物镜像用 DMD 作为空间光调制器使用，TFT-LCD 有很多优点，DMD 成像比传统的液屏、投影有了很大的改进，特别是全息术中要求比较高的参数，如像素大小、灰阶级数及光能利用率等方面提高显著，而且使用 DMD 的反射式工作模式设计统光路比使用 TFT-LCD 的透射式模式要简单。使用 DMD 的全息显示系统如图 8.10 所示。

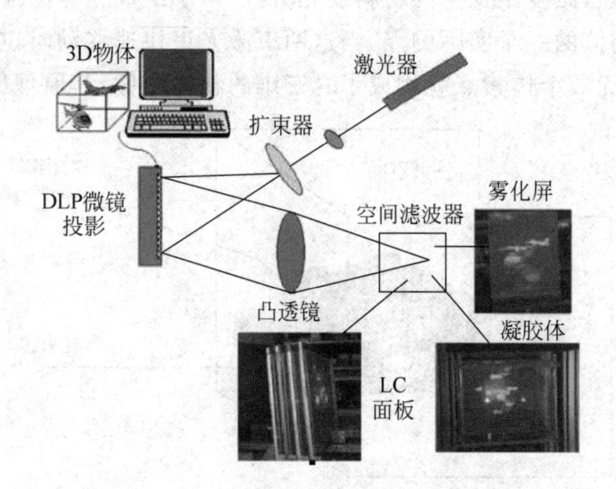

图 8.10　DMD 的全息显示系统原理

8.2.3　集成技术的数字全息显示系统

韩国首尔国立大学利用微透镜阵列构造了一个全视差大可视角度的 CGH 三维显示系统。系统原理如图 8.11 所示。该系统将空间光调制器运用到数字全息集成立体显示系统中，大幅提高了全息显示的可视角度。

CCD 通过输入端的微透镜阵列记录下三维物体的二维基元图像，采用修正迭代傅里叶变换算法(IFTA)计算基元图像的全息图，加载到空间光调制器上，通过输出端的微透镜阵列成像，再现三维图像。

基于合成图像技术的数字三维显示系统有效简化了三维物体全息图的制作，但需要用到微透镜阵列，使系统变得复杂，难于构造，且不是真彩色显示。

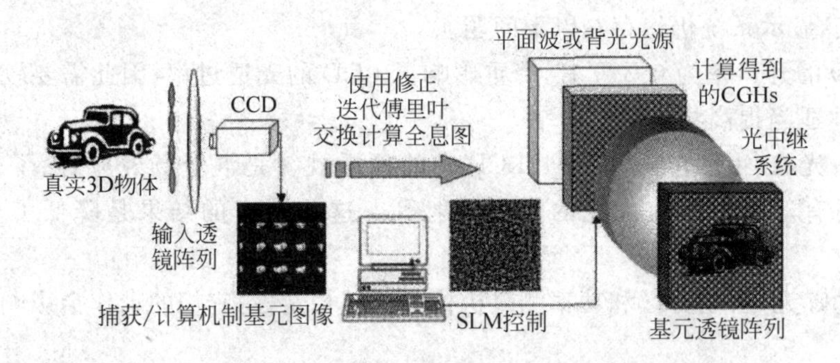

图 8.11 CGH 三维显示系统原理图

8.3 体积式三维显示系统

8.3.1 DepthCube 三维显示系统

静态体成像技术是把两束激光束照到一个由特殊材料制造的透明图像空间上，经过折射，两束光相交到一点，激发图像空间材料发光，便产生了组成立体图像最小单位——体素，每个体素对应真实物体的一个实际的点，当这两束激光束快速移动时，在图像空间中就形成许许多多个交叉点，无数个体素点就构成了真三维的物体图像，其原理如图 8.12 所示。

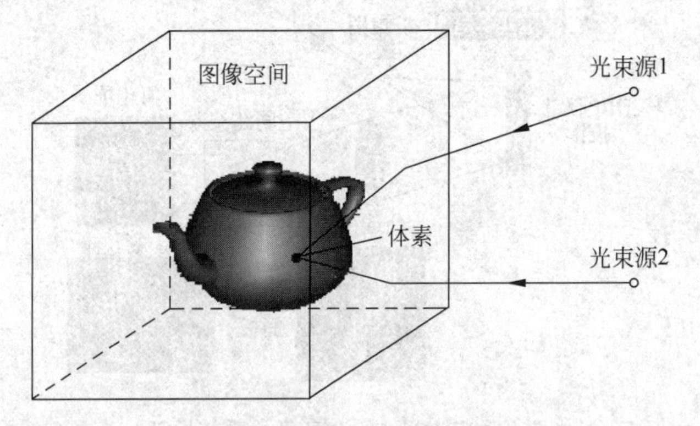

图 8.12 静态体成像技术原理

DepthCube 三维显示系统是最具代表性的静态体三维显示系统。DepthCube 本质上是一种背投式的三维显示器(见图 8.13)，只是使用一个三维投影仪、三片 DMD DLP 取代了传统的投影仪。TI 公司的核心技术是数字微镜装置(digital micro mirror device，DMD)，一个芯片处理一百万个微电子机械镜的阵列。在 DLP 的三片 DMD 型号中，来自弧光灯的白光照到三棱镜上，分离出红、绿、蓝光束，它们直接到达三棱镜的一个面上的专用数字微镜装置。红、绿、蓝颜色重新结合起来，通过棱镜开放的第四个面发送到发射透镜，然后到镜片，镜片把像素反射到投影面，这样就产生了全彩色图像。

DepthCube 的外壳有 20 个液晶发射显示屏，每两个相邻的屏之间的空隙为 5mm。每个屏将液晶夹在两个玻璃平面中间。当有电压作用到屏上时，液晶在光发射过来的方向排一排，光就直接通过当时是透明状态的屏。当电压从屏撤走时，液晶就释放为自由状态。在这种情况下，液晶会驱散射向它们的光，产生一个体素，看起来像是它从表面位置发射出来

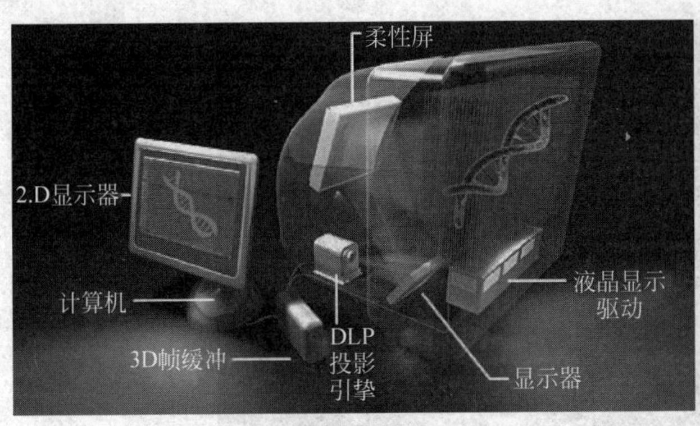

图 8.13 DepthCube 三维显示系统

的，而不是处于显示后方的 DLP 投影仪发射的。在任何给定的瞬间，19 个屏是透明的，只有 1 个处于白散射状态。然而，依赖视觉持续，我们顺序看从后往前 20 个屏的图像堆栈。由于在监控器后面的屏比前面的屏在物理上离你远一些，你的眼睛会自然聚焦在体素出现的任何地方。投影仪每秒发射 1200 个图像切片，合成的三维图像由 20 个二维图像组成，被切开从一个屏到下一个屏出现。通过利用称为深度反锯齿(depth anti-abasing)的技术，使图形边缘"锯齿"缓和，边缘更加平滑。深度反锯齿有效地把 DepthCube 的 15 300 000 物理体素(1024×784×20)转化为能感觉到的多于 465 000 000 体素(1024×748×608)。

DepthCube 是完全固体形态的，不会受到振动带来的影响。而且人们是在显示器前面观察的，它的 DLP 投影仪能在大于 1200fps 下运作，能提供 15 位颜色(或 32 768 混合色)，足够表现光照、阴影、纹理匹配等使三维图像真正流行的光学作用。

另一个优点是与现存的三维图形软件的兼容性。由于 DepthCube 图像投影到二维平面，具有笛卡儿几何特性，DepthCube 与使用图形语言 OpenGL 的软件和标准三维图像卡兼容。可以使用软件提取三维图像卡中存储的每一个像素的颜色、位置和深度信息——Z 轴位置，传送到 DepthCube 的信息为所有 20 个屏保存图像数据的三维帧缓存。颜色和位置(x,y)送到 20 个屏中对应于正确深度(Z 轴)的屏，产生一个体素，这是显示不同颜色体素在相同位置(x,y)的不同深度的关键。

当然，这种立体显示也有一定的缺点。首先，它不是 360°观察的，但是在屏的前面范围还是可以允许多人同时观察。另一个缺点是缺乏不透明性。由于三维图像由光产生，光不能遮盖光，所以一个图像不能遮盖另一个图像，三维图像是透明的。

8.3.2 Perspecta 显示系统

Perspecta 三维立体显示器(见图 8.14)是采用旋转屏幕技术的一种新产品，它用一个 XGA 级别的高分辨率(1024×768)投影仪将图像投影到一个旋转屏幕上，该屏幕同光学投影器件和三组起转向投影作用的平面镜一起，以 600rpm 或其以上的速度旋转。被投影的图像实际上是呈放射状的"图像切片"，由于视觉滞留，这些图像切片快速连续地投影到三维空间，从而在人眼中形成有真实立体感的三维图像。

Perspecta 显示系统的参数如下。

(1) 分辨率：768×768×192。

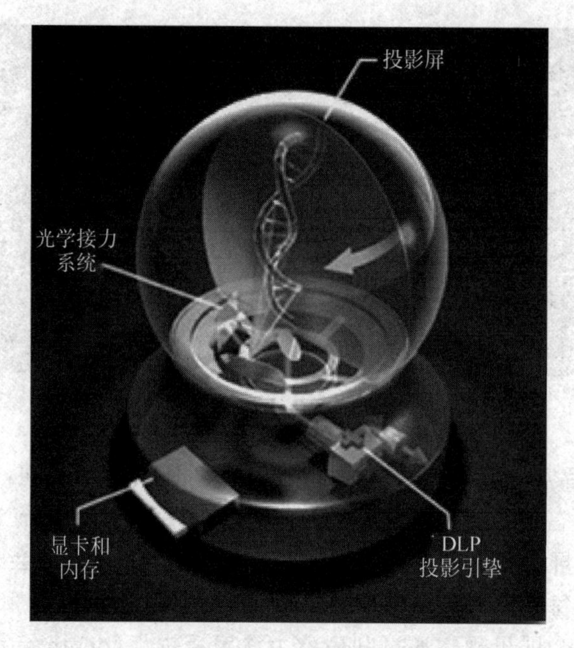

图 8.14 Perspecta 三维显示系统

(2) 色彩格式：24b RGB。

(3) 旋转屏转速：730rad。

(4) 体像素数：100M。

(5) 帧频：2409fps。

(6) 接口数据率：4.68GB。

(7) 显示范围：10 英寸。

(8) 可视角度：360°。

这款立体显示器看似一个鱼缸，人们可以从各个角度观看显示器中的三维立体图像，且其中的三维立体图像可以同时真实地放大或缩小。另外，还可以围绕这个球形显示四周走动观看三维动画片。

这种立体显示系统包括三个主要的子系统：构造成像空间子系统、体素生成子系统和体素激活子系统。在 Perspecta 中，屏幕(发射面)是非常薄的透明塑料圆片，被安装在轴上，由于电动机驱动高速旋转而构造成像空间。体素生成是在成像空间的固定区域产生可见光的物理过程。在立体显示系统中，对应每种成像空间的构造方式，有很多种体素的生成方式。比如，在旋转面构成成像空间中，有三种体素生成方式：阴极射线轰击投影面、电子束轰击投影面和光散射。Actuality 的发射面把投影仪投射过来的光束散射开，这样，体素好像是从成像空间内部的特殊点发出的。而发射面旋转得足够快以致观察者看不到它的存在，所有显示出来的只是投射的三维图像。体素激活是指采用某种触发方式将体素从休眠状态转为激活状态。如使用特殊的电信号、激光束或电子束轰击投影面上的体素点，从而激活体素。这个过程就是把图像引擎系统生成的体素说明符传送到成像空间中相应的位置。Perspecta 的体素激活是采用了 TI 的 DLP 技术。显示器内部安装的软件可以将三维模型分成 198 个分辨率为 768×768 像素的二维图像切片，而 DLP 投影仪迅速将这些切片投影到显示器上。

Perspecta 显示器的最大优点是：由于它是球形的，所以在水平方向 360°、垂直方向 270°都可以观察。Perspecta 显示器配置有符合 OpenGL 等开放标准的内置“空间渲染内核”，这使得它能够与在 Windows 或 Linux 上运行大量主流软件实现互操作。这种技术还需要进行适当的改进。目前，Perspecta 显示器只能显示 8 种颜色，对比度和亮度都还需要进一步提高。

习题 8

1. 三维显示技术的分类？
2. 静态体成像和旋转体扫描技术的显示原理是什么？
3. 请画出声光调制器全息显示系统的结构构图并简述其显示原理及优缺点。
4. 简述 DepthCube 和 Perspecta 的区别及优缺点。
5. 谈谈你对未来全息三维显示系统的想法。

第9章 大屏幕显示技术及系统

CHAPTER 9

9.1 大屏幕显示技术

9.1.1 大屏幕显示技术概述

所谓大屏幕，一般相对使用环境(居室、大厅、广场等)而言，从对角线 30 英寸(76cm)到目前已实现的 2000 英寸(50m)不等，并无绝对标准。而且，随着时代的进步，其最大尺寸也无上限。本章所说的大屏幕泛指屏幕尺寸在 $1\sim4m^2$ 的显示器，$4m^2$ 以上的称为超大屏幕。

大屏幕显示兼有大型、彩色、动画的优势，具有引人注目的效果，信息量也比普通广告牌大得多，作为多媒体终端系统，其作用不可替代，其市场前景不可估量。大屏幕数字拼接板系统可以将各类计算机信号、视频信号在大屏幕数字拼接板上显示，形成一套功能完善、技术先进的信息显示管理控制系统，完全可以满足指挥控制中心、调度中心、监控中心、会议中心、竞技场馆、多媒体教室、道路交通信息显示等场合实时、多画面显示的需要。

实现大屏幕显示有两种途径：一种途径是采用单元显示设备按矩阵排布，构成大屏幕显示；另一种途径是将直视型或背投式显示器按纵、横矩阵排列，构成多影像(multi-vision)系统，或称“电视拼接墙”，简称“电视墙”。

大屏幕图像显示方式很多，总体分为电子式和机械式，电子式又分为直观型、投影型及空间成像型，机械式又分为回转型、磁场型及开闭型，如图 9.1 所示。能够实现大屏幕图像显示的技术手段也很多，如前面几章提到的 CRT、PDP、LCD、LED、LDT 技术等。本章将详细讲述投影型 PLCD、LCOS、DLP 大屏幕显示技术及直观型 HDTV 大屏幕显示技术，对主要应用于大屏幕显示场合的激光显示技术(见第 6 章)，本章不再赘述。

对大屏幕显示系统的主要要求如下。

1. 图像亮度

在大屏幕显示中，要求图像要有足够高的亮度。由于所要显示的图像是供许多人观看，如果亮度不高，致使坐在较远距离处的观众就看不清楚；反之，图像清晰、层次分明，优美逼真。

2. 保证足够的图像对比度和灰度等级

一般大屏幕显示器应有 30∶1 的对比度。在显示技术中，通常把数字、字母、汉字及特殊的符号统称为字符；而把机械零件、黑白线条、图形则称为图形。显示字符、图形、表格曲线时对灰度没有具体要求，只要求有较高的对比度即可，而对图像则要求有一定的灰度等

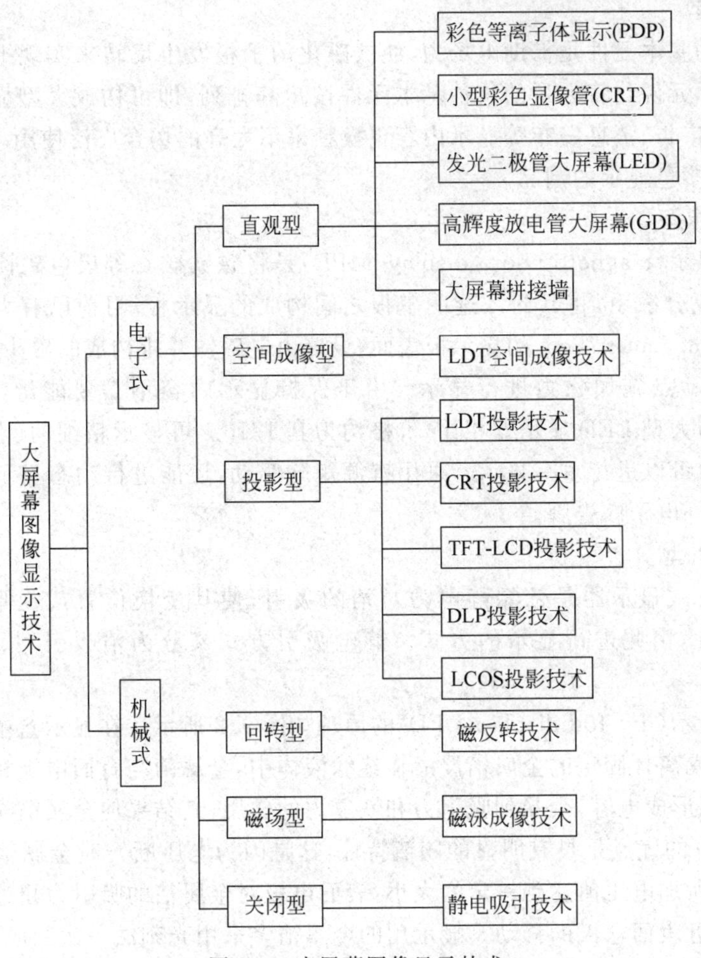

图 9.1　大屏幕图像显示技术

级。灰度级别越多，图像层次越分明，图像越柔和，看起来越舒服。

3. 清晰度

清晰度一般常用分辨力来表示。分辨力越高，大屏幕图像就越清晰。

9.1.2　被动发光型大屏幕显示系统

广告牌、告示牌等都是典型的被动发光型静止画面显示，下面主要讲述能自动更新显示信息的被动发光型显示系统。

由图 9.1 可以看出，被动发光型大屏幕显示在电子式中有由 LCD 和 ECD 等光调制器件构成的组合型；在机械式中有磁反转、磁泳成像、静电吸引显示等，均已达到实用化水平。由于是被动发光，无外光源则不能看到显示内容。对于室外应用，白天靠太阳光，夜间需要人工照明。被动发光型显示系统的特征是显示发光不需要能量，而且几乎所有的被动发光型大屏幕显示均具有存储性，仅在显示内容更新时才消耗电力，维持显示内容无功耗。因此，对于广告、消息发布等显示内容更新频率低的场合，总功耗非常低，这是被动发光型大屏幕显示的突出优点。从多色性角度看，磁反转型占优势；从高分辨率角度看，磁泳成像占优势。

1. 磁反转型

早期采用的基本元件是借助电场力，使被磁化的平板发生反转来实现平板正面和反面内容的二值显示元件。将大量的这种基本元件按矩阵排列，即可构成大型显示屏。在交通信息显示、商业广告、消息发布等显示内容更换频率不太高的场合广泛使用。开始只能二色显示，目前已有多色显示的制品。

2. 磁泳成像型

磁泳成像显示(magneto photo display，MPD)是将磁铁矿石等黑色磁性微粒子混入乳白色液体中构成分散系，将其封入透明基板之间构成的显示板，目前已有大型显示装置面世。例如，在133.5cm×75cm的显示板表面，设置由电磁铁并排构成的磁头，对显示面进行扫描，对各个显示点施加磁力进行显示。由于保持显示内容不需要能量，元件单价仅为LED的1/40，与大型LED显示器相比，价格约为其1/10。可显示精细的(点距为1.3mm)文字、图像等，也可以进行重写显示。采用有源矩阵驱动，还能进行动态显示。由于是反射型，可作为室内外电子广告牌。

3. 静电吸引型

静电吸引方式显示器是依靠静电力对箔的吸引，使其变换位置或变形等，从而改变其对光的反射性，由此进行显示的方式。静电吸引方式又分为箔吸引型、箔变形等几种类型。

箔吸引型显示(dye foil display，DFD)的原理如图9.2所示。在显示盒中注满着色的绝缘液体，将右侧隔离环固定的金属箔浸渍在绝缘液体中，金属箔与背面电极相连。由于金属箔与表面电极间形成电容，会受到吸引力和恢复力的作用，其结果使金属箔靠近表面电极而显示明色。DFD的优点是具有明显的阈值特性，这是因为电压断开时金属箔被固定在背面电极上，只有当所加电压值达到一定的大小，表面电极对金属箔的吸引力超过其应变恢复力时，箔才发生靠近表面电极的移动。显示用的金属箔多采用光刻法一次制成。

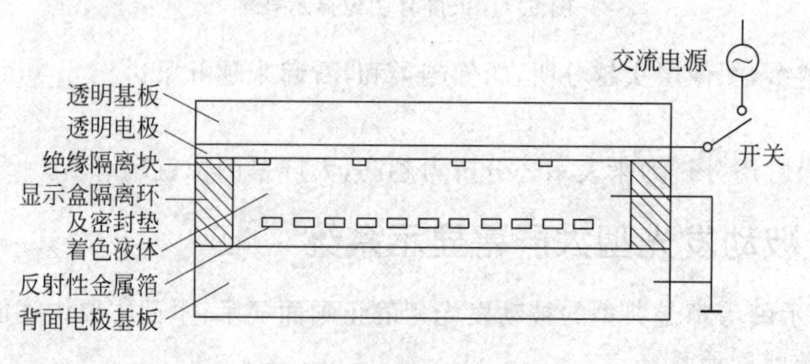

图9.2 箔吸引型显示原理

基于同样的静电吸引原理，开发出的大型显示用动态介电显示(moving dielectric display，MDD)，其结构简单，已达到实用化水平。

9.1.3 主动发光型大屏幕显示系统

主动发光型大屏幕显示的方式很多，以下讲述LED、小型CRT、放电管以及电视拼接墙系统等。

1. LED 方式

LED 电子显示屏以低功耗、长寿命、高可靠、高亮度、控制灵活等独特优势而深受用户欢迎，被广泛用于银行、证券、体育场馆、商场、机场、港口及城市交通等各行业。LED 显示屏已成为当今信息时代的最佳信息显示媒体之一。

LED 电子显示屏一般具有以下特点。

(1) 系统设计模块化。将电路设计按功能划分为不同的模块，模块与模块之间只需要极少的连接，极大地提高了系统的稳定性和可靠性。具有良好的通用性、互换性，便于大规模生产、制造、安装、调试、维修、维护，使显示屏的制作更加系统化、标准化。

(2) 控制系统技术先进。显示系统的核心部件全部采用超大规模集成电路，系统集成度极高，使控制功能大大增强，可靠性、安全性、灵活性大大提高。

(3) 显示屏信息可长距离传输。采用 RS-232/422/485 标准接口设计，极大地提高了信息远距离传送的抗干扰能力，使显示屏更易于远距离控制。在无中继条件下，单色屏、彩色屏最大通信距离可达 500m，彩色屏最大通信距离可达 300m，可抗击 15kV 的静电压冲击。

(4) 开放式软件。显示屏使用 Windows 系列操作系统作为应用平台。用户既可自行编制显示屏播放程序或专用程序，更可随心所欲使用市场上流行的各类优秀的图形、图像、动画、视频制作软件来任意编排制作播出节目，真正实现了开放式软件结构。

(5) 可视性好、寿命长。LED 发光管管芯，发光亮度高、色彩鲜艳、视角宽、无拉丝闪烁现象，使用寿命长，大于 10 万小时。

(6) 安装使用简便。采用标准化模块显示单元，可根据应用要求任意组装成所需的尺寸，便于使用、安装和维护。

(7) 显示方式多样化。可根据应用要求，先是各类图案，具有上下移动、左右移动、横开纵开、瀑布现实、快速切换，图文、动画、视频播放多种控制方式。

选用 LED 电子显示屏的主要依据如下。

(1) 显示信息类型。图形文字、动画视频等。

(2) 显示信息方式。瞬间、展开、滚动、项次等近 20 种方式。

(3) 发光点阵类型。ϕ5mm、ϕ3.7mm。

(4) 发光点阵颜色。单红或红绿双基色或全彩色。

(5) 信息发送方式。微机 RS-232/422/485 接口发送、VGA 同步。

目前，我国的 LED 大屏幕显示器的研制也进入到新的阶段，全彩色大屏幕 LED 显示屏的制造技术已接近世界先进水平，并按照全天候、远距离、全彩色的要求稳步发展。

2. 小型 CRT 方式

将许多平面电子束小型 CRT 按马赛克形式布置成显示屏，用于室外动态画面以及情报信息的大屏幕显示。小型 CRT 的直径有 20mm、28mm、34mm 等不同规格，目前采用新型电极结构，像素节距减小到 7.5mm。显示屏因场合、距离要求而异。三菱电机 1980 年制成的这种显示屏高 5.76m、宽 9.1m(共 46.7m^2)，采用了 240×336＝80 640 个 ϕ20mm 的高辉度 CRT 元件，获得画面辉度 1700cd/m^2 和 64 级灰度的全彩色大屏幕显示效果。

Sony 公司还开发了在同一小型 CRT 中设置多个红、绿、蓝像素的显示元件，并用此构成室外大型显示屏。单个 CRT 中，分别涂敷红、绿、蓝三色荧光体；再将这种 CRT 管按纵向 6 个、横向 4 个组成一个单元；最后组装成纵向 378 列、横向 400 行，像素总数为 $1.512\times3\times10^5$，显示面积为 $25m\times40m=1000m^2$ 的显示屏。最大峰值辉度 1500fL（英尺-朗伯，$1fL=3.426cd/m^2$），采用脉冲宽度调制驱动，可显示 256 级灰度的全彩色画面。

3. 放电管方式

广场、大街、大型建筑物壁面等设置的宣传广告牌，在晴天太阳的直射下要求在 50m 以内也能鲜明可见。一般表面对太阳光的反射辉度与太阳的高度有关，最大可达 $1000cd/m^2$。这时为了获得即使是 5∶1 的对比度，要求白色画面辉度也必须在 $5000cd/m^2$ 以上，对于此类应用只能采用放电管方式。

松下公司采用新型高辉度放电管，制成了 Astrovision AZ-1600 系列大屏幕显示器，室外画面辉度达 $5000cd/m^2$，实现了每平方米 3000 个像素的高分辨率、120°的大视角。显示屏最大尺寸为 $4.38m\times5.84m$，由 2304×10^5 个像素构成。

东芝公司开发的 Super-Color-Vision 系统也采用放电管，其 4 个放电管显示元件的高、宽节距分别是 56mm、72mm。最早推出的显示屏高 10.6m、宽 20.2m，总像素数为 5264×10^4。

上述小型 CRT 和放电管组成的大屏幕显示器与 LED 显示屏类似，都是由单个显示元件按矩阵排布而构成的大屏幕显示器的，其行列选址控制方向也雷同，仅仅是显示元件各不相同，最后的驱动电路有所差别而已。

4. 直观型大画面显示

直观型大画面显示与前面讲述的将大量发光元件按矩阵排布而构成的大屏幕显示器不同，采用大屏幕拼接墙技术。该技术可以将各类计算机信号、视频信号在大屏幕拼接墙上显示，形成一套功能完善、技术先进的信息显示管理控制系统，为用户提供一个交互式的人机界面，满足工矿企业指挥控制中心、调度中心、监控中心等实时、多画面显示需要。

大屏幕显示墙（早期称电视墙）是由多个电视机以矩阵排列（如 2×2、3×3）组成一个大显示屏，每个子屏幕显示大图像的一部分，共同显示一个大的图像，因大如墙壁，故称显示墙。10 多年前，显示墙刚出现时，只显示电视信号，称为电视墙（video wall）；后来发展到能显示计算机数据及图形，称为数据墙（data wall）；近几年发展到显示多种媒体的信号，称多媒体显示墙（multimedia display wall，MDW）；把 HDTV、PAL 和 NTSC 制普通电视以及计算机的 VGA、SVGA、XGA 等全在一个大屏幕上显示，称为 HDTV 多媒体大屏幕显示墙（HDTV 多媒体大屏幕显示墙将在 9.2 节中详细介绍）。

早期采用 CRT、PDP 等，画面对角线尺寸为 30～60 英寸，主要问题是有几厘米的接缝，大大影响画面的观赏效果。目前多采用拼接数字光学处理（DLP）投影机，单个显示屏有 50 英寸、60 英寸、72 英寸等规格。采用这种 DLP 投影机组成拼接电视墙，实现超大规模画面显示，其接缝仅 0.5mm 左右。

大屏幕显示墙技术近年来发展很快，社会需求量越来越大，它的图像面积大、亮度大、对比度好、彩色鲜艳、临场感特别强，广泛应用于展览大厅、科学报告厅、车站、机场候机厅、商场、大厦、歌厅、政府机构及各部门的监控单位。

1) CRT 电视墙

CRT 电视墙是应用最早的一种显示技术。CRT 显示器显示的图像色彩较好，还原性不错，具有较强的几何失真调整能力，缺点是亮度较低、操作复杂、体积庞大、拼缝大、对安装环境要求较高，并且难以做到 $4m^2$ 以上的显示面积。CRT 技术属于早期的模拟技术，几年前就已经退出了主流的拼接板市场，如图 9.3 所示。

图 9.3　3×3 的 CRT 电视墙

2）PDP 数据墙

PDP 器件是一种全新的显示设备，它装有成千上万个密封低压玻璃管，管内充有以氖为主体的混合气体。每个玻璃管的背后都有红、绿、蓝三色磷光体，当玻璃管中的气体被激活后会发出紫外光，被紫外光投射到的磷光体产生可见光。可见，等离子平面显示器是由许多独立光源自行显示、整体构成图像的。因此，它较其他显示技术有着不可替代的优点：适合于大画面显示，且屏幕越大图像越清晰；属主动发光型器件，亮度高，对比度强，观看距离远。

PDP 数据拼接墙箱体较其他显示装置薄，安装调试较简单；其缺点也较明显：分辨率低，且不能叠加，拼缝大，即使采用了最新边缘结构技术的拼缝也有 3mm，而且只能是在做 2×2 拼接时中间部分的拼缝实现这样的拼接，外边框 5cm 宽的拼缝仍旧无法消除；寿命和平均无故障时间都很短，如果以 24×7×365 工作方式运行则会缩短其十分有限的使用寿命；耗电量大，发热量也很大，因此背板上装有多组风扇用于散热，这样导致风扇的噪音也较大。如图 9.4 所示为采用最新无缝技术的欧丽安(NeoDigm)等离子数据墙与传统拼接等离子数据墙拼缝比较。

(a) 最新的无缝技术

(b) 传统拼接

图 9.4　PDP 数据墙拼接边缘

3）LCD 数据墙

LCD 作为成熟的第二代显示技术，拥有清晰图像、艳丽画面、低耗能、高寿命的特点；

但 LCD 数据墙也因为光效率低、拼接缝隙过大，长期使用衰减严重的原因而与 DLP 背投、PDP 数据墙三分天下。目前，三星电子推出一款边框仅 2.4mm 的三星超视界系列无缝液晶视频墙，如图 9.5 所示。

图 9.5 三星电子的 LCD 数据墙

综合上述，对几种主流拼接显示技术的分析不难看出，CRT 拼接显示技术由于亮度低、体积庞大、安装调试复杂，早已退出了市场竞争；PDP 拼接显示技术由于本身技术的特点而无法克服的宽拼缝、灼伤和短寿命问题也不能在大屏幕拼接显示应用市场上广泛应用；LCD 拼接显示技术拼缝大、不能长期使用；目前 DLP 拼接显示技术已占据了市场的主导地位，在国际大屏幕拼接显示领域，主流厂商已经全部采用了该技术。目前的 DLP 技术非常符合指挥控制中心、调度中心、监控中心用户的使用需求，适合 24×7×365 不间断工作的要求。首先，DLP 技术是纯数字技术，符合数字技术在当今时代发展的潮流；其次，使用 DLP 技术的拼接墙具有亮度和色彩的高度一致性，保证用户在显示一些信息的图表时不会出现偏差而导致操作人员的判断错误；最后，采用 DLP 技术的拼接墙具有高性价比、低维护成本的特点，保障用户投资的长远利益。相信今后以 DLP 拼接墙为主流的大屏幕显示系统势必成为绝大多数厂家和用户都采用的技术和产品(有关 DLP 的具体内容将在 9.1.4 节中详细讲述)，目前主流大屏幕拼接墙技术性能比较如表 9.1 所示。

表 9.1 目前主流大屏幕拼接墙性能比较

性能指标	液　　晶	DLP	等离子
亮度	500～800lm	300～500lm	600～1000lm
对比度	1000∶1～1500∶1	300∶1～500∶1	3000∶1
分析	亮度和对比度是显示设备的重要指标。等离子这两个值偏高，是因为其测算方法不一样。如果使用美标(ANSI)测算，用同一幅图上的黑白色作比较，等离子与液晶参数相同		
色彩饱和度	92%(DID[1]屏)	较低	93%
分析	色彩饱和度越高，显示出来图像越艳丽		
分辨率	1366×768(46 英寸)	1024×768(42 英寸)	852×480(42 英寸)
分析	分辨率决定画面的清晰程度，液晶显示器的分辨率相对较高，画面更细腻，可显示更多内容		
功耗	200W(46 英寸)	300～500W(50 英寸)	500W(42 英寸)
分析	液晶的发光效率高，功耗相对较低		
寿命	50 000h(背光)	5000～10 000h(灯泡)	5000～10 000h(屏幕)

续表

性能指标	液　晶	DLP	等离子
分析	液晶和背投的寿命都只与发光部分相关,使用到期后更换背光灯管或者更换灯泡即可。但是等离子的寿命与屏幕有关,使用到期后只能报废,无法维修		
灼伤	不会灼伤	基本不会灼伤	灼伤严重
分析	灼伤现象表现为当静止图像停留在一个位置较长时间以后,会在屏幕上留下阴影。液晶与 DLP 投影的显示原理决定了屏幕不会灼伤,但是等离子灼伤现象比较严重,这完全是由等离子气体发光原理造成的		
体积	轻薄	较大	轻薄
分析	等离子和液晶均属于平板显示,厚度小		
拼缝	有	较小	较小
分析	液晶的背光部分在屏幕侧面导致液晶拼接有一定缝隙,使用 LED 背光后,液晶拼缝与背投、等离子相当		

① DID(digital information display)LCD 拼接显示屏是三星公司 2006 年推出的产品,以单屏高分辨率(1366×768、1920×1080、1920×1200)、整屏(1366×M×768×N、1920×M×1080×N、1920×M×1200×N)的方式为客户提供一个超高分辨率、超大显示面积的液晶显示屏,三星 DID LCD 屏主要尺寸有 32 英寸、40 英寸、46 英寸、52 英寸、57 英寸、70 英寸和 82 英寸。

9.1.4 投影型大屏幕显示系统

大屏幕投影是指一台或多台以上的投影机进行画面相互拼接,组成一面投影墙来显示单个或多个图像。随着科技的发展,该技术在公安、交通管理、电力、电信、大型工企等部门的应用日益广泛。在城市交通监控管理中,大屏幕投影墙直观、清晰地把前端设备所采集的特定地点、地段的图像信号实时地反映给指挥中心的决策者,使决策者同时掌握多处地段的第一手资料。

基于投影机的大屏幕投影系统简称投影系统,它是信息电子、计算机、物理光学等技术的有机结合体。其基本组成包括投影机、背投屏、图像处理器等。

随着数字投影技术的发展,大屏幕、高亮度的电子投影显示系统在现代多媒体信息显示中获得了广泛的应用。目前,国内实现大屏幕投影显示屏的投影机主要有以下 4 种: CRT 投影技术、LCD 投影技术、DLP 投影技术和激光投影技术,而数字光路真空管(digital light valve,DLV)和栅状式光阀(grating light valve,GLV)是两种未来投影技术,有着广泛的应用前景。

1. CRT 投影显示技术

CRT 作为成像器件,它是实现最早、应用最为广泛的一种显示技术,由该技术实现的投影机具有显示色彩丰富、色彩还原性好、分辨率高、几何失真调节能力强、可以长时间连续工作的特点。CRT 投影机是投影机市场上技术比较成熟、价格较低的一个产品。我国在 20 世纪 90 年代就有产品上市,2000 年已大规模生产批量上市,占领了大屏幕市场 80%的份额。随着微显示投影技术和平板显示技术的快速发展,CRT 投影机的市场份额在逐渐减小,但由于其性价比高,仍在大屏幕背投影市场上占有一定的地位。

CRT 投影机也分前投式和背投式,但以背投式居多。CRT 投影机的基本原理是投影管的电子束受图像信号的调制,带有图像信息的电子束在投影管阳极高压作用下高速度轰击投影管屏幕上的荧光粉,使荧光粉发光。投影管是单色管,3 个投影管分别涂上红、绿、蓝荧光粉,红、绿、蓝 3 个投影管发出的携带有图像信息的红光、绿光、蓝光通过聚焦透镜汇聚成彩色光图像信号,再通过投影光学系统投射到投影屏幕上形成彩色图像。CRT 背投影机由 3 部分组成：光学系统、电路系统、机械结构和机箱。

这种技术的投影机在工作时,把输入信号源分解成红、绿、蓝 3 个 CRT 的荧光屏上,荧光粉在高压作用下发光,经系统放大、会聚,在大屏幕上显示出彩色图像。光学系统与 CRT 组成投影管,通常所说的三枪投影机就是由 3 个投影管组成的投影机,由于使用内光源,也叫主动发光型投影方式。

但同时,由于该技术导致分辨率与亮度相互制约,所以 CRT 投影机的亮度普遍较低,到目前为止,其亮度始终在 200lm 左右。此外,由于 CRT 投影机操作复杂,特别是会聚调整繁琐,机身体积大,许多 CRT 投影机质量在 50kg 以上,因此该技术的投影机一般安装在环境光较弱、相对固定的场所。

三枪式 CRT 投影机的光输出用峰值流明来表示,即在一个白窗口的测试图像上,以扫描线尚清晰可见的情况下,测量白窗口的最大照度乘以白窗面积,来确定投影机光通量。由于看到的任何一帧视频图像不可能全部都是白场,白色所占的比例一般占图像面积的 20% 左右。同时 CRT 投影机是依靠投影管内电子束在荧光屏上扫描获取图像,束电流大小取决于阴极的发射能力,正常状态下阴极发射的电子被阴极栅极之间的负电位差控制,在阴极、栅极之间形成电子云,随电位减少,电子流很快被拉到阳极-荧光屏,CRT 能提供较高的脉冲电流,所以窗口信号的屏上亮度可较高。而如果画面是全白场,由于阴极发射能力的限制,只能提供平均束电流,屏上亮度会大大降低,只有峰值流明的 1/5 左右。由于阴极各 CRT 投影和所采用窗口信号的大小不同(10%~25%),所以各厂家产品的亮度指标,没有绝对的可比性。

近年来,人们对 CRT 投影型显示器的研究开发仍在广泛地进行。例如,在 CRT 面板和透镜之间采用液冷直连方式；利用电磁场聚焦使电子束斑进一步缩小；改进荧光体电流的饱和特性；在荧光体与玻璃之间引入干涉膜以提高辉度；引入非球面塑料透镜改善 F 值；采用带黑色条纹的双凸透镜及菲涅耳透镜相结合的背投式显示屏等。

CRT 投影型可分为折射透镜方式和凹面镜方式,前者投影的光效率高,后者投影尺寸可以较自由地变化。总的看来,折射透镜方式更具有发展前景。

2. 液晶投影显示技术

液晶大屏幕显示器既包括直观型,又包括投影型。作为大屏幕显示器,从响应速度、颜色重现性、对比度、视角等方面考虑,采用单纯矩阵驱动仍有困难,只能采用有源矩阵驱动。由于受到制造设备、工艺等方面的制约,实现直观型液晶大画面显示需要解决的问题还很多,故投影型仍是液晶大屏幕显示的主流。

LCD 投影机分为液晶板和液晶光阀两种,下面分别介绍几种 LCD 投影仪的原理。

1) 液晶光阀投影机

采用 CRT 和液晶光阀作为成像器件,是 CRT 投影机与液晶光阀相结合的产物。为了解决图像分辨率与亮度间的矛盾,液晶光阀投影机采用外光源,也叫被动式投影方式。一般的光阀主要由 3 部分组成：光电转换器、镜子和光调制器,它是一种可控开关。通过 CRT 输出的光信号照射到光电转换器上,将光信号转换为持续变化的电信号；外光源产生一束强光，投射到光阀上，由内部的镜子反射，通过光调制器，改变其光学特性，紧随光阀的偏振光片滤去其他方向的光，而只允许与其光学缝隙方向一致的光通过。这个光与 CRT 信号相复合，投射到屏幕上。目前，液晶光阀投影机是亮度、分辨率最高的投影机，亮度可达 6000lm，分辨率为 2500×2000，适用于环境光较强、观众较多的场合，如超大规模的指挥中心、会议中心及大型娱乐场所，但其价格高，体积大，光阀不易维修。

2) PLCD 液晶板投影机

PLCD (polycrystalline silicon TFT LCD，多晶硅薄膜晶体管液晶板大屏幕投影机)主要采用 p-Si(多晶硅)TFT-LCD 作为光阀，其研制始于 1986 年，1989 年曾用 a-Si TFT 液晶显示板开发出 40 英寸一体型高清晰度投影电视系统。20 世纪 90 年代以来，许多公司先后将高清晰度液晶投影型大屏幕显示器投入市场，形成与传统 CRT 投影显示竞争的局面。

液晶板投影技术是一种被动式的投影方式(见图 9.6)。按照液晶板的片数，LCD 投影机分为三片机和单片机。利用外光源金属卤素灯或 UHP[①](冷光源)，若是 3 块 LCD 板，则把强光通过分光镜形成红、绿、蓝 3 束光分别透射过红、绿、蓝三色液晶板；信号源经过模数转换，调制加到液晶板上，控制液晶单元的闭合，从而控制光路的通过，再经镜子合光，由光学镜头放大，显示在大屏幕上，其工作原理如图 9.7 所示。

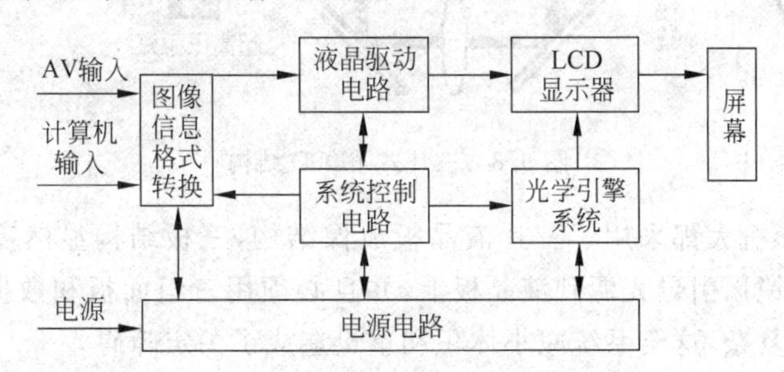

图 9.6 PLCD 投影机总体框图

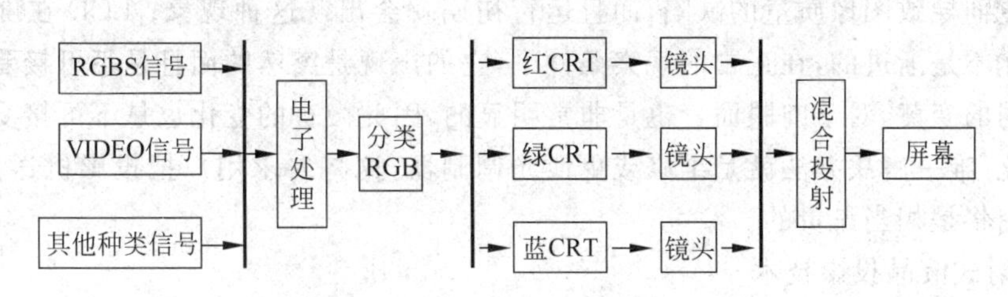

图 9.7 三片 PLCD 投影机工作原理

目前，三片板投影机是液晶板投影机的主要机种，是当前教学和商用投影机的主流产品。从图像品质上看，单片机的表现要比三片机逊色不少。LCD 单片板，光线不用分离，这种投影机体积小，重量轻，操作、携带方便，价格也比较低廉。但其光源寿命短，色彩不很均匀，分辨率较低，最高分辨率为 1024×768，多用于临时演示或小型会议。这种投影机虽然也实现了数字化调制信号，但液晶本身的物理特性决定了它的响应速度慢，随着时间的推移，性能有所下降。

① UHP(Ultra High Performance)：由飞利浦照明开发的一种超高压水银冷光源灯泡，一般应用于前投影机，背投电视或电视墙设备领域。

三片式PLCD投影机结构如图9.8所示，三片PLCD投影机利用三片LCD板，每个LCD板对应红、绿、蓝三色中的一种。灯泡产生的白光被分解为红、绿、蓝三色，每种颜色的光路并不相同，这种导致了每种光的亮度分配不同，而产生色彩的不均匀性。色彩均匀性的高低是衡量拼接板技术高低的一项重要指标，使用PLCD技术构建的拼接板系统中不可避免地会出现"大花脸"现象，这严重影响了拼接板的视觉效果。

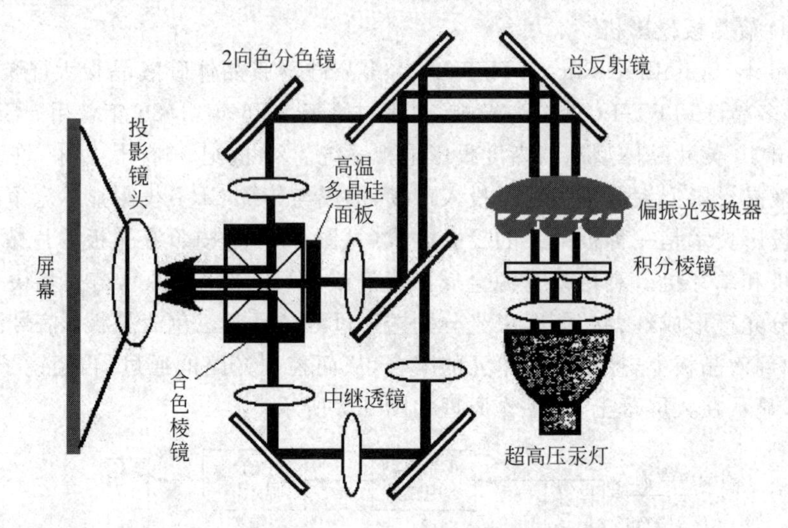

图9.8 三片式PLCD结构

目前LCD投影机大都采用了三片液晶板成像结构，三板结构显然需要更多的光学器件、镜头、滤镜和微镜以引导光源到液晶板上，并且必须用三组面板和数据格式化电子。因此其光学系统相对复杂，这给系统减小体积和重量造成了一定障碍。

随着时间的推移，LCD投影机在光学性能和图像可靠性方面均有显著变化：LCD光调制器的劣化而导致图像质量的缺陷，而且运行初期就会出现这种现象；LCD在屏幕上看到的性能变化不是渐进的，在正常的观察条件下，它的出现是突然的而且是不可接受的。即使图像有微弱的变黄，对于肉眼而言也是非常明显的，因此微黄的变化也是不可接受的。LCD的性能劣化，唯一解决办法就是维修或更换光调制器，这将要求用户把投影机送回制造商，而相关费用将是相当昂贵的。

3) 反射式液晶投影技术

反射式液晶投影技术的典型器件是LCOS投影机，其结构是在硅晶圆上长电晶体，利用半导体技术制作驱动面板(又称为CMOS-LCD)，然后在电晶体上透过研磨技术磨平，并镀上铝当作反射镜，形成CMOS基板，将CMOS基板与含有透明电极的玻璃基板贴合，再注入液晶，进行封装，其结构如图9.9所示。

LCOS投影机的特点如下。

(1) 开口率大，光能利用好。

(2) 利于大量生产，成本相对较低。

(3) 高分辨率，1280×1024。

LCOS投影机的关键技术如下。

(1) LCOS芯片设计制作技术。

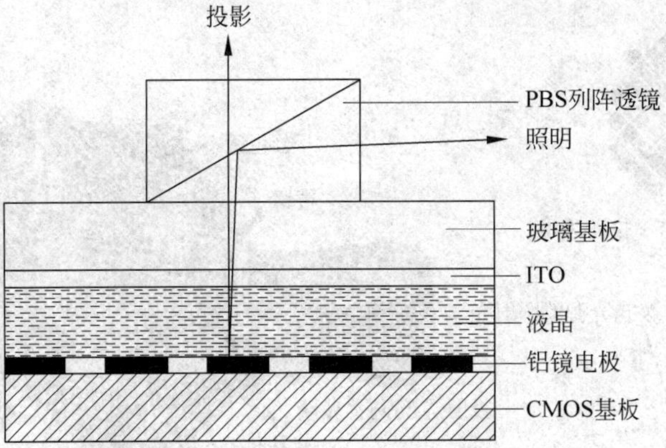

图 9.9 反射式液晶投影机 LCOS 的结构

(2) 投影光学系统设计技术。

(3) PBS 列阵透镜等光学元件制作技术。

(4) 长寿命光源。

4) 直接驱动图像光源放大器技术

直接驱动图像光源放大器(direct-drive image light amplifier,D-ILA)技术的核心部件是反射式活性矩阵硅液晶板,也就是通常所说的反射式液晶板,所以也有人将 D-ILA 技术称为反射式液晶技术。

D-ILA 技术中液晶板将晶体管作为像素点液晶的开关控制单元做在一层硅基板上,硅基板(也称反射电极层)位于液晶层的下面,用于像素地址寻址的各种控制电极,电极间的绝缘层位于硅基板的下面,因此整个结构是一个 3D 立体排列方式。光源的光如果不能穿透反射电极层,而被反射电极层反射,则避免了下面的各种结构层对光线的阻挡。因此采用 D-ILA 技术的液晶板的光圈比率可以做到 93%(DLP 技术中 DMD 的光圈比率为 88%,而透射式 LCD 液晶板的光圈比率为 40%~60%),因此采用 D-ILA 技术的投影机对光源的利用效率更高,可以实现更高的亮度输出。

由于液晶层中每一个像素点上不需要安装控制晶体管,像素点的所有面积都是有效显示面积,因此可以在液晶板上实现更高的像素点密度,也就是在相同尺寸的液晶板上 D-ILA 技术可以实现更高的分辨率。由于 D-ILA 技术的液晶板的液晶层采用电压控制可调双折射方式,在全开状态的光线全反射几乎没有损失;而全关状态时反射输出光线几乎为零,因此 D-ILA 可以实现非常高的对比度,目前 D 采用 D-ILA 技术的投影机的最大对比度可达 1000∶1,而下一代产品的对比度将超过 2000∶1。

3. 数字光处理投影技术

数字光处理(digital light procession,DLP)技术是采用全数字技术处理图像,依靠与分辨率一样数量的数字微镜元件(digital micromirror device,DMD)反射光产生完整的图像,如图 9.10 所示。美国德州仪器公司研发的 DMD 单元为 DLP 技术的实现提供了技术保障,开辟了投影机产品的技术发展数字时代。

DLP 投影机是以 DMD 芯片作为成像器件,通过调节反射光实现投射图像的一种投影技术,其电路框图如图 9.11 所示。DLP 投影机与液晶投影机有很大的不同,它的成像是通

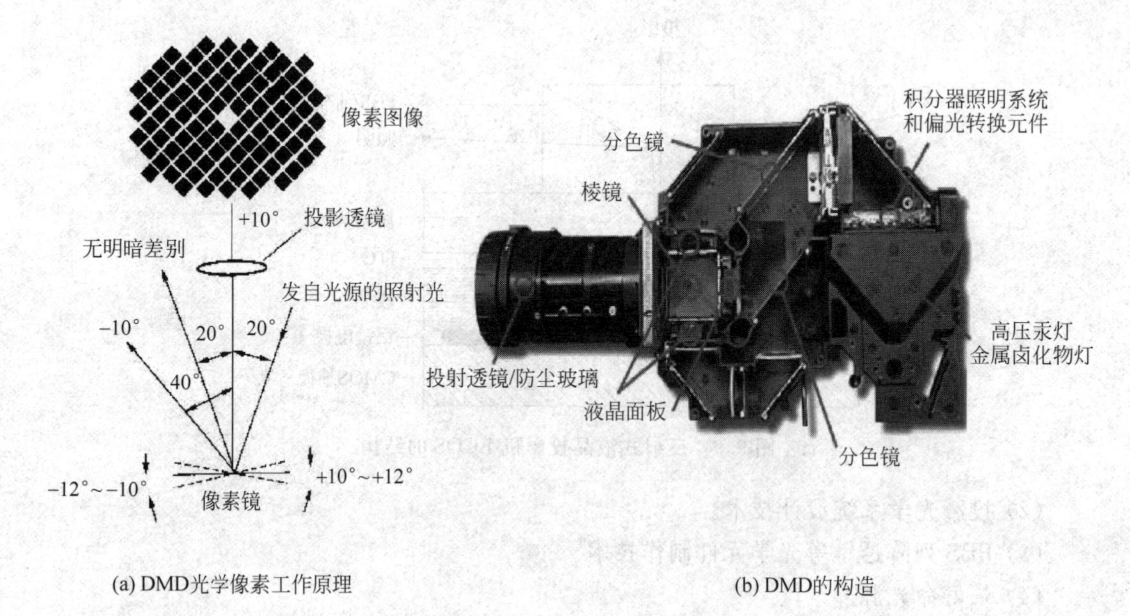

(a) DMD光学像素工作原理　　(b) DMD的构造

图 9.10　DMD 的原理与构造

过成千上万个微小的镜片反射光线来实现的，每个微镜代表一个像素，开或关的状态就可投射一幅画面中的一个像素。光束通过一个高速旋转的三色透镜后，再投射在 DMD 部件上，然后通过光学透镜投射在大屏幕上完成图像投影。因此，DMD 装置的微镜数目决定了一台 DLP 投影机的物理分辨率，平常所说投影机的分辨率为 600×800 的 SVGA 模式，所指的就是 DMD 装置上的微镜数目就有 600×800＝480 000 个，是相当复杂和精密的。在 DMD 装置中每个微镜都对应着一个存储器，该存储器可以控制微镜在±10°两个位置上切换转动。

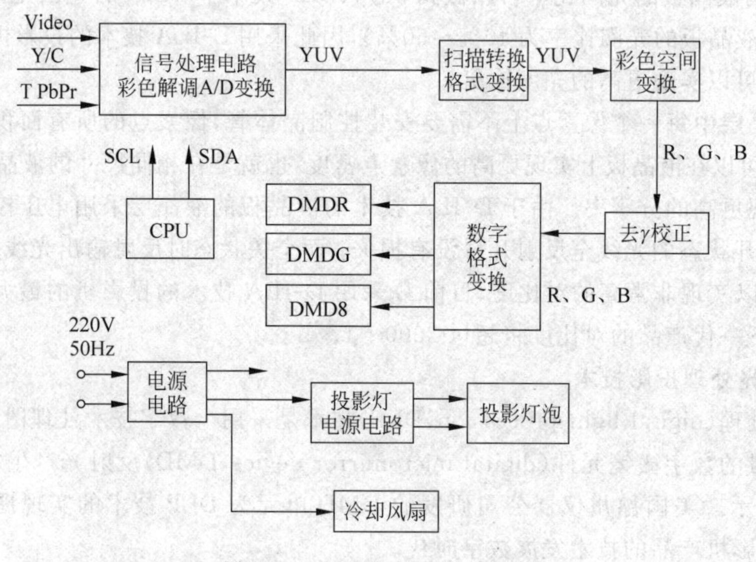

图 9.11　DLP 投影机电路框图

目前，DLP 投影机按其中的 DMD 装置的数目分为单片式 DLP 投影系统（见图 9.12，主要应用在便携式投影产品）、两片式 DLP 投影系统（应用于大型拼接显示墙）和三片式 DLP 投影系统（应用于超高亮度投影机），其结构图及原理图如图 9.13 所示。

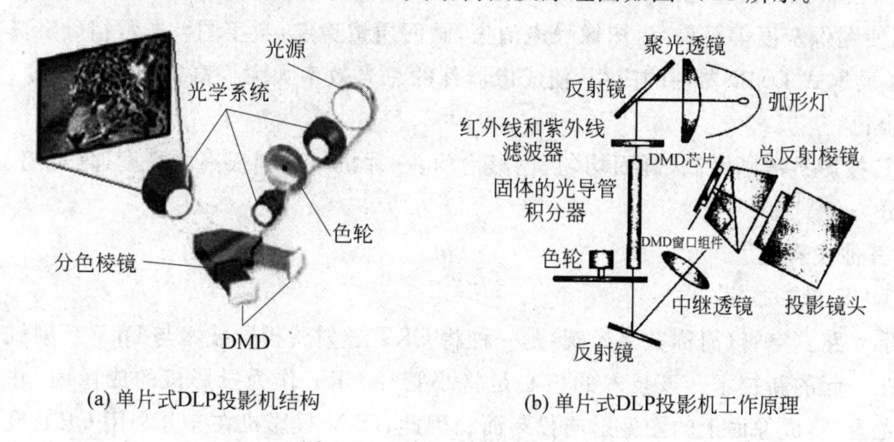

(a) 单片式DLP投影机结构　　(b) 单片式DLP投影机工作原理

图 9.12　单片式 DLP 投影机

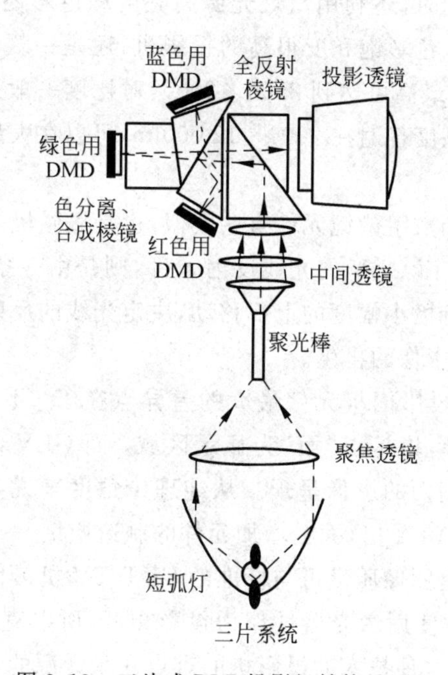

图 9.13　三片式 DLP 投影机结构及原理

现以 1024×768 分辨率为例讲述 DLP 投影机原理：在一块 DMD 上共有 1024×768 个小反射镜，每个镜子代表一个像素，每一个小反射镜都具有独立控制光线的开关能力。小反射镜反射光线的角度受视频信号控制，数字光处理器 DLP 把视频信号调制成等幅的脉宽调制信号，用脉冲宽度大小来控制小反射镜开、关光路的时间，在屏幕上产生不同亮度的灰度等级图像。DMD 投影机根据反射镜片的多少可以分为单片式、双片式和三片式。以单片式为例，DLP 能够产生色彩是由于放在光源路径上的色轮（由红、绿、蓝组成），光源发出的光通过快速转动的红、绿、蓝过滤器投射到一个镶有微镜面阵列的微芯片的表面，这些微镜面以 5000 次/s 的速度转动，它们通过反射投射过来的光产生图像，因此 DLP 投影技术也称为反射式投影技术。这种投影机所产生的图像非常明亮，图像的色彩准确而且精细。

DLP 投影机的技术是一种全数字反射式投影技术。其特点首先是数字优势：数字技术的采用，使图像灰度等级提高，图像噪声消失，画面质量稳定，数字图像非常精确。其次是反射优势：反射式 DMD 器件的应用，使成像器件的总光效率大大提高，对比度、亮度、均匀性都非常出色。

DLP 投影机清晰度高、画面均匀、色彩艳丽，三片机可达到很高的亮度，且可随意变焦，调整十分方便。

4. 其他投影型

1）DLV 投影技术

数字光路真空管（简称数字光阀）是一种将 CRT 透射式投影技术与 DLP 反射式投影技术结合在一起的新技术。该技术的核心是将小管径 CRT 作为投影机的成像面，并采用氙灯作为光源，将成像面上的图像射向投影面。因此，DLV 投影机在充分利用 CRT 投影机的高分辨率和可调性特点的同时，还利用氙灯光源高亮度和色彩还原好的特点，DLV 投影机不仅是一款分辨率、对比度、色彩饱和度很高的投影机，还是一款亮度很高的投影机。其分辨率普遍达到 1250×1024，最高可达到 2500×2000，对比度一般都在 250∶1 以上，色彩数目普遍为 1670 万种，投影亮度普遍在 2000～12 000lm，可以在大型场所中使用。

2）GLV 技术

栅状式光阀技术原理和数字微镜元件有些类似，也是以微机电原理为基础，靠着光线反射来决定影像的显现与否；而 GLV 的光线反射元件，则是由一条条带状的反射面所组成，依据基板上提供的电压进行极小幅度的上下移动，决定光线的反射与偏折，再加上其反射装置的超高切换速度，以达到影像的再生。

GLV 装置和多数液晶投影面板元件最大的差异点在于：不论是穿透式 LCD、DLP 或 LCOS 等现有投影面板元件，均是以“面”为显示区域；而 GLV 却是一线形排列的投影元件，再利用高速的扫描，达到面的影像呈现。从纯理论角度来说，生产合格率可以比 LCD、DLP 或 LCOS 等技术提升 1024 倍，大幅增加元件的制造质量。

这一技术的显著特点是图像质量可与标准的 CRT-TV 机最佳的图像质量相媲美，批量制造的合格率较高，由于是使用激光器件作为投影光源，所以克服了灯源使用寿命短的缺点，亮度也可更高。但目前这种技术的投影机的难点在激光源的量产技术还未突破，尚处于实验室样机阶段，短期内还无法取代现有投影技术，预计尚需 3～5 年的时间才可推出其商品化产品。这种栅状式光阀投影技术还可用于高清晰度打印机、光纤通信、家庭影院与数字式电影院。

随着投影技术的发展，投影机的应用范围也在不断扩大，演示题材的多样化、商业领域的拓展已经使投影机的应用重点从教育、军队等专用市场逐步向移动办公、家庭影院等新兴市场转移。为了适应这些新兴市场的需要，投影机本身也开始在产品的分辨率、明亮度、重量及体积等指标方面发生着潜移默化的改变。

9.2 HDTV 多媒体大屏幕显示墙

大屏幕显示墙技术近年来发展很快，社会需求量也越来越大，它的图像面积大、亮度大、对比度好、彩色鲜艳、临场感特别强，广泛应用于展览大厅、科学报告厅、车站、机场候机厅、商场、大厦、歌厅、政府机构及各部门的监控单位，如图 9.14 所示。

(a)

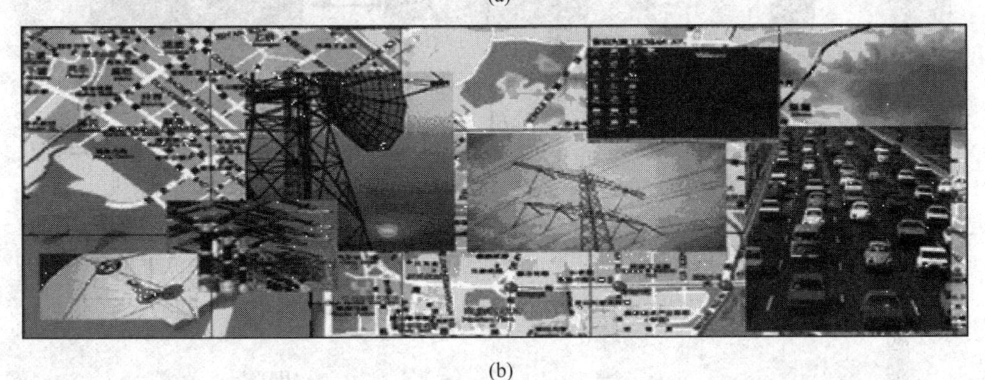

(b)

图 9.14 HDTV 多媒体大屏幕显示墙

9.2.1 HDTV 多媒体大屏幕显示墙组成

HDTV 多媒体大屏幕显示墙的系统组成如图 9.15 所示，它主要由控制与组合显示屏两大部分组成，其中控制部分关键设备有可编程中央控制系统、大屏幕拼接处理器、音视频切换器和计算机信号切换器等；组合显示屏部分由多个普通背投式 CRT 或 PLCD 或 PDP 或 LCOS 或 DLP 组成，接收大屏幕拼接处理器输出的 NTSC 制全电视信号和 S-Video(Y+C)信号，共同显示一个大的 HDTV 图像。

HDTV 多媒体大屏幕显示墙的电路框图组成如图 9.16 所示，它主要由 4 部分组成：普通电视输入变换部分、计算机信号输入变换部分、低压差分信号(low voltage differential signaling，LVDS)电平转换电路和 HDTV 信号分割器。

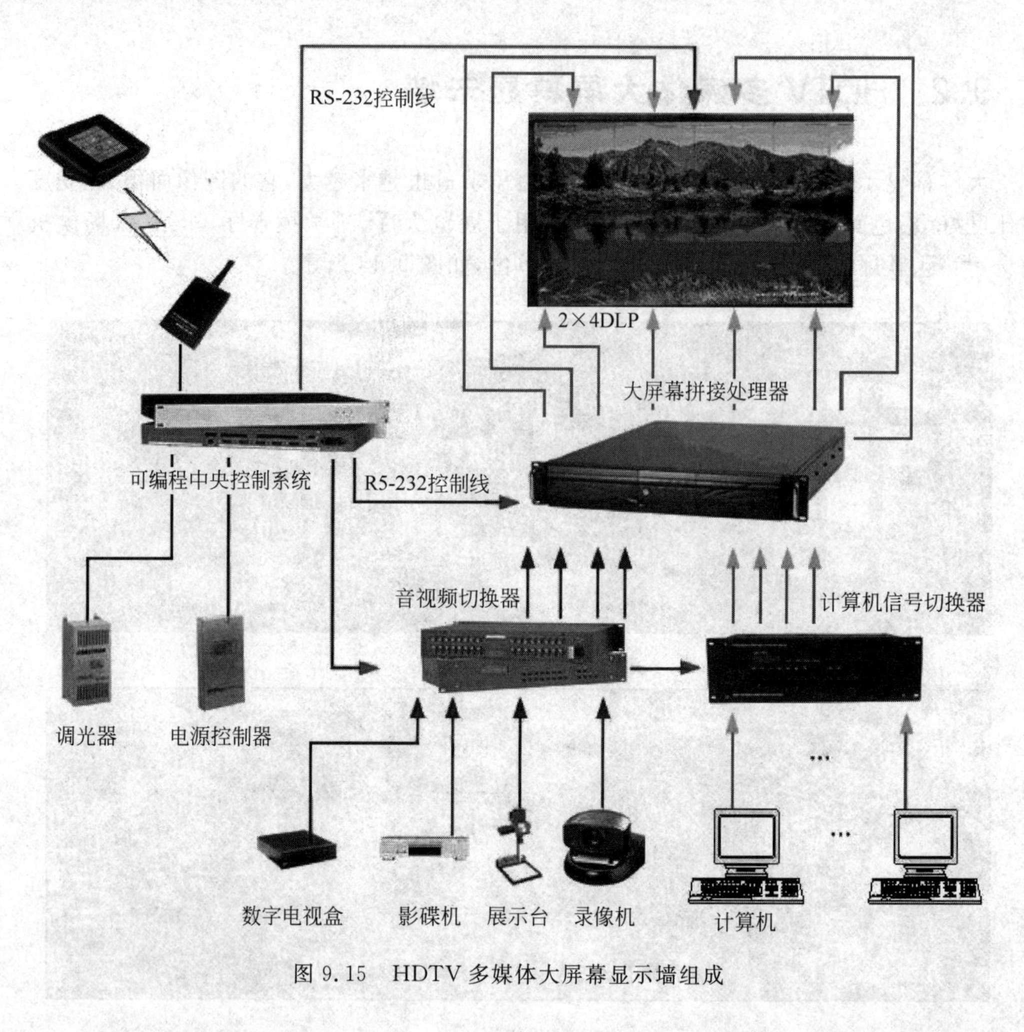

图 9.15 HDTV 多媒体大屏幕显示墙组成

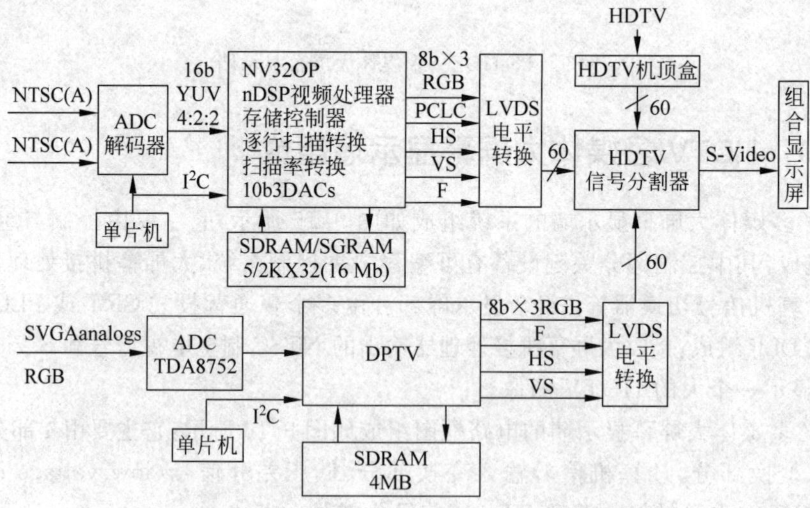

图 9.16 HDTV 多媒体大屏幕显示墙的电路框图

9.2.2 HDTV多媒体大屏幕显示墙的关键技术

1. HDTV信号分割器技术

HDTV信号分割器原理如图9.17所示，从输入端到处理终端采用全数字处理，所达到的信噪比和清晰度显著优于用模拟方法连接的系统。外部送给分割器的是74MHz的R、G、B数据流，为了将其变为普通电视的数据流，先用FIFO缓冲降速，缓冲降速后的数据流只有27MHz，为选择帧存储器的芯片创造了有利条件，然后将其送至DRAM帧存储器。读出时钟采用13.5MHz标准数字电视时钟，因而输入信号来自3处：一是NTSC制或PAL制彩色电视信号，此信号经数字解码器变换为数字电视信号，再经逐行扫描转换模块将其转换为逐行扫描格式，经LVDS电平转换电路送至HDTV分割器；二是计算机输出的VGA、SVGA等信号，先将其转换为数字信号，再经专用芯片变换成1920×1080格式，经LVDS电平转换电路送至HDTV分割器；三是机顶盒接收的HDTV信号，经LVDS电平转换电路送至HDTV分割器，分割器根据需要选择某一种分割处理后送至组合屏显示墙。

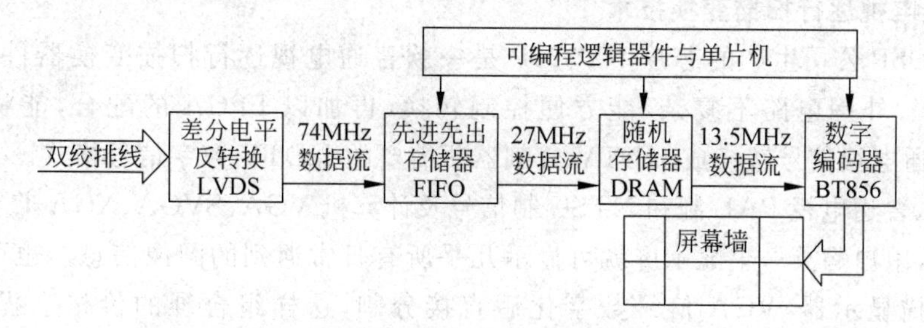

图9.17　HDTV信号分割器原理框图

VGA画面分割器使用图像压缩和数字化处理方法，把几个画面按同样的比例压缩在一个监视器的屏幕上，解决计算机信号画面单屏幕分割显示，有的还带有内置顺序切换器的功能，此功能可将各摄像机输入的全屏画面按顺序和间隔时间轮流输出显示在监视器上（如同切换主机轮流切换画面那样），并可用录像机按上述的顺序和时间间隔记录下来。

它可以让一台投影机（或显示器）：同时显示多个计算机画面；同时显示多个视频画面（如摄像机、DVD播放机等）；同时显示多个计算机与视频的混合画面；可以定做4～16画面分割器。

画面分割器广泛应用于监控、指挥、调度系统、公安、消防、军事、气象、铁路、航空等监控系统中、视讯会议、查询系统等。

2. 可编程逻辑器件

可编程逻辑器件是整个系统的控制核心，VGA→HDTV数字变换、普通电视逐行扫描变换、FIFO和DRAM的读写时序和地址时序、同步信号等都是由可编程逻辑器件控制的。以Altera公司的Flex10k系列芯片为例，此系列芯片采用嵌入式阵列，集成度高，为设计者提供有效的嵌入式门阵列和灵活的可编程逻辑。Altera公司的MAX+Plus II界面友好，可以输入VHDL的源文件，用它的编辑功能可以快速检查出VHDL的语法错误，而且文件管理功能强大，但它的逻辑综合能力并不强。如果采用Xilinx公司的FPGA编程工具FPGA express作为VHDL语言的逻辑综合工具，再把FPGA express输出的门级网络表引入到Altera的MAX+Plus II软件中，与选定的具体器件相结合，进行逻辑试配，输出配置结果,利用在线编程仿真器把配置数据写入可编程芯片,则可以较好解决逻辑编程问题,流程如图 9.18 所示。

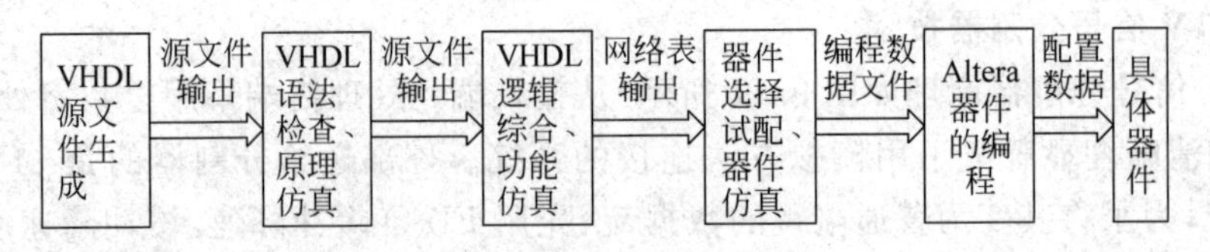

图 9.18 可编程逻辑器件开发流程

3. VGA→HDTV 数字变换技术

采用 DSP 技术,研制存储转换模块,将计算机信号 VGA、SVGA、XGA 上变换成 HDTV 的 1920×1080 格式显示,克服变换成 PAL 制或 NTSC 制显示带来的清晰度严重下降问题,解决普通背投电视机不能显示计算机信号的问题,现在也有专用芯片可完成这个功能。

4. 普通电视逐行扫描变换技术

美国 NDSP 公司生产的芯片 NV320P 是一款普通电视逐行扫描变换器件,它性能稳定,价格适中,外围电路不复杂,能方便控制转换,再加以 FPGA 的配合,能将 PAL 制、NTSC 制普通电视信号转换成 HDTV 分割器所需要的 HDTV 数字信号格式。

HDTV、普通电视 PAL 制和 NTSC 制信号及计算机 VGA、SVGA、XGA 兼容显示在一个组合屏上,用户购买一个显示屏就可显示几乎所有日常遇到的图像信息。也可将组合屏换成多重扫描显示器,VGA 信号数字化后直接分割,这样组合屏的价格会提高 20%~30%,但计算机图形会更清晰。

5. 大屏幕拼接处理器技术

大屏幕拼接处理器又称电视墙控制器,其主要功能是将一个完整的图像信号划分成 N 块后分配给 N 个视频显示单元(如背投单元),完成用多个普通视频单元组成一个超大屏幕动态图像显示屏。它可以支持多种视频设备的同时接入,如 DVD 摄像机、卫星接收机、机顶盒、标准计算机 A 信号。电视墙处理器可以实现多个物理输出组合成一个分辨率叠加后的超高分辨率显示输出,使屏幕墙构成一个超高分辨率,超高亮度,超大显示尺寸的逻辑显示屏,完成多个信号源(网络信号 RGB 信号和视频信号)在屏幕墙上的开窗、移动、缩放等各种方式的显示功能。

大屏幕拼接处理器技术是一种给显示墙上的投影机组合产生图像信号的计算机平台,它用来整合不同来源的数据(信息)而且可以提供直接有效的工具来操纵显示墙,一个好的处理器技术可以用统一的方法处理大量的数据源。

6. 拼接控制技术

大屏幕显示墙的拼接系统主要由 3 部分组成:大屏幕投影墙、投影机阵列和控制系统。其中控制系统是核心,目前世界上流行的拼接控制技术主要有 3 种类型:硬件拼接技术、软件拼接技术、软件与硬件相结合的拼接技术。

1) 硬件拼接技术

硬件拼接技术是较早使用的一种拼接技术,可实现的功能有分割、分屏显示、开窗口,即在 4 屏组成的底图上,用任意一屏显示一个独立的画面。由于采用硬件拼接,图像处理完全是实时动态显示，安装操作简单；缺点是拼接规模小，只能四屏拼接，扩展很不方便，不适应多屏拼接的需要；所开窗口固定为一个屏幕大小，不可放大、缩小或移动。

2）软件拼接技术

软件拼接技术是用软件来分割图像。采用软件方法拼接图像，可十分灵活地对图像进行特技控制，如在任意位置开窗口；任意放大、缩小；利用鼠标即可对所开的窗口任意拖动，在控制台上控制屏幕墙，如同控制自己的显示器一样方便。其主要缺点是它只能在UNIX系统上运行，无法与Windows上开发的软件兼容；PC生产的图形也无法与其接口；在构成一个几十台投影机组成的大系统时，其相应的硬件部分显得繁杂。

3）软件与硬件相结合的拼接技术

软件与硬件相结合的拼接技术可综合以上两种方法的优点，克服其缺点。这种系统可以使用显示多个R、G、B模拟信号及Windows的动态图形，是为多通道现场即时显示专门设计的。通过硬件和软件以及控制接口，来实现不同窗口的动态显示。它透明度高，图像叠加透明显示，共有256级透明度，令动态图像和背景活灵活现；并联扩展性极好，系统采用并联框结构，最多可控制上千个投影机同时工作。

7. 视频矩阵技术

视频矩阵实现视频信息资源的共享分配、切换和显示，实现摄像机对监控器的顺序切换显示或分组切换显示。按照实现视频切换的不同方式，视频矩阵分为模拟矩阵和数字矩阵。

模拟视频矩阵主要用来对模拟视频信号进行切换和分配，信号切换主要是采用单片机或更复杂的芯片控制模拟开关实现。

数字视频矩阵视频切换在数字视频层完成，这个过程可以是同步的也可以是异步的。数字矩阵的核心是对数字视频的处理，需要在视频输入端增加AD转换，将模拟信号变为数字信号，在视频输出端增加DA转换，将数字信号转换为模拟信号输出。视频切换的核心部分由模拟矩阵的模拟开关变换成了对数字视频的处理和传输。

目前数字化系统主要有下面两种情况：一是按着模拟视频矩阵的概念，对输入的数字视频信号（数据流）建立通道式的连接（多少入对多少出），这样的设备主要用在电视演播室中，在安防行业的电视监控系统很少采用；另一种方式是在LAN的环境下，利用DVR、视频网关或采用IP摄像机使图像源数字化，通过网络交换机来实现数字流的切换，它没有在输入和输出信号之间建立一个传输通道，只是在并行的进行多路的图像变换和编解码处理，输入和输出之间的连接不是直接的，也不是实时的。输入信号通常是模拟的视频信号，输出则可能是数字信号或模拟信号。

这种分布式结构特点如下。

（1）数字视频信号在多次传输、记录和处理过程中，图像质量不会降低。图像检索处理比较方便，比如做多画面分割，车牌号识别等，这些图像处理采用模拟技术很难或者无法实现。

（2）网络布线方便，便于与广域网连接，实现远程监控。

（3）系统的可扩展性和可升级性好，保密性强。

同时数字视频矩阵也存在着一些问题：中心监控室不能同时获得系统全部的实时图像。图像质量（分辨能力、清晰度、连续性、图像还原性）都还达不到模拟系统的水平。更重要的一点是：产品尚未完全成熟、接口关系不统一（特别是视频编解码算法）还没有形成基本的标准和统一。

现在市场上销售的视频矩阵主机，很大一部分还是传统的模拟视频矩阵，数字矩阵只是其中的少部分，随着技术的进步和安防产品的数字化进程，不可否认，数字矩阵主机将是未来的发展趋势。在数字矩阵面临很多问题没有完全解决之前，模拟矩阵和数字矩阵将会在市场上共存。

9.2.3 HDTV 多媒体大屏幕显示墙功能

1. 图像显示

显示标准电视（PAL 制、NTSC 制）图像，计算机、图形工作站生成的图形/图像信号及机顶盒接收的 HDTV 信号。

2. 视频切换控制

将汇集到大屏幕拼接处理器的各种不同类型的视频信号有选择地输出到不同的显示器。

3. 图像处理

图像处理包括图像塌缩/解压缩，音像合成，录像放松和记录，多画面合成，字幕、台标叠加，图像的修改、叠加、缩放、平移、旋转、复制、删除、剪辑等编辑处理功能。

4. 循环监视

对各个输入和输出信号轮流显示，可定义循环顺序、每路信号的监视时间，无效信号自动跳过。

5. 显示墙监控

在工作过程中，显示墙定时报告自己的工作状态，或接受可编程中央控制系统的实时状态查询。

6. 附属功能

对声、光、电等各种设备进行控制。

1）光照度感应

将设备所处环境的光照度以各种方式输出给第三方设备，实现对环境亮度的自动控制。在控制系统中，通过对照度传感器数据的采集，可以实时根据当前的光线强度，实现如：夜晚人来灯开；人走灯灭，而白天则无效或者根据天气变化光线变强时系统自动降低灯照度；当光线变暗时自动调亮环境灯光达到设定值等，通常搭配各种灯光控制器、调光器使用。

2）RS-232/422/485 串行总线

RS-232/422/485 是目前最常用的一种串行通信接口，支持对现有所有标准串行设备的控制。在整个控制领域，大多数的产品均是直接通过串行接口进行控制的，RS-232 普遍应用在近距离设备控制，而 RS-422/485 主要是对支持多设备总线接入的远距离设备控制。

3）以太网

TCP/IP 协议包含了一系列构成互联网基础的网络协议。随着 TCP/IP 各项应用的推广，TCP/IP 在控制领域的作用越来越大。在系统中，如触摸屏、主控机等可内置网口，并支持无线接入，使得整个系统可以方便地接入现有的 TCP/IP 网络和实现各种复杂应用。

4）红外遥控设备

红外通信技术是一种点对点的数据传输协议，是传统的设备之间连接线缆的替代。红

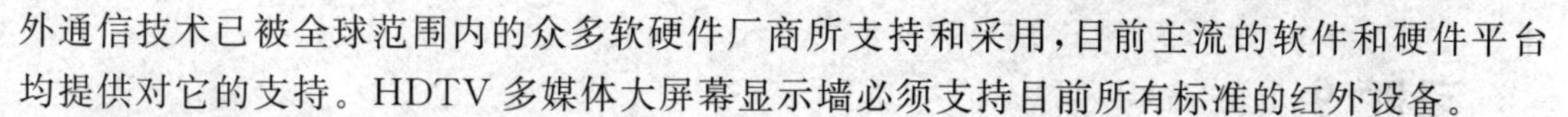

外通信技术已被全球范围内的众多软硬件厂商所支持和采用，目前主流的软件和硬件平台均提供对它的支持。HDTV多媒体大屏幕显示墙必须支持目前所有标准的红外设备。

5）开关设备

开关设备一般可通过继电器实现控制功能，使用中将需要控制设备的开关接入继电器，然后通过控制系统控制便可。

6）I/O设备

I/O分为数字和模拟。数字I/O为开关量，根据输入输出状态或电压而采集当前的开关状态，如各类报警器、感应器等；而模拟I/O是根据对应的电压来采集和得出当前的水平值的，如温度、湿度和光照度等。

7）温度感应

系统通过温度感应器或变送器采集当前环境的温度，并将温度值以电压、电流或串行值的方式输出给控制系统，从而实现对环境温度的实时显示和控制功能。系统目前支持任何带电压（0～10V）输出或RS-232/485输出的温度传感器设备。

8）湿度感应

系统通过湿度感应器或变送器采集当前环境的湿度，并将湿度值以电压、电流或串行值的方式输出给控制系统，然后控制相应设备如中央空调等，实现控制系统对环境湿度的实时显示和控制功能。控制系统目前支持任何带电压（0～10V）输出或RS-232/485输出的湿度传感器设备。

9）任意定时触发

通过编程，系统支持任意定时触发控制事件，包括每年、每月、每周、每日的某时某分，如实现每天早8点自动灌溉，每周一至周五每天早6点半闹钟、开启背景音乐和打开窗帘等。

10）任意延时触发

系统支持对任意时间触发后再延时触发一个或多个事件，直到执行完所有事件，如当打开系统，系统便会延时1s打开电源，延时2s打开时序控制器，延时5s打开投影，一切都将根据需求设定和执行。

11）集中管理

可编程中央控制系统是整个显示墙的核心，负责接收和处理来自各种控制终端的命令，所有的输入输出的数据和状态都由它集中管理和控制，对用户来说，只需要与触摸界面打交道，剩下的工作全部由主控机去控制各接口实现对应的控制功能。

随着多媒体技术的发展以及社会信息化的高速增长，大屏幕显示技术近年来发展很快，社会需求量越来越大，大屏幕拼接屏具有高亮度和均匀的色彩，画面呈现的整体感和临场感特别强。大屏拼接还可以减少画面中出现拼缝的频率，同时受众在观看显示画面时，更轻松，视角更开阔。目前已经广泛应用到政府、军队、企事业单位等各行各业。

在未来，拼接系统的整体发展趋势将向大屏幕高分辨率、高亮度、高对比度以及模块化的结构设计和易于安装、管理和控制的方向发展。由于用户需求的不断增加以及运营商推出新业务的需要，数字高清电视显示器的功能将会更加强大，可以预见的是显示屏的尺寸将会越来越大，显示屏的分辨率也会越来越高，显示屏的亮度也会逐渐提高。这种大屏幕拼接显示单元既可以单独作为一个显示屏使用，又可以拼接应用，以此来满足各行业不同的大画面显示需求。

习题 9

1．大屏幕图像显示技术有哪几类？实现的技术手段有哪些？

2．主动发光型大屏幕显示原理是什么？

3．大屏幕显示投影机有哪几种类型？简述其显示原理。

4．简述 HDTV 大屏幕多媒体的组成及关键实现技术。

5．名词解释：视频矩阵、大屏拼接器。

6．综合设计题：某煤矿调度中心需要显示的内容有：16 路视频监控信号、4 路全矿井自动化信号、4 路集中控制信号、1 路人员定位信号，请设计一套大屏幕显示系统（包括系统组成框图及其工作原理）。

附录A 专业词语中英文对照索引

APPENDIX A

active addressing	有源寻址
aperture grills	栅条式金属板
cholesteric	胆甾相
chroma	色度
cone	锥状
contrast rate	对比度
defiection coils	偏转线圈
definition	清晰度
diamondtron	钻石珑
direct etching coating	表面蚀刻涂层
direct view type	直观型
display	显示
dot pitch	点距
dynamic scattering	动态散射
electro-optic effect	电光效应
electro phoretic	电泳
electron gun	电子枪
emissive	主动发光
ferroelectric ceramics	铁电陶瓷
flicker	闪烁
flyback transformer	回转变压器
forming	定形化
fovea	中央凹
front projection type	前投式
gamma correction	γ校正技术
gray scale	灰度
hue	色调
interlace	交错
invar	不胀钢
illuminance	光照度
luminance	亮度
luminous flux	光通量
luminous intensity	发光强度

monochrome	单色
multi-color	多色
multi-vision	多影像
nematic	向列相
NeoDigm	欧丽安
nipple	乳头
OA	办公自动化
ODD	奇数行
one-one-at-a-time scan	逐行扫描
optical electronic	光电子
passive	被动显示
phosphor	荧光粉
photometry	测光
pixel	像素
plasma	等离子体
projection type	投影型
rad	弧度
rear projection type	背投式
resolution	分辨率
rod	杆状
saturation	饱和度
shadow mask	荫罩
slot mask	沟槽式荫罩板
smectic	近晶相
space imaging type	空间成像型
trinitron	特丽珑
ultra clear coating	超清晰涂层
VLSI	超大规模集成电路
reflecting mirror stereoscope	反光式立体镜
parallax illumination	视差照明技术

附录B 常用符号、缩写中英文对照索引

APPENDIX B

AGAS	anti-glare/anti-static coating,防眩光防静电涂层
AGC	anti glare coatings,防眩光涂层
AGLR	anti glare low reflection,防眩光低反射
AI	adaptive intensifier for light condition,亮度自适应增强
AM-LCD	active matrix liquid crystal display,有源矩阵液晶显示屏
AOC	Art of Colors,冠捷公司
APC	automatic power control,自动功率控制
APL	average of picture luminance,图像平均亮度水平
ARAS	anti-reflection/anti-static coating,防反射防静电涂层
a-Si TFT	amorphous Silicon Thin-Film Transistor,非晶硅薄膜晶体管
ASV	advance super view,广视角
CCFL	cold cathode fluorescent lamps,冷阴极荧光灯
CDT	color display tube,彩色显示器
VGA	video graphic array,视频图形阵列
DVI	digital visual interface,数字视频接口
HDMI	high definition multimedia interface,高清晰度多媒体接口
DP	display port,数字显示
S端子	separate video,独立视讯端子
CEWS	Computer Engineering Work Station,计算机工程工作站
CFF	critical fusion frequency,临界闪烁频率
CHMSL	center high manner sotp lamp,中央高位刹车灯
CIE	International Commission on Illumination,国际照明委员会
CPT	color picture tube,彩色显像管
CRT	cathode ray tube,阴极射线管
CVD	chemical vapor deposition,化学气相沉积
DAP	deformation of vertical aligned phases,垂直取向
DFD	dye foil display,箔吸引型显示
DID	digital information display,数字信息显示
D-ILA	direct-drive image light amplifier,直接驱动图像光源放大器
DLP	digital light procession,数字光处理
DLV	digital light valve,数字光路真空管
DMD	digital micromirror device,数字微镜元件

DPI　dots per inch,点数每英寸
DSM　dynamic scattering mode,动态散射模式
EC　eletro-chromism,电致变色
ECB　electrically controlled birefringence,双折射电子控制
ECD　electro chromism device,电致变色显示器
EHF　extremely high frequency,极高频
EL　electro luminescence,电致发光
ELD　electro luminescence display,电致发光显示器
EPD　electro phoretic display,电泳显示器
FED　field emission display,场致发射显示器
FET　field effect transistor,场效应晶体管
EMI　electro magnetic interference,电磁干扰
FMV　full motion video,全动态影像
F/s　frame per second,每秒帧数,帧速
FPD　flat panel display,平板显示器
FRC　frame rate control,帧率控制
GDD　glow discharge display,辉光放电管
GLV　grating light valve,栅状式光阀
G-H　guest-host,宾主
G1　第一控制栅极或称调制器
G2　加速极或称屏蔽极
G3　第二阳极
G4　聚焦极
G5　高压阳极
HAN　hybrid-aligned nematic,混合渐变排列
Hblank　vertical blanking,水平消隐
HDTV　high definition television,高清晰度电视
HF　high frequency,高频
Hsync　horizontal synchronization,水平同步
IPS　in-plane switching,平面控制
ITO　Indium Tin Oxides,纳米铟锡金属氧化物
K　阴极
Laser　light amplification by stimulated emission of radiation,通过受激发射的放大光
LC　liquid crystal,液态晶体
LCD　liquid crystal display,液晶显示器
LCOS　liquid crystal on silicon,硅片上的液晶
LD　laser diode,激光二极管
LDT　laser display technology,激光显示技术
LED　light emitting diode,发光二极管
LF　low frequency,低频
LPD　laser projection display,激光显示设备
LTP-Si TFT　low-temperature polycrystalline silicon thin-film transistor,低温多晶硅薄膜晶体管
LV　light valve,光阀

LVDS	low voltage differential signaling,低压差分信号
MDD	moving dielectric display,动态介电显示
MDW	multimedia display wall,多媒体显示墙
MF	intermediate frequency,中频
MFP	mini flat panel,真空微尖平板显示器
MIM	metal-insulator-metal,金属-绝缘层-金属
MLA	multi-line addressing,多扫描线选址
MMT	multi media terminals,多媒体终端
MPD	magneto photo display,磁泳成像显示
MTBF	mean time between failure,平均无故障时间
MVA	multi-domain vertical alignment,多象限垂直配向
NTSC	National Television Standards Committee,(美国)国家电视标准委员会
OCB	optically compensated bend,光学自补偿弯曲
OLED	organic light emitting diode,有机发光二极管
OLEDOS	organic light-emitting diodes on silicon,硅片上的有机发光二极管
PAL	phase alternating line,逐行倒相
PC	phase change,相变
PDP	plasma display panel,等离子体显示器
PDLC	polymer dispersed LC,高分子分散液晶
PLZT	transparent ceramics display,铁电陶瓷显示器
PLCD	polycrystalline silicon TFT LCD,多晶硅薄膜晶体管液晶板大屏幕投影机
p-Si	polycrystalline silicon,多晶硅
PWM	pulse-width modulation,脉宽调制
PML	polymer multi layer,聚合物交替多层膜
RCA	Radio Corporation of America,美国无线电公司
SBE	supertwisted birefringent effect,超双折射效应
SED	surface-conduction electron-emitter display,表面传导电子发射显示
SHAR	super high aperture ratio,超高开口率
SHF	super high frequency,超高频
SSFLC	surface stabilized ferroelectric liquid crystal,表面稳定铁电液晶
STN	super twisted nematic,超扭曲向列
SVGA	super video graphics array,超级视频图形适配器
TN	twisted nematic,扭曲向列
UHF	ultrahigh frequency,特高频
UHP	ultra high performance,超高压
UV	ultraviolet,紫外光
Vblank	vertical blanking,垂直消隐
VDT	visual display terminal,视频显示终端
VFD	vacuum fluorescent display,真空荧光管
VGA	video graphics array,视频图形适配器
VHS	video home system,家用录像系统
VHF	very high frequency,甚高频
VLF	very low frequency,甚低频
Vsync	vertical synchronization,垂直同步

VUV	vacuum ultraviolet,真空紫外线
CGH	computer-generated holograms,计算机全息图
AOM	acousto-optical modulators,声光调制器
DMD	digital micro mirror device,数字微反射镜
XGA	extended graphics array,扩充的图形适配器

参考文献

[1] 余理福,汤晓安,刘雨.信息显示技术[M].北京：电子工业出版社,2004.

[2] 应根裕,胡文波,邱勇.平板显示技术[M].北京：人民邮电出版社,2002.

[3] 郭培源,梁丽编著.光电子技术基础教程[M].北京：北京航空航天大学出版社,2005.

[4] 小林骏介,内池平树,谷千束等.前沿显示技术丛书[M].北京：科学出版社,2003.

[5] 高鸿锦,董友梅.液晶与平板显示技术[M].北京：北京邮电大学出版社,2007.

[6] 朱京平.光电子技术基础[M].北京：科学出版社,2003.

[7] 安毓英,刘继芳,李庆辉.光电子技术[M](第二版).北京：电子工业出版社,2007.

[8] 大石严等.显示技术基础[M].白玉林等译.北京：科学出版社,2003.

[9] 朱昌昌.彩色 PDP 电极和壁障制作技术评述[J].光电子技术.1998,18(3)：171-172.

[10] 阳鸿钧等.精讲彩色显示器集成电路[M].北京：机械工业出版社,2007.

[11] 许根慧等.等离子体技术与应用[M].北京：化学工业出版社,2006.

[12] 徐济人等.等离子显示器的应用与发展[J].电子技术应用,2003,(5)：7-9.

[13] 张飞碧.LED 大屏幕显示技术[J].ENTERTAINMENT TECHNOLOGY,2007,(23)：23-29.

[14] 朱林泉,朱苏磊,洪志刚.大屏幕全彩色激光投影技术[J].应用基础与工程科学学报,2004,(4)：67-70.

[15] 孙海林,谭安琳.大屏幕显示技术的发展与应用[J].工矿自动化,2005,(4)：34-38.

[16] 江月松,李亮,钟宇.光电信息技术基础[M].北京：北京航空航天大学出版社,2005.

[17] 亢俊健,贾丽萍,朱月红,尹立杰.光电子技术及应用[M].天津：天津出版社,2007.

[18] 杨小丽.光电子技术基础[M].北京：北京邮电大学出版社,2005.

[19] 唐剑兵.光电子技术基础[M].成都：西南交通大学出版社,2006.

[20] 王秀峰,程冰.现代显示材料[M].北京：化学工业出版社,2007.

[21] 龚建荣,殷晓莹.现代电子技术[M].北京：人民邮电出版社,2008.

[22] 浩雄,铃木幸治.彩色液晶显示[M].北京：科学出版社,2006.

[23] Granqvist C G, AzensA, Isidorsson J, et al. Towards the smartwindow: Progress in electrochromics [J]. N on2Cryst. Solid, 1997, (2): 78-91.

[24] 解庆红,黄文日,贺蕴秋.掺镧的锆钛酸铅透明陶瓷材料在平板显示器上的应用.玻璃与搪瓷[J].2000,(6)：12-15.

[25] 王力.LCD Driver 技术简介及发展趋势.电子产品世界[J].2008,(9)：88-89.

[26] 朱堂全.LCD 的运作原理.电脑采购[J].2001,(12)：9-11.

[27] 刘养锐.LED 显示技术在民用机场中的应用.现代电子技术[J].2001,(9)：44-45.

[28] 周波.TFT 液晶显示原理.科技资讯[J].2008,(35)：12-13.

[29] 胡居广.大屏幕真彩色全固态激光显示系统关键技术研究[D].天津：天津大学,2004.

[30] 张华.基于 ARM 的大屏幕 LED 显示系统的设计研究[D].四川：四川大学,2004

[31] 王婷.基于嵌入式的 LED 显示系统的研究与设计[D].陕西：西安科技大学,2008.

[32] 刘凯.激光电视的扫描显示技术的研究[D].天津：天津大学,2007.

[33] 杨小惠,铁斌.激光全色显示技术.光电子技术[J].2007,(6)：12-13.

[34] 刘颖帅,王金城,于佳等.激光投影显示色彩管理系统.激光杂志[J].2009(30)：57-58.

[35] 廖志杰,邢廷文,林妩媚等.激光投影显示中二次散射散斑抑制方法.光电工程[J].2009,(4):3-5.

[36] 周嘉炜.光在大型晚会中的应用.商品储运与养护[J].2008,(4):22-25.

[37] 朱向冰.军用自动立体显示技术研究[D].安徽:合肥工业大学,2006.

[38] 张琳华.微机多媒体彩色LED显示系统初探.五邑大学学报自然科学版[J].2001,(1):1-2.

[39] 石广源等.新型PN结终端技术的研究.辽宁大学学报自然科学版[J].2005,(2):3-5.

[40] 陈水桥,徐从富,何俊.新型多通道激光显示系统的设计与实现.中国图象图形学报[J].2009,(2):13-14.

[41] 魏永毅.义液晶电光非线性效应校正技术研究[D].浙江:浙江大学,2005.

[42] 胡其伟,段涛.液晶显示设备的原理及检测方法.计量技术[J].2005,(6):98-100.

[43] 刘迎九.用Flash动态演示PN结的形成过程,医学信息[J].2004,(10):44-49.

[44] 高佳栋,张相臣.有机发光显示器的显示原理和器件结构.现代显示[J].2007,(81):112-113.

[45] 冯颖,王连和,在验证PN结伏安特性实验中用Matlab软件求经验公式.大学物理实验[J].2005,(8):123-124.